採用海洋生物最新分類系統WoRMS，並收錄珍貴動態影像

台灣珊瑚全圖鑑 下 八放珊瑚
Corals of Taiwan Vol.2: Octocorallia

貓頭鷹

《台灣珊瑚全圖鑑(下)：八放珊瑚》

採用海洋生物最新分類系統 WoRMS，
並收錄珍貴動態影像

YN7010C

作　　者　戴昌鳳
責任主編　李季鴻
協力編輯　胡嘉穎
校　　對　李季鴻、胡嘉穎
繪　　圖　林哲緯
版面構成　張曉君
封面設計　林敏煌
行銷統籌　張瑞芳
行銷專員　段人涵
總 編 輯　謝宜英
出 版 者　貓頭鷹出版

發 行 人　涂玉雲
榮譽社長　陳穎青
發　　行　英屬蓋曼群島商家庭傳媒股份有限公司城邦分公司
　　　　　104 台北市中山區民生東路二段 141 號 11 樓
劃撥帳號：19863813 ／戶名：書虫股份有限公司
城邦讀書花園：www.cite.com.tw ／購書服務信箱：service@readingclub.com.tw
購書服務專線：02-25007718 ～ 9（週一至週五上午 09:30-12:00；下午 13:30-17:00）
24 小時傳真專線：02-25001990 ～ 1
香港發行所　城邦（香港）出版集團／電話：852-28778606 ／傳真：852-25789337
馬新發行所　城邦（馬新）出版集團／電話：603-90563833 ／傳真：603-90576622
印 製 廠　中原造像股份有限公司
初　　版　2022 年 1 月
定　　價　新台幣 2800 元／港幣 933 元
ISBN　978-986-262-531-6（紙本精裝）／ 978-986-262-529-3（電子書 ePub）

貓頭鷹
讀者意見信箱　owl@cph.com.tw
投稿信箱　owl.book@gmail.com
貓頭鷹臉書　facebook.com/owlpublishing/
【大量採購，請洽專線】(02) 2500-1919

城邦讀書花園
www.cite.com.tw

國家圖書館出版品預行編目（CIP）資料

台灣珊瑚全圖鑑. 下, 八放珊瑚/戴昌鳳著. -- 初版.
-- 臺北市 : 貓頭鷹出版 : 英屬蓋曼群島商家庭傳
媒股份有限公司城邦分公司發行, 2022.01
408面；21×28公分
ISBN 978-986-262-531-6（精裝）
1.CST: 珊瑚　2.CST: 動物圖鑑　3.CST: 台灣

386.394025　　　　　　　　　　　　110021324

目次

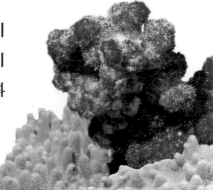

如何使用本書

　　本書是為喜歡海洋生物、想要進一步認識八放珊瑚的人士而寫的參考書，可以當作瞭解珊瑚礁生態的基礎教材，提供野外和實驗室辨認八放珊瑚的參考圖鑑。本書內容包括作者三十餘年來在台灣海域從事珊瑚調查與研究，所蒐集和鑑定的八放珊瑚共291種，對各種珊瑚的基本特徵提供簡要描述，並附數幅生態照片和實驗室拍攝的顯微照片，提供辨認八放珊瑚物種的基本資料，希望有助於讀者鑑定物種，促進對台灣海域八放珊瑚的了解、保育及相關研究。

　　八放珊瑚的分類主要依據珊瑚群體（簡稱珊瑚體）、珊瑚個體（簡稱珊瑚蟲）和骨針等三層次的形態特徵，而這三類形態都有很大變異。大多數八放珊瑚缺乏堅硬骨骼，體型柔軟，可塑性大，容易受到環境影響而改變，而且珊瑚體的伸縮性大，往往在伸展和收縮狀態呈現不同樣貌。本書儘可能提供珊瑚體在不同環境和不同狀態的樣貌，提供讀者初步辨認物種的參考。

　　珊瑚蟲是構成珊瑚體的基本單位，也是八放珊瑚物種鑑別的重要特徵；八放珊瑚的珊瑚蟲通常很小，而且在伸展和收縮時的樣貌截然不同，有些種類的珊瑚蟲被骨針形成的骨針架保護著，骨針架形態也是鑑種特徵。本書也儘可能呈現珊瑚蟲伸展的近照，以及珊瑚蟲收縮時的骨針架顯微照片，提供進一步辨認物種的參考。

　　骨針是八放珊瑚屬和種鑑別的重要依據；然而，八放珊瑚的骨針數量通常很多，而且不同部位的骨針形態和大小差異甚大；本書提供珊瑚體不同部位的骨針顯微照片，並附比例尺，提供物種鑑定的重要依據。

　　近年來，基因分子條碼在物種辨認的應用日益普及，雖然目前八放珊瑚的分子條碼資料庫尚非完善，但經由許多學者的努力將漸趨完整；因此對於學術研究者而言，除了上述珊瑚體和骨針形態之外，建議儘可能搭配基因分子條碼的分析，以確認物種鑑定。

　　關於八放珊瑚的分類系統，本書大致遵循「世界海洋物種名錄」（World Register of Marine Species, 簡稱WoRMS, http://www.marinespecies.org/aphia.php?p=taxdetails&id=1341）的系統；近年來，分子親緣研究被廣泛應用於八放珊瑚分類系統的檢討，已經導致部分科或屬的重整或重新定義，其他類別仍有許多尚待研究及解決的問題，未來八放珊瑚的分類系統勢必會逐漸更新，以反映各類珊瑚的演化親緣關係。

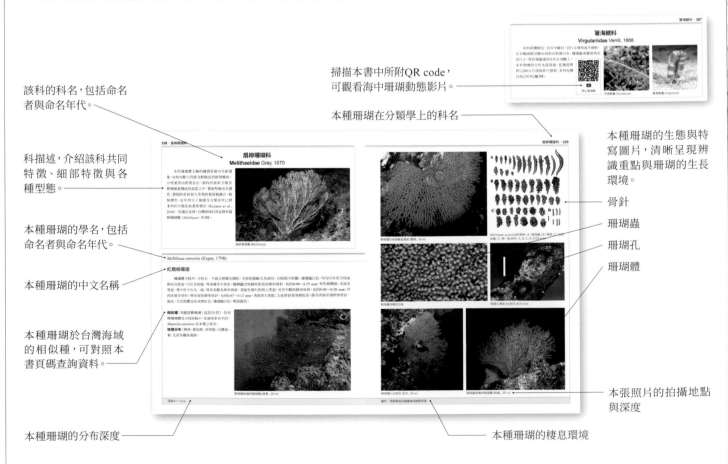

該科的科名，包括命名者與命名年代。

掃描本書中所附QR code，可觀看海中珊瑚動態影片。

本種珊瑚在分類學上的科名

本種珊瑚的生態與特寫圖片，清晰呈現辨識重點與珊瑚的生長環境。

科描述，介紹該科共同特徵、細部特徵與各種型態。

骨針

珊瑚蟲

珊瑚孔

珊瑚體

本種珊瑚的學名，包括命名者與命名年代。

本種珊瑚的中文名稱

本種珊瑚於台灣海域的相似種，可對照本書頁碼查詢資料。

本張照片的拍攝地點與深度

本種珊瑚的分布深度

本種珊瑚的棲息環境

推薦序

對我來說，在2009年發生了一件大事，就是戴昌鳳老師發表了世界第一本中文珊瑚圖鑑：《台灣珊瑚圖鑑》。當時一口氣就買了10本，還不客氣地像跟大明星要簽名似地請求戴老師一一簽了名，看著實驗室裡學生、助理人手一本興奮的樣子仍是歷歷在目。這本珊瑚圖鑑也成為了愛好珊瑚礁的朋友學習、查閱、參考的最重要書籍，至今仍廣泛地被使用著，深具影響力。2020年，戴老師再度重磅出擊，大幅度地更新台灣的珊瑚圖鑑。《台灣珊瑚全圖鑑（上）石珊瑚》其內容更為豐富、完整，圖像解析度也更高，再一次這本圖鑑捲起了「旋風」，臉書上人人爭相告知、購買，看著新版圖鑑靜靜地站在自己的書架上，似乎讓人安心地告訴自己：「別怕，我手上有了最完整的台灣珊瑚圖鑑。」，不意外地這本新版圖鑑將繼續原來「使命」陪伴著愛好台灣珊瑚的夥伴們走向未來。

然而和我一樣，大家都注意到，這本新版台灣珊瑚圖鑑並未包含八放珊瑚。八放珊瑚涵蓋有軟珊瑚、藍珊瑚、柳珊瑚、海筆等，和石珊瑚一樣物種繁多，都是珊瑚礁的重要成員，但相對地受到學界較少的關注，可能是大部分八放珊瑚成員缺乏造礁能力，因此受到忽略；再者，八放珊瑚的分類鑑定技術和資料也比較缺乏，造成分類上的困難，致使相關研究成果也比起石珊瑚少了許多。在台灣，八放珊瑚物種鑑定進展相對緩慢，經戴老師的團隊多年努力調查，在台灣不同珊瑚礁發現了許多的新種和新紀錄種，例如2019年戴老師團隊發表了在墾丁海域發現的7個新種：墾丁羽珊瑚、南灣雪花珊瑚、南灣萎黃軟珊瑚、墾丁肉質軟珊瑚、歐氏厚葉軟珊瑚、砂島錦花軟珊瑚及恆春骨穗軟珊瑚，顯示在台灣海域仍有不少八放珊瑚物種尚待發現，因此八放珊瑚的圖鑑也是認識珊瑚物種不可獲缺的資料。是的，戴老師沒讓大家等待太久，他將調查八放珊瑚的成果整理，完成《台灣珊瑚全圖鑑（下）：八放珊瑚》，提供了更完備、新穎的資料和圖像，絕對是本值得收藏的作品。

看著戴老師的台灣珊瑚圖鑑，想著台灣能鑑定珊瑚物種的專家愈來愈少，其實感觸甚深而複雜。我們知道在圖鑑中的每一筆資料都是多年不斷地紀錄、分析、整理累積而成，實在是件困難、有耐心的工作。在此，除了感佩戴昌鳳老師為台灣留下珍貴珊瑚資料外，更期盼年輕朋友有志能承襲這份不易的基礎，繼續努力健全台灣海域的珊瑚資料，讓更多人認識和愛護珊瑚。

台灣珊瑚礁學會理事長
中央研究院生物多樣性研究中心研究員

湯森林

推薦序

以前立志要寫一本書，能夠一百年之後還很有價值，這是我看了昌鳳兄的《台灣珊瑚全圖鑑》以後，回想起的少年壯志。親愛的讀者，您不妨看看這本書，這本2022出版的《台灣珊瑚全圖鑑》，直到2122，甚至2222都還有它的讀者和價值。

雖然書名叫「台灣珊瑚」，但是在西太平洋的珊瑚礁多半都可以適用，各國的人會羨慕台灣有這麼好的參考書，他們應該會想要挖角昌鳳兄去long stay，把他們自己海域的珊瑚也搞個清楚。

研究珊瑚的人最苦惱的第一步就是珊瑚怎麼鑑定種名？跟鳥類有明顯的花色、體型、大小不同；同一種珊瑚的大小可以相差10,000倍，體型會因為環境而改變，至於顏色，白化的和正常的珊瑚都還是同一種，就連白天和晚上觸手伸出來與否在外觀上都判若兩種。這本以照片為主軸的圖鑑，每一種都有好幾張照片，正要解決的就是這個問題。

一般的潛水人拍了照片，想要利用這本書找到珊瑚的名稱，仍然會有點門檻，因為珊瑚的種類和書裡的照片實在太多了。就我所知，昌鳳兄正在從事一個人工智慧的解方，利用他拍的照片來訓練電腦辨認珊瑚，以後的潛水人只要有照片，上網輸入，就可以找到珊瑚種名，之後再配合本書中更多的圖片和解說，就可以把自己的世界擴展去包含珊瑚的世界。從此，珊瑚的研究和保育都會因此而大躍進。

國立中山大學海洋科學系教授

宋克義

作者序

　　八放珊瑚在我的珊瑚研究生涯始終佔有重要位置。我與珊瑚結緣，始於1976年的暑假參加恆春半島生物調查營，在貓鼻頭附近浮潛的驚奇，在清澈透明的海水中，邂逅一大片迎流款擺、搖曳生姿的軟珊瑚，鮮活美麗的影像深印我腦海，正是驅使我投入珊瑚研究的初衷。

　　在台大海洋所碩士班就讀期間，與軟珊瑚經常接觸，也嘗試鑑定出一些種類，但由於文獻缺乏而難有進展。博士論文研究期間，多方蒐集相關文獻，也只能鑑定出一些量多而常見的物種，對於其他多數少見物種仍未能解決。

　　在台大海洋所任教期間，陸續指導數位學生完成八放珊瑚的碩士和博士論文，對於八放珊瑚生態漸有了解；在分類方面，透過與以色列特拉維夫大學軟珊瑚分類大師Yehuda Benayahu教授的合作，以及中央研究院生物多樣性研究中心鄭明修研究員和台灣水產試驗所澎湖海洋生物研究中心謝恆毅博士的支持，於1994~2019年間多次邀請他來台，在墾丁、綠島、澎湖和東沙海域從事軟珊瑚調查研究，陸續發表數個新種，逐漸累積我們對台灣海域八放珊瑚的了解。

　　在此期間，以台灣海域八放珊瑚為材料的天然物化學研究正蓬勃發展，發現數以百計的天然藥物，具有抑制各種癌細胞或細菌、病毒的潛能，可能成為未來對抗疾病的希望。然而，我們對台灣海域八放珊瑚的了解，仍停留在常見而量多或片段採集的物種，缺乏有系統的調查和分類研究。

　　在耳順之年、屆退之際，承蒙海洋國家公園管理處和墾丁國家公園管理處的大力支持，各花二年時間陸續完成了東沙環礁和墾丁海域的八放珊瑚調查和分類圖鑑出版，最後一年又得到科技部的經費支持，把台灣其他海域的八放珊瑚一併做了分類研究，我的學術生涯也在八放珊瑚畫下句點。

　　本書之完成受到很多朋友的幫助。特別感謝歷年來台大海洋所珊瑚礁研究室的助理和學生們，尤其是秦啟翔和陳冠言先生在潛水調查、海底攝影、珊瑚骨針顯微影像拍攝和整理的貢獻，以及謝其衡博士和呂麗娟小姐協助珊瑚標本顯微影像拍攝和整理；也要感謝蔡永春和蔡明憲教練在海底調查和攝影的協助，俞明宏教練提供數張綠島軟珊瑚孵育幼生的照片、梁佩妮小姐致贈三件海筆標本；尤其要感謝海洋國家公園管理處、墾丁國家公園管理處和科技部的經費支持，使我可以到各海域從事珊瑚生態調查。

　　本圖鑑總結歷年來我在台灣海域從事八放珊瑚調查和研究的成果，希望拋磚引玉，提供大眾認識八放珊瑚及投入相關研究的基礎，期待未來有更多人致力於八放珊瑚的研究和資源保育，使台灣海域八放珊瑚的多樣性與美麗得以彰顯，珊瑚礁生態系得到更完整的了解，促進珊瑚礁生態資源的保育與永續。

　　最後，謹獻上「八放珊瑚頌」：六放珊瑚主造礁，八放珊瑚更豔嬌，五億年前已分道，如今依舊如孟焦；柔軟韌性生存道，天然藥物尤豐饒，升溫酸化頻干擾，未來海洋領風騷。

作者簡介
戴昌鳳

　　1956年生於台灣新竹縣。1979年就讀台灣大學海洋研究所碩士班起從事珊瑚生態研究，1981年獲碩士學位。1988年獲美國耶魯大學生物學系博士學位，即返國任教於台灣大學海洋研究所迄今，曾任台灣珊瑚礁學會理事長、台大海洋所所長。曾參與墾丁國家公園、東沙環礁國家公園、澎湖南方四島國家公園及數個國家風景區的海洋資源調查工作，潛水足跡遍及台灣各海域。著有學術論文二百餘篇，專書十餘冊，致力於推廣珊瑚礁研究與保育，最大願望是珊瑚礁美景能被保留下來。

第一章 八放珊瑚簡介

一、八放珊瑚基本特徵

八放珊瑚屬於刺胞動物門（Phylum Cnidaria），花蟲亞門（Subphylum Anthozoa）的八放珊瑚綱（Class Octocorallia）。刺胞動物屬於原始的多細胞動物之一，牠們的共同特徵包括：（1）身體由二層組織（外皮層和內皮層）構成；（2）具有刺胞（cnidae），分布於外皮層；（3）身體呈輻射對稱，消化腔僅有一開口。刺胞含有刺絲和毒液，是這些動物的防禦和攻擊武器；各類刺胞動物所含刺胞的毒性差異甚大，有些水母和水螅蟲的刺胞毒性很強，可能會致命；但絕大多數八放珊瑚的刺胞毒性都很微弱，不至於對人體造成任何傷害。

八放珊瑚的主要特徵是每隻珊瑚蟲都有8根觸手，腸腔也有8個分隔，而六放珊瑚的觸手和腸腔分隔都是6的倍數。此外，大多數八放珊瑚的觸手兩側有羽枝（pinnules），也就是觸手旁排成列狀、像羽毛的小分枝；六放珊瑚的觸手則都無羽枝。在演化過程中，六放珊瑚和八放珊瑚是很早就分化而獨立演化的二類群。化石紀錄顯示，早在5.6億年前的前寒武紀化石動物群中，就有類似八放珊瑚海鰓類的化石，而且古生代志留紀（約4.4億年前）和泥盆紀（約3.6億年前）也有許多八放珊瑚的骨針化石；因此，大約在5億多年前，八放珊瑚就與六放珊瑚分開而獨立演化至今。近年來，以DNA分子探討刺胞動物親緣關係的研究結果，大多支持這個觀點，當然，現今的八放珊瑚是歷經地質史上數次大滅絕事件之後的殘存者演化而來。

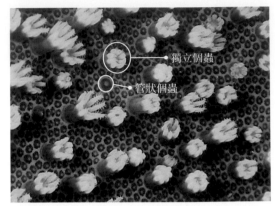

獨立個蟲與管狀個蟲的分化（葉形軟珊瑚）

絕大多數的八放珊瑚是群體型動物（colonial organism），也就是由許多珊瑚蟲（polyps）聯合在一起構成的動物；大多數八放珊瑚只有單一型態的珊瑚蟲，少數種類（如肉質軟珊瑚、葉形軟珊瑚）的珊瑚蟲則有分化現象，也就是有獨立個蟲（autozooids）和管狀個蟲（siphonozooids）的分化；其中，獨立個蟲是形態完整的珊瑚蟲，有觸手和腸腔，行使完整的功能；管狀個蟲則是退化的珊瑚蟲，多數無觸手，少數有短小或退化的觸手，功能也退化，無法捕食，通常做為群體內物質輸送和聯繫的管道。

獨立個蟲與管狀個蟲的分化（雙異軟珊瑚）

八放珊瑚的珊瑚蟲

六放珊瑚的珊瑚蟲

二、八放珊瑚的類別

根據世界海洋物種名錄（World Register of Marine Species），全球海洋已知的八放珊瑚約有3400種（WoRMS, 2021）。這些物種被分為三個目：藍珊瑚目（Helioporacea）、軟珊瑚目（Alcyonacea）、海鰓目（Pennatulacea）。其中，藍珊瑚目的種類最少，代表物種就是藍珊瑚（*Heliopora coerulea*），牠是極少數會造礁的八放珊瑚，也是珊瑚礁的主要成員之一。軟珊瑚目的物種最多，約有3000餘種，包括俗稱的軟珊瑚、柳珊瑚、寶石珊瑚、海鞭、海扇等，分布也最廣，範圍從淺海至深海，熱帶至極區；棲地則包括硬底質和軟底質，幾乎都有軟珊瑚目的成員。海鰓目包括俗稱的海筆，大約有200餘種，通常棲居於泥或沙構成的軟底質，範圍則從淺海至深海。這三類八放珊瑚在台灣海域都可發現。

俗稱海扇的柳珊瑚屬於軟珊瑚目

軟珊瑚目的代表物種——肉質軟珊瑚

藍珊瑚

海鰓目的代表物種

三、八放珊瑚的生殖

八放珊瑚的生殖包含無性和有性生殖等二種模式，而且通常同時存在或交替運作。

（一）無性生殖

八放珊瑚常見的無性生殖方式有下列數種：

1. 分裂生殖（fission）

分裂生殖是八放珊瑚最常見的無性生殖方式，尤其是軟珊瑚科（Alcyoniidae）、異軟珊瑚科（Xeniidae）和穗珊瑚科（Nephtheidae）種類的主要生殖方式。發生的機制通常是藉由珊瑚組織的延伸和分離，形成新的珊瑚體，也可能經由風浪的力量或攝食者啃食，而造成珊瑚體的分裂。這些分裂形成的珊瑚體，通常聚集在一礁塊表面，因此可被視為八放珊瑚快速佔據底質及擴充地盤的生長策略。尤其對於生長速率較高的軟珊瑚和穗珊瑚，在珊瑚礁遭受颱風侵襲而空出底質之後，分裂生殖可以使牠們的群體數量快速增加，可說是效率很高的拓殖方式。

肉質軟珊瑚行分裂生殖

小枝軟珊瑚行分裂生殖

2. 斷裂生殖 (fragmentation)

　　斷裂生殖是指珊瑚體的一小部分經由自發性的組織分解和外力作用而脫離母體，再重新附著於底質上，形成新珊瑚體的生殖方式，常見於鞭珊瑚科 (Ellisellidae) 的種類，如白蘆葦珊瑚 (*Junceella fragilis*) 和紅蘆葦珊瑚 (*J. juncea*)；斷裂生殖產生的小分枝通常在母珊瑚體周圍附著，因而形成許多珊瑚體在同一礁塊上聚集分布的現象。這些行斷裂生殖的珊瑚體也會行有性生殖，釋放精和卵，但是無性和有性生殖的高峰期往往有錯開的現象，以台灣南部的白蘆葦珊瑚為例，牠們的無性生殖高峰在秋冬季，有性生殖則在春夏季 (Vermiere, 1994)。經由斷裂生殖形成的珊瑚體都具有相同的基因型，因此同一礁塊上的珊瑚體大多數由無性生殖而來，以紅蘆葦珊瑚為例，大約只有十分之一的珊瑚體由有性生殖產生，其他珊瑚體都是經由斷裂生殖而來 (Liu et al., 2005)，亦即斷裂生殖是促成短距離內族群擴張的重要機制，有性生殖則是族群長距離散播和基因交流的主要機制。

白蘆葦珊瑚斷裂生殖

白蘆葦珊瑚群集

紅蘆葦珊瑚群集

紅蘆葦珊瑚斷裂生殖

3. 出芽生殖 (budding)

　　出芽生殖是在親代珊瑚體上長出新珊瑚蟲或芽體的繁殖方式。絕大多數的八放珊瑚都是以群體的方式生長，群體可能相當大，但都是由單一或少數珊瑚蟲而來，經由出芽方式逐漸增加珊瑚蟲數目，使群體逐漸長大。有些軟珊瑚則會在群體邊緣產生芽體，芽體以自割方式從母體上脫落下來，附著在底質上生長，形成新的珊瑚體。這種芽體通常含有數隻珊瑚

肉質軟珊瑚出芽生殖

肉質軟珊瑚群集

藍礫骨軟珊瑚群集

藍礫骨軟珊瑚的出芽生殖

蟲,等於是一株小型珊瑚體,可大幅增加小珊瑚體的存活率。此外,有些軟珊瑚用匍匐根延伸的方式,形成新的芽體,例如穗珊瑚和異軟珊瑚,經常從群體的基部延伸出細長的匍匐根,固定在周圍的底質上,然後長出一株新的珊瑚體來,這種生殖方式就像草本植物一樣,靠著地下莖的蔓延生長,迅速擴張地盤,占據底質,可說是軟珊瑚競爭空間的一種方法。

4. 珊瑚蟲球脫離

　　有些八放珊瑚可在其分枝末端或珊瑚體邊緣,形成珊瑚蟲球(polyp ball),然後以自割方式與母珊瑚體脫離,形成游離的珊瑚蟲球,再藉由海流運送散播至鄰近礁區,附著之後形成新的珊瑚體。這種生殖方式可被視為珊瑚體逃離惡化環境的一種機制。

骨穗軟珊瑚分枝末端的珊瑚蟲球

花菜軟珊瑚分枝末端的珊瑚蟲球

（二）有性生殖

有性生殖經由來自不同親代的精卵結合，使子代基因型有更多遺傳變異，提供物種適應環境變異的基本素材；而且，有性生殖產生的浮游性幼蟲通常具有較佳的散播能力，對於拓殖新棲地和不同地理區族群的基因交流，都是重要的媒介。因此，雖然無性生殖是八放珊瑚普遍的族群擴張方式，所有種類都具備行有性生殖的能力。

八放珊瑚的生殖腺通常在腸腔內的隔膜下端發育，大多數種類的八放珊瑚為雌雄異體（約占89%），就是雄性和雌性生殖腺（精囊和卵囊）分別在不同珊瑚體內發育，只有少數的八放珊瑚屬於雌雄同體（約11%）（Kahang et al., 2011）。這種性別分化情形恰與石珊瑚相反，因為絕大多數的石珊瑚為雌雄同體，少數為雌雄異體。而且，已知多數軟珊瑚的卵發育時間需要一年以上，發育成熟的卵通常具有顏色，因此在生殖季之前，就可發現已成熟及未成熟的卵在同一株珊瑚體內。

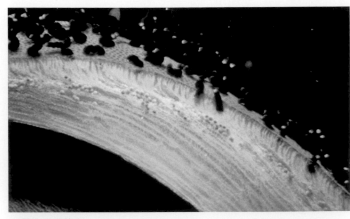

肉質軟珊瑚的卵

八放珊瑚的有性生殖方式，有排放型（broadcast spawning）、體表孵育型（surface brooding）和體內孵育型（internal brooding）等三大類。有近半數的八放珊瑚種類為排放型（49%），主要是軟珊瑚科物種，牠們於生殖季將成熟的卵和精子排放至海中，行體外受精，然後發育成浮游幼生。排放型珊瑚通常有集體同步排放精卵的行為；通常在每年一定的時間，許多種類的珊瑚同時把精

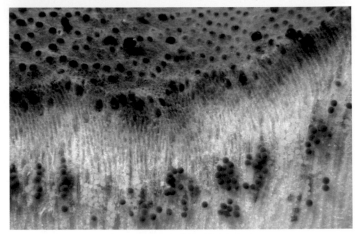

葉形軟珊瑚內已成熟（深綠色）及未成熟（白色）的卵

卵排放在海水中。這種行為在造礁石珊瑚已被普遍報導和研究，八放珊瑚則較少相關研究，一般認為這種同步生殖行為是排放型物種增加其生殖成功率的生態適應。

體表孵育型的八放珊瑚大約占所有物種的11%，牠們通常行體內受精，也就是雄性珊瑚體排出精子，進入雌性珊瑚蟲體與卵受精，然後珊瑚蟲將受精卵排出至體表，由珊瑚蟲或體壁特化的孵育腔來保護受精卵發育，直到發育為幼蟲之後，才釋放至水體中，隨海流散播；以藍珊瑚為例，當生殖季節來臨，牠們的體表會發展出特化的珊瑚蟲，在基部形成孵育囊，也可發現許多孵育中的白色胚胎分布在珊瑚體表面。

體內孵育型的八放珊瑚大約佔有40%物種，牠們行體內受精，受精卵留在體內發育至幼蟲之後，才釋放至海中。由於牠們的受精卵在體內發育，要了解牠們的生殖週期就必須採集珊瑚體標本，經由組織切片和染色來判定。體內孵育產生的幼生，數量有限，通常存活率較高，生殖季節也較長。

台灣海域八放珊瑚的有性生殖，目前只有少數種類被研究過。這些研究結果顯示，台灣南部海域的排放型八放珊瑚

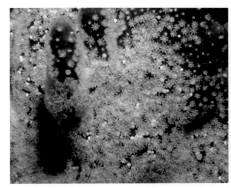

藍珊瑚行體表孵育

羽珊瑚行體表孵育（俞明宏攝）

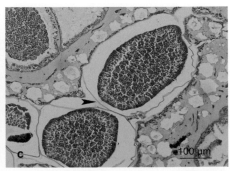

月形星骨軟珊瑚的組織切片顯示牠在體內孵育幼生（箭頭）

在每年4～9月排放配子，高峰期則在4～5月和8～9月之間（吳，1994；Vermeire，1994；周，2002）；行體表孵育的藍珊瑚和羽珊瑚在4～5月間孵育及釋放幼生（Liu et al., 2005）；行體內孵育的月形星骨軟珊瑚（*Asterospicularia laura*）則在2～7月間可觀察到配子發育，大約於4～6月釋放幼生（林，2009）。綜合這些研究成果可知，台灣南部海域八放珊瑚的生殖季節大致與石珊瑚同時發生，高峰期都在每年4～6月間。

疏指葉形軟珊瑚排放卵子

四、八放珊瑚生活史特徵

生活史特徵包括珊瑚在其一生中表現的特性：性成熟年齡、孕卵數（生殖力）、卵徑、幼生浮游期、幼生存活率、生長速率、死亡率及壽命等。雖然有關八放珊瑚生活史的研究並不多，但從已發表的文獻看來，八放珊瑚展現非常多樣的生殖特徵和生活史策略（Kahang et al., 2011）。

就性成熟體型而言，異軟珊瑚科的成員可能在珊瑚體直徑僅2～3 cm即有生殖能力，這些珊瑚可能只出生幾個月而已；有些軟珊瑚科的物種（如葉形軟珊瑚）在直徑達20 cm以上才有生殖能力，可能需要3～5年時間；直立生長的柳珊瑚，有的種類在10 cm高即有生殖能力，有的種類須達50 cm以上才達性成熟。每隻珊瑚蟲的孕卵數也有很大差異，平均從2～35個都有。一般而言，排放型珊瑚的孕卵數高，孵育型珊瑚只產少量的卵。卵的直徑代表親代的能量投資，從200～1000 μm都有，通常排放型珊瑚的卵較小，而孵育型者較大。

關於八放珊瑚幼生的散播能力，目前相關研究很少。一般而言，孵育型珊瑚的幼生浮游期通常較短，甚至可能直接附著在母珊瑚體周圍；排放型珊瑚的浮游期通常較長，但缺乏相關研究資料。至於八放珊瑚的生命週期，也缺乏相關研究；由於大多數八放珊瑚具有很強的再生能力，而且無明顯的老化現象，因此推論多數八放珊瑚的壽命可能很長，甚至屬於不朽的生物。

八放珊瑚的生活史特徵顯示牠們各有不同的生活史策略。就珊瑚礁上的物種而言，異軟珊瑚科及穗珊瑚科物種大多屬於機會主義者（r策略者），牠們通常以無性生殖擴張族群，有性生殖則多數為孵育型，生殖期長，整年或大部分時間都在孵育幼生，幾乎隨時可提供珊瑚幼苗以開拓新基質。但是，大多數的軟珊瑚科物種，尤其是形成大型群體的葉形軟珊瑚（*Lobophytum*）和指形軟珊瑚（*Sinularia*），則是珊瑚礁生態系中的競爭者（K策略者）或逆境忍受者（S策略者），牠們具有較強的競爭能力或忍受環境壓力的能力，一旦在珊瑚礁上佔據底質之後，

指形軟珊瑚屬於逆境忍受者

異軟珊瑚科是機會主義者

穗珊瑚科物種也是機會主義者

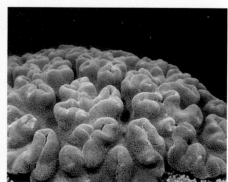

肉質軟珊瑚屬於競爭者

就往往長時間持續存在，雖然可能因外在因素（如颱風巨浪侵襲）而遭受損傷，造成部分珊瑚蟲死亡，但殘存的活珊瑚體可經由再生方式快速復原，因而整個珊瑚體的死亡率通常很低。

五、八放珊瑚的營養方式

　　八放珊瑚獲取營養的方式相當多元，包括自營、異營及兼營。大多數生活在珊瑚礁上的八放珊瑚體內含有共生藻，例如軟珊瑚科、異軟珊瑚科和錦花軟珊瑚屬（*Litophyton*）的物種幾乎都含有共生藻，其他穗珊瑚科和柳珊瑚類也有一些物種含共生藻。這些含共生藻的八放珊瑚，牠們的共生機制與造礁石珊瑚相同。共生藻位於珊瑚內皮層細胞內，可行光合作用，合成有機物質，並且回饋給宿主珊瑚利用。這些宿主珊瑚可能從共生藻獲得相當高比例的營養來源，牠們的生長也會受到光度的限制，因此大多分布在水深30 m以淺的海域。其他不含共生藻的八放珊瑚，包括大多數的柳珊瑚類、管柳珊瑚（*Siphonogorgia*）和棘穗軟珊瑚（*Dendronephthya*），完全依賴珊瑚蟲捕食維生，通常分布在較深海域，卻有非常鮮豔的色彩，大多來自色素蛋白和骨針的顏色。

　　幾乎所有八放珊瑚都有攝食能力，牠們多數屬於被動懸浮物攝食者（passive suspension feeder）或濾食者（filter feeder），亦即牠們固著在底質上，依賴水流帶來食物顆粒，然後利用伸展的珊瑚蟲觸手捕捉食物，主要攝食小於20 μm的顆粒狀生物，包括浮游植物、浮游細菌、纖毛蟲和小型浮游動物等。有些珊瑚蟲和觸手都較大的種類，則可能捕捉比較大型的浮游動物。

　　八放珊瑚常形成扇形、叢形、網扇形或表面多突起的群體，可有效攔截或減緩水流，或使水流通過珊瑚體表面時形成小渦漩，營造有利於珊瑚蟲捕食的微環境。珊瑚蟲的形態、大小與水流速度都會影響牠們的捕食效率（Lin and Dai, 1993）。

異軟珊瑚含共生藻

淺海的軟珊瑚大多含有共生藻

網扇珊瑚以延展的珊瑚體攔截水流，提高捕食效率。

管柳珊瑚依賴珊瑚蟲捕食維生

六、八放珊瑚的生長和年齡

八放珊瑚的生長方式往往依形態而異，基本上，群體生長主要來自珊瑚蟲個體數增加，也就是不斷進行珊瑚蟲分裂或出芽的結果。對於大多數軟珊瑚科物種來說，珊瑚體面積和體積都隨著珊瑚蟲數目增加而逐漸增加，可能成為直徑達數公尺的大型珊瑚體。對於具有中軸骨骼、直立生長的柳珊瑚類而言，珊瑚體的生長包括群體分枝延長、分枝增加或網扇面積增大。因此，對於這些八放珊瑚來說，面積愈大或高度愈高就代表年齡也愈大。

然而，許多軟珊瑚類在成長過程中會不斷地行分裂生殖，群體不僅沒長大，反而可能縮小，還有一些軟珊瑚會與相鄰的同種珊瑚體合併而快速增大；在此情況下，珊瑚群體大小並不代表年齡大小。因此，軟珊瑚的年齡很難判定。在自然環境中，珊瑚體的體型變動往往可以反映內在及外在環境因子的影響，例如：颱風侵襲和沉積物堆積可能使珊瑚群體在短時間內變小，因而在干擾頻繁的海域，珊瑚體的體型通常比較小，相反的，在穩定環境中則大體型珊瑚就比較多。

八放珊瑚的生長速率有很大變異，一般而言，生活在淺海且含共生藻的軟珊瑚，生長速率比較高，在周圍無其他生物的底質上，每年可生長數十公分；而不含共生藻的八放珊瑚通常生長較慢，每年生長速率可能只有數公釐至數公分；深海八放珊瑚的生長速率更慢，每年可能不到一公釐。具有硬骨骼的珊瑚生長過程會在骨骼中留下紀錄，包括藍珊瑚、笙珊瑚及柳珊瑚類的骨骼，都可作為分析其生長速率和環境特徵的依據，但是對於缺乏硬骨骼的軟珊瑚類而言，其生長過程就很難追溯。

七、八放珊瑚的造礁潛力

八放珊瑚除了藍珊瑚和笙珊瑚之外，通常被歸類為非造礁珊瑚，主要是因大多數的八放珊瑚體內只含有鈣質骨針，並不形成實體硬骨骼，因此一般認為牠們對珊瑚礁建造的貢獻甚少。然而，近年來的研究顯示，許多指形軟珊瑚物種可在其基部把鈣質骨針膠結起來，形成堅硬的骨針岩（spiculite）。這些骨針岩在台灣南部海域和陸上都可發現，甚至達到生物礁的規模。尤其在軟珊瑚生長密集的礁區，經常可發現指形軟珊瑚基部的柱形骨針岩，因此牠們對造礁可能有相當程度的貢獻（Jeng et al., 2011）。

事實上，珊瑚礁建造的過程非常複雜，除了鈣質骨骼的直接堆積之外，還包括侵蝕、沉積物搬運和膠結等過程；大多數八放珊瑚的體內含大量鈣質骨針，正是珊瑚礁鈣質沉積物或珊瑚砂的主要來源之一。這些骨針可經由海流運送而充填在多孔隙的石珊瑚骨骼或珊瑚碎屑之中，然後經由生物膠結作用形成堅固的珊瑚礁。因此，從珊瑚礁鈣質沉積物的供應來看，八放珊瑚的造礁貢獻可能被低估了。

形態固定的軟珊瑚，群體面積可當作年齡的指標。

經常行分裂的軟珊瑚，群體面積與年齡無關。

柳珊瑚的中軸骨骼可作為分析其年齡和生長環境的依據

錦花軟珊瑚經常行分裂和癒合，其年齡很難判定。

指形軟珊瑚體下方的柱狀礁體即是骨針岩

指形軟珊瑚形成的骨針岩（白色）

笙珊瑚的紅色骨骼對造礁有相當貢獻

藍珊瑚是常見的造礁八放珊瑚

八、影響八放珊瑚分布的環境因子

(一) 波浪與海流

　　八放珊瑚的攝食行為、生長形態和新陳代謝等都受到海流環境的影響。固著生活的八放珊瑚，依賴水流帶來食物及帶走廢物，因此必須生活在有適當水流或波浪擾動的環境；另一方面，八放珊瑚體也會受到海流和波浪的強烈衝擊而受傷或脫離底質；因此，牠們通常分布在海流或波浪能量適中的環境，太強或太弱的水流都不利於其生存（Dai, 1991；Dai and Lin, 1993）。然而，八放珊瑚的類別多，形態又複雜，因此適合牠們生長的環境也大不相同。以生活在淺海的軟珊瑚科種類為例，牠們往往聚集生長在波浪和海流能量都相當強的礁區，柔軟的珊瑚體可順應波浪能量的衝擊而改變形態，或者縮小肉質珊瑚體，趨近於流線形，如此可大幅降低阻力，減少波浪或海流造成的衝擊（Lin and Dai, 1996）。生活在較深海域的柳珊瑚類，也常在海流較強的礁區聚集

表覆形軟珊瑚緊貼底質可降低水流阻力

軟珊瑚的體型柔軟可順應水流擺動

柳珊瑚在海流較強礁區聚集生長

生長，不論是扇形、叢形或鞭形珊瑚體，都有相當高的柔軟度和韌性，可以順應海流衝擊而變形，減低阻力。相關的實驗結果也顯示，柔軟度或流線形是八放珊瑚對抗海流和波浪能量的主要機制 (林, 1996)。

(二) 沉積物

　　沉積物對八放珊瑚的生長往往有重大影響，堆積在珊瑚體表面的沉積物會導致珊瑚組織壞死或窒息死亡；即使少量的沉積物也可能造成珊瑚的生理負擔，改變珊瑚的生長形態，以及妨礙珊瑚幼蟲的發育和附著。各種八放珊瑚對於沉積物的忍受能力與其群體形態、珊瑚蟲大小及沉積物顆粒大小均有關。珊瑚通常以分泌黏液吸附和觸手擺動的方式，清除體表的沉積物，對於珊瑚體為肉質的軟珊瑚來說，由於牠們的觸手小，自淨能力薄弱，因此對沉積物的忍受度甚低，通常生長在沉積物較少的海域裡。至於直立分枝形的柳珊瑚，由於其生長形態不利於沉積物堆積，因此可生長在沉積物稍高的環境。

柳珊瑚體的柔軟度可抵抗水流衝擊

軟珊瑚體上累積的泥沙沉積物

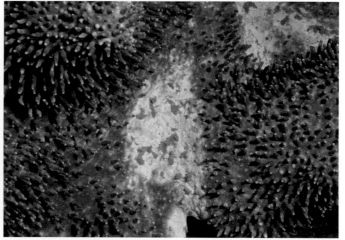

沉積物會造成珊瑚蟲壞死

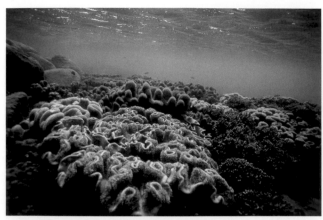
含共生藻的八放珊瑚生長在陽光充足的淺海

不含共生藻的八放珊瑚生長在幽暗的環境

白化的指形軟珊瑚

大部分白化的指形軟珊瑚

(三) 光度

含有共生藻的八放珊瑚種類，由於牠們體內的共生藻需要充足陽光來行光合作用，而光在水中消失很快，因此這些珊瑚大多生長在淺海礁區，主要分布在水深30 m以淺的海域。這些珊瑚包括藍珊瑚、笙珊瑚、軟珊瑚科、異軟珊瑚科及錦花軟珊瑚等。至於不含共生藻的八放珊瑚，牠們的分布不受光度限制，可以生長在較深海底，而且往往在深海較常見，這些珊瑚包括棘穗軟珊瑚、骨穗軟珊瑚及大多數的柳珊瑚類等。

(四) 溫度

水溫是影響珊瑚礁生物生理的重要因子，水溫太高或太低都會導致造礁珊瑚白化，也會造成含共生藻的八放珊瑚產生白化現象。一般而言，最適合珊瑚礁生物生長的水溫在23～28℃之間；當水溫低於18℃或高於30℃，都可能引起珊瑚白化。針對軟珊瑚類生長與水溫關係的研究結果顯示，軟珊瑚比大多數石珊瑚種類更能忍受高溫和低溫，因此在相同環境裡，軟珊瑚白化通常較晚發生。至於不含共生藻的八放珊瑚，牠們生長在較深海域，水溫升高的影響相對較小，而且也能忍受低溫。

九、八放珊瑚的生存競爭

空間和食物資源是影響八放珊瑚生長和生存的兩大要件。對於在珊瑚礁上行附著生活的軟珊瑚來說，空間是維持其生長的重要因子。由於珊瑚礁的空間有限，物種之間競爭空間的現象也非常普遍，軟珊瑚必須與石珊瑚、海藻及其他底棲生物競爭有限的空間。就攻擊能力而言，八放珊瑚缺乏毒性強烈的刺絲胞，也缺乏具攻擊性的觸手和隔膜絲，顯然缺乏威脅對手的攻擊能力，因此在空間競爭時往往被石珊瑚攻擊得遍體是傷。

然而，軟珊瑚並不是珊瑚礁上的常見輸家，牠們可經由其他方式佔據和保有生存空間，包括覆蓋生長、先占策略和抑他化學物質（allelochemicals）等（Dai, 1990）。軟珊瑚的體型柔軟，可塑性高，而且生長較快，因此當牠們在珊瑚礁上生長接近石珊瑚體時，可以調整生長方向，覆蓋在石珊瑚體上，奪取生長空間。此外，軟珊瑚有效的無性繁殖方式，使牠們在干擾頻繁的珊瑚礁區，可以快速佔據空出的底質，這就是牠們的先占策略；只要先占據底質，就可藉由生長體型和其他防禦方式，保有其生存空間。而釋放抑他化學物質，以抑制鄰近生物的生長，就是軟珊瑚常用的防禦工具。

八放珊瑚由於其體內含有豐富的有毒化學物質和骨針，因此很少有掠食者，尤其是生長在珊瑚礁上的軟珊瑚，少有被掠食的痕跡。海兔螺（*Ovula ovum*）和玉兔螺（*Calpurnus verrucosus*）是極少數的軟珊瑚掠食者，牠們具有高度特化的

軟珊瑚包圍石珊瑚生長，但石珊瑚用牠的攻擊性捍衛自己的地盤。

石珊瑚（下）攻擊軟珊瑚（上），使其珊瑚體受傷。

軟珊瑚以形態優勢覆蓋生長在石珊瑚上

軟珊瑚釋放抑他化學物質造成石珊瑚體部分死亡

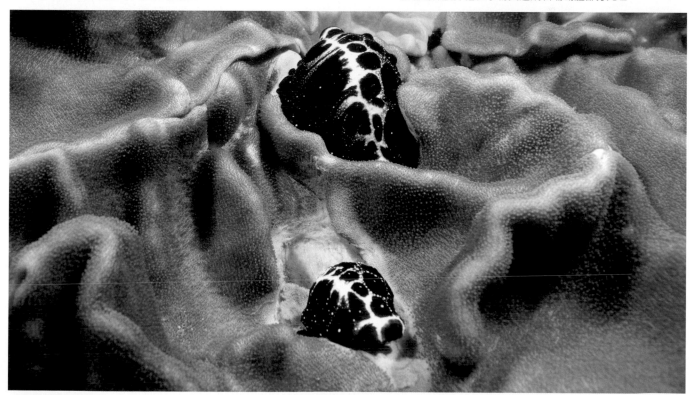

海兔螺攝食軟珊瑚

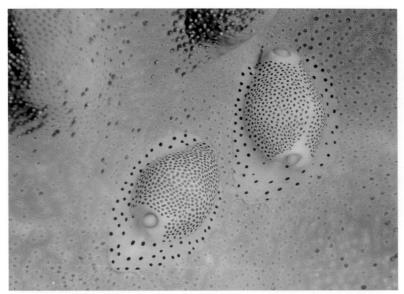

玉兔螺攝食軟珊瑚的珊瑚蟲

肉質軟珊瑚含豐富的化學物質

八放珊瑚的化學物質可能成為未來人類對抗疾病的藥物資源

攝食及處理化學物質的消化系統，甚至特化的生活史，將受精卵產在軟珊瑚體上，孵化之後就留在軟珊瑚上攝食，完全依賴軟珊瑚維生，有軟珊瑚分布的海域幾乎都可看到海兔螺攝食的現象，但是由於其族群數量少，還不至於對軟珊瑚群聚造成重大影響。

十、天然物與化學生態

八放珊瑚體內含有豐富的天然化學物質，是普受重視的天然藥物資源。近三十年來，隨著物質分離和鑑定技術的快速發展，有關八放珊瑚天然藥物的研究成果非常豐富。許多科學家分別從熱帶和亞熱帶海域普遍存在的軟珊瑚和柳珊瑚中，分離出具有細胞活性的物質，主要屬於萜類（terpenes）、雙萜類（diterpenes）、固醇類（sterols）等，這些物質通常被認為是八放珊瑚代謝過程的衍生物。其中有不少萜類和雙萜類化合物可以抑制癌細胞或發炎細胞的增殖，具有製作天然藥物的潛力。

台灣海域豐富的八放珊瑚資源是海洋天然物研究的優良素材。國內學者自1997年起，對軟珊瑚天然物作出許多研究（如Duh et al., 1997, 1999, 2002；Sheu et al., 2000, 2014；Sung et al., 2001, 2006；Su et al., 2013；Chao et al., 2016），發表的學術論文有數百篇，發現具有潛力的天然藥物數百種，使台灣躋身全球八放珊瑚天然物研究的重鎮。這些藥物資源可能成為未來人類對抗各種癌症和疾病的關鍵藥物。

對於八放珊瑚來說，牠們產生的天然化學物質可能有重要的生態功能，最明顯的就是抑制攝食者，因此軟珊瑚雖然看起來肥厚鮮美，除了特化的海兔螺和玉兔螺之外，幾乎沒有掠食者；其次，這些化學物質也可抑制其他生物附著，固著生活的軟珊瑚很可能成為其他生物（如藤壺、海鞘等）利用的基質，但是海底的軟珊瑚體表很少有其他生物附著生長，牠們分泌的化學物質顯然可以抑制其他生物的幼蟲附著；當然這些化學物質也可用於空間競爭，釋放至珊瑚體周圍，可以抑制其他生物靠近或侵占地盤。

十一、氣候變遷與疾病

氣候變遷對珊瑚礁生態系的衝擊是全球關注的議題，而海水暖化及酸化為二項主要因子。

海水溫度異常升高引起珊瑚大量白化的事件，已經被廣泛報導和關注，而且遍及各大洋的珊瑚礁，台灣海域珊瑚礁生態系也曾在歷年的大白化事件中遭受波及，造成部分珊瑚礁區的珊瑚死亡，覆蓋率降低，這些珊瑚白化事件主要發生於造礁石珊瑚，對八放珊瑚的影響相對較輕。近年研究顯示，當水溫升高時，軟珊瑚體內的共生藻可向其肉質組織的內層移動，以躲避高溫的衝擊，延緩白化發生，因此軟珊瑚對於海水暖化有較高的耐受性（Parrin et al., 2016）。

海水酸化會影響珊瑚碳酸鈣質骨骼生成，進而對珊瑚礁的結構和生態功能造成重大衝擊，也是受到廣泛關注的議題。近年來關於海水酸化對八放珊瑚影響的研究結果顯示，珊瑚礁生態系中的八放珊瑚對於海水酸化的忍受度較高，即使在酸鹼值甚低的海洋環境中，也不會受到明顯影響，主要原因可能是由於軟珊瑚的肉質組織可以當做隔離或緩衝酸化海水的屏障，降低其鈣質骨針受到酸化的影響（Gabay et al., 2013）。

基於八放珊瑚對於海水暖化和酸化忍受度都較高的現象，許多珊瑚礁學者預測，在未來氣候變遷的衝擊之下，珊瑚礁生態系的造礁珊瑚可能會被八放珊瑚取代，而成為八放珊瑚占優勢的生態系。因應珊瑚礁生態系的變遷，增進對八放珊瑚生理和生態的瞭解，顯然是重要課題。

在氣候變遷過程中，珊瑚礁生物的疾病也受到廣泛重視。過去二十年來，科學家對各種珊瑚疾病的研究指出，疾病是造成全球珊瑚礁生態系衰退和破壞的主要因子之一（Miller & Richardson, 2014）。目前已知的珊瑚疾病有30種以上，包括：黑帶病、黑斑病、白帶病、白斑病、黃帶病和珊瑚白化病等，主要發生在造礁石珊瑚體；而珊瑚疾病發生的原因包括環境變動、汙染、老化……等；八放珊瑚的疾病案例並不多，但在台灣海域偶爾可發現軟珊瑚體腫瘤和微生物覆蓋蔓延的案例，因此增進對八放珊瑚疾病的瞭解，防患於未然，將有助於珊瑚礁生態系的保育。

白化的肉質軟珊瑚

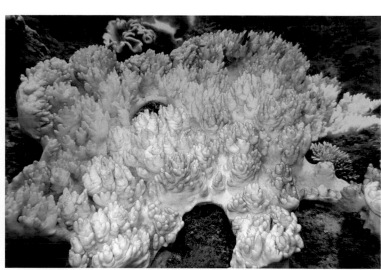

白化的指形軟珊瑚

微生物蔓延覆蓋指形軟珊瑚

肉質軟珊瑚的腫瘤

第二章 台灣海域的八放珊瑚群聚

一、 台灣海洋環境

　　台灣位於西太平洋島弧的中段，北回歸線穿越本島中央，海洋環境兼具熱帶和亞熱帶環境特徵。台灣周圍的海洋環境主要受到黑潮、南海表層流和中國沿岸流的影響，而且呈現季節性變動。在春、夏季西南季風盛行期間，黑潮沿台灣東岸北上，南海海流則北上流過台灣海峽；在秋、冬季東北季風盛行期間，來自東海的中國沿岸流冷水團，沿台灣海峽西側南下，黑潮支流則越過巴士海峽進入南海北部和台灣西部海域，冷暖水團在海峽中段澎湖群島附近相遇。海洋生物幼苗隨海流漂送，也受到水溫影響，因此在黑潮影響的南部和東部海域主要為暖水性物種，而在台灣北部和澎湖北部海域則兼具暖水與冷水性物種。

　　台灣本島海岸和淺海地形多樣；北部海岸西起淡水河口，東至三貂角，底質大多為砂頁岩，受到長期侵蝕作用的影響，形成岬灣交替分布的地形。東部海岸北起三貂角，南至屏東九棚，位於地質活動頻繁的斷層帶，除蘭陽平原的地形平緩之外，大部分區段的斷崖緊臨深海，地形陡峭；由於長期受到劇烈侵蝕、搬運和堆積作用，海岸地帶形成沙灘、礫灘、礁岸、海岬和海蝕平台等地形，多樣的海岸地形和生態環境，提供許多海洋生物棲所，使得海洋生物的多樣性和豐富度都甚高。南部恆春半島為珊瑚礁海岸，東起九棚，西至楓港，沿岸裙礁發達，海底珊瑚礁發育良好，海洋生物非常豐富多樣。西部海岸北起淡水河口，南至楓港，沙灘綿延，沿海大多為沙泥底質，缺乏硬地質，底棲生物多樣性相對較低。台灣周圍島嶼包括澎湖、小琉球、綠島、蘭嶼、龜山島、北方三島等，大多為火山岩或石灰岩底質，南海的東沙環礁和太平島則為發育良好的珊瑚礁，這些島嶼都有豐富多樣的海洋生物。由海底地形和底質可知，台灣北、東、南部及各離島淺海都有相當豐富的八放珊瑚，西部淺海軟底質的八放珊瑚則較少，而且幾乎未曾被研究過。

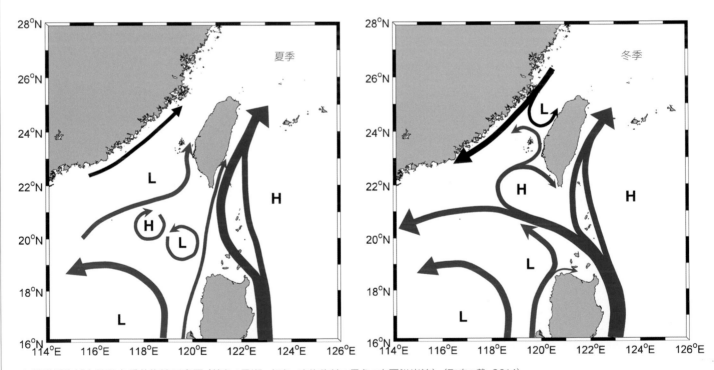

台灣附近海域在夏及冬季的海流示意圖（藍色：黑潮；紅色：南海海流；黑色：中國沿岸流）（取自：戴，2014）

二、台灣八放珊瑚分類研究回顧

　　早期有關台灣海域八放珊瑚的分類研究，可追溯自1938年日本京都大學瀨戶臨海實驗所的內海富士夫（Huzio Utinomi）教授在台灣南部海域的軟珊瑚採樣調查，後來陸續發表數篇分類文獻，共記錄有21種軟珊瑚（Untinomi, 1950a, b, 1951, 1959），包含3新種（*Clavularia racemosa, Anthelia formosana, Asterospicularia laurae*）。其中最著名者為1951年發表的月形星骨軟珊瑚（*A. laurae*），他分析一個採集自台灣南部的軟珊瑚標本，認為該珊瑚的骨針形態非常獨特，

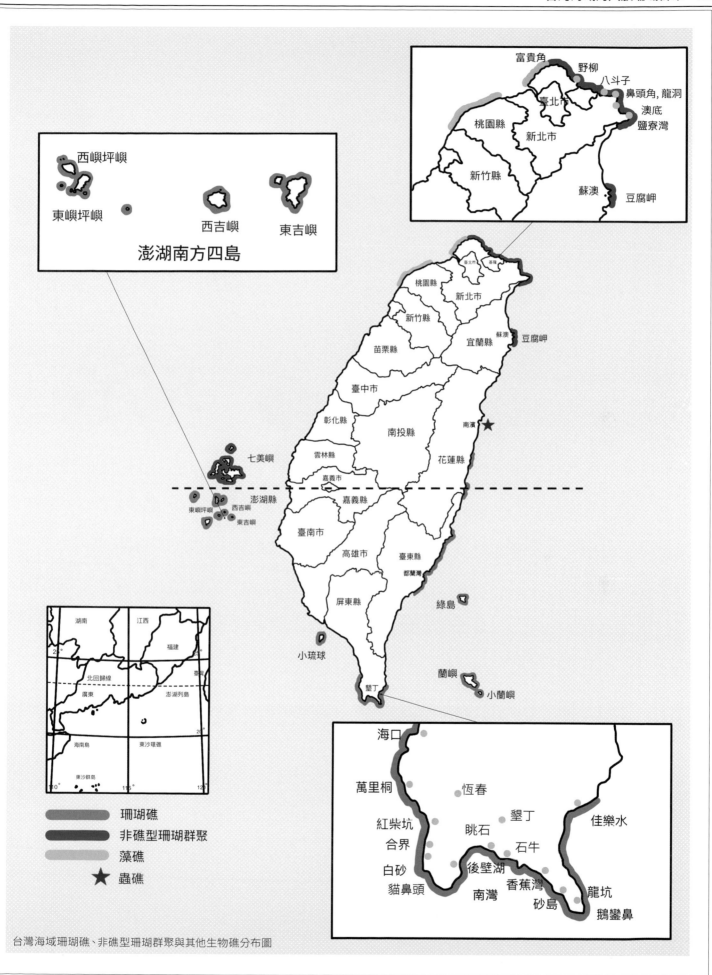

澎湖南方四島

西嶼坪嶼
東嶼坪嶼
西吉嶼
東吉嶼

富貴角
野柳
八斗子
鼻頭角, 龍洞
澳底
鹽寮灣
臺北市
桃園縣
新北市
新竹縣
蘇澳
豆腐岬

桃園縣
新北市
新竹縣
宜蘭縣
苗栗縣
蘇澳
豆腐岬
臺中市
彰化縣
南投縣
南濱
雲林縣
花蓮縣
嘉義市
嘉義縣
七美嶼
澎湖縣
東嶼坪嶼
西吉嶼
東吉嶼
臺南市
高雄市
臺東縣
都蘭灣
綠島
屏東縣
小琉球
蘭嶼
墾丁
小蘭嶼

湖南
江西
福建
臺灣
北回歸線
廣東
澎湖列島
海南島
東沙環礁
東沙群島

珊瑚礁
非礁型珊瑚群聚
藻礁
★ 蟲礁

海口
萬里桐
恆春
紅柴坑
墾丁
佳樂水
合界
眺石
石牛
白砂
後壁湖
貓鼻頭
香蕉灣
龍坑
南灣
砂島
鵝鑾鼻

台灣海域珊瑚礁、非礁型珊瑚群聚與其他生物礁分布圖

與當時所有已知軟珊瑚科的骨針明顯不同，因此依據該標本命名一新科Asterospiculariidae（星骨軟珊瑚科）新屬和新種（Utinomi, 1951）；然而，代表該新科新屬的模式標本，已經遺失；而且*Asterospicularia*已被重新歸類為異軟珊瑚科（Xeniidae）的一屬（Alderslade, 2000）。除此之外，Verseveldt（1982）根據採集自台灣南部的管柳珊瑚片段標本描述了一新種*Siphonogorgia lobata*（葉形管柳珊瑚）。

墾丁國家公園成立初期曾大力支持海洋生物資源調查研究，開展台灣海洋生物研究的新頁。張等（1988）完成墾丁國家公園海域軟珊瑚類的研究，共鑑定出32種軟珊瑚，包括指形軟珊瑚（*Sinularia*）16種、葉形軟珊瑚（*Lobophytum*）6種、肉質軟珊瑚（*Sarcophyton*）6種、冠形軟珊瑚（*Alcyonium*）3種及穗珊瑚（*Nephthea*）1種，其中，冠形軟珊瑚已被改名為菜黃軟珊瑚（*Klyxum*）（Alderslade, 2000），穗珊瑚則被改稱為錦花軟珊瑚（*Litophyton*）（van Ofwegen, 2016）。後續研究則記錄台灣南部海域49種軟珊瑚（包括7未知種），其中29種皆為台灣新紀錄種（Dai, 1991a），但並未提供詳細的分類描述。在柳珊瑚的分類研究方面，則有18種柳珊瑚的分類研究報導（Chen and Chang, 1991）。

以色列特拉維夫大學的軟珊瑚分類專家Yehuda Benayahu教授在1994～1998年間數度來台從事台灣南部和綠島海域的軟珊瑚調查和分類研究，報導22屬69種軟珊瑚，其中有7屬43種為台灣新記錄（Benayahu et al., 2004），但該文獻只有種名目錄和少數物種圖片，並無詳細分類描述。另外，發表1新種——南灣肉質軟珊瑚（*Sarcophyton nanwanensis*）的詳細描述（Benayahu & Perkol-Finkel, 2004）。在2006～2009年間，Benayahu教授在澎湖群島海域進行調查和採集，共發表軟珊瑚科34種（Benayahu et al., 2012），包括6新種（*Aldersladum jengi, Lobophytum hisehi, Sinularia daii, S. soogi, S. penghuensis, S. wanannensis*）及15新紀錄種（Benayahu & MsFadden, 2011; Benayahu & van Ofwegen, 2011; van Ofwegen & Benayahu, 2012）。在2011～2015年間，他又在東沙環礁進行調查和採集，共報導軟珊瑚類51種，分別屬於7科20屬（Benayahu et al., 2018），其中軟珊瑚科的物

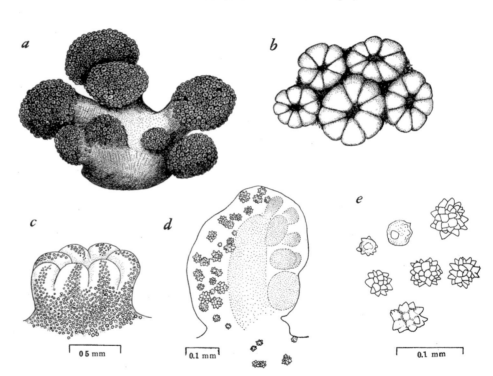

月形星骨軟珊瑚（*Asterospicularia laura*）的原始描述圖（取自Utinomi, 1951）

月形星骨軟珊瑚（*Asterospicularia laura*）群體

Benayahu教授（右）於南灣海域進行軟珊瑚採集

種數和豐富度都最高，共有27種及5～7種可能新種。

　　海洋國家公園管理處於2016～2017年間委託筆者進行東沙環礁八放珊瑚研究，在此期間共發現119種八放珊瑚，分屬於11科31屬，出版《東沙八放珊瑚生態圖鑑》（戴及秦, 2017）。在2018～2019年間，墾丁國家公園管理處委託筆者執行墾丁海域的八放珊瑚研究，在此期間共發現223種八放珊瑚，其中包括177種軟珊瑚分別屬於6科22屬，39種柳珊瑚分屬於7科18屬，6種海鰓目物種和1種藍珊瑚，並出版《墾丁國家公園八放珊瑚生態圖鑑》（戴及秦, 2019）。在2019～2021年間，筆者又獲得科技部的研究計畫支持進行台灣其他海域的八放珊瑚研究，整理在綠島、澎湖、北部沿海、北方三島及宜蘭南方澳海域採集的八放珊瑚和調查結果，總計共發現291種八放珊瑚，分屬3目22科68屬（Dai, 2021）。這些研究顯示台灣海域的八放珊瑚物種多樣性很高。

三、台灣海域的八放珊瑚群聚

　　台灣海域鄰近全球海洋生物多樣性最高的「珊瑚大三角」，周圍海域主要受到黑潮暖流的影響，擁有發達的珊瑚礁和造礁石珊瑚，也擁有豐富多樣的八放珊瑚。這些八放珊瑚在台灣海域的分布可歸納為下列特色：

(一) 緯度梯度

　　八放珊瑚的物種多樣性隨著緯度增加而明顯降低。在緯度較低的台灣南部墾丁海域（約北緯22度），目前已有的調查研究資料顯示有至少223種八放珊瑚，其中軟珊瑚科有124種；但是在緯度稍高的澎湖群島海域（約北緯23度），目前已知軟珊瑚科只有34種，若加上其他科別估計大約共有100餘種；至於北部海域（約北緯25度）的八放珊瑚估計只有約50餘種，其中軟珊瑚科大約僅有10種。如此明顯的緯度梯度，主要是因含共生藻的軟珊瑚在較高緯度的北部海域快速減少，冬季的低水溫顯然是限制這些軟珊瑚在北部海域生長的主要因子，水中懸浮物較多、光度較低則可能是次要因子。然而，北部海域有一些冷水性物種，並不出現在南部海域，而且穗珊瑚科和柳珊瑚類物種數和豐富度反而較高。

(二) 地區間差異

　　八放珊瑚群聚在相似緯度的不同海域有甚大差異，例如緯度相近的恆春半島、小琉球與綠島、蘭嶼的八放珊瑚群聚大不相同，恆春半島與小琉球海域是以軟珊瑚科（Alcyoniidae）物種為主，而綠島和蘭嶼海域則以異軟珊瑚科（Xeniidae）物種為主，造成這種差異的原因可能與綠島、蘭嶼的水質非常清澈，以及兩類珊瑚的生活史特徵有關。

(三) 地區內不均質

　　八放珊瑚的分布在同一地區不同地點，以及同一地點不同水深之間，往往都有很大差異。以墾丁國家公園海域為例，在南灣西側、貓鼻頭岬及鵝鑾鼻岬等附近海域，八放珊瑚是底棲群聚的優勢生物，軟珊瑚在這些海域大約占據三分之二以上的面積，石珊瑚的覆蓋率則不足三分之一；但是在其他大多數地點，包括恆春半島西岸的萬里桐、紅柴坑至合界，南灣東側的眺石、香蕉灣至砂島，底棲群聚都是以石珊瑚為優勢物種，軟珊瑚在這些地點的覆蓋率通常不及十分之一。

　　軟珊瑚在這些水流較強、波浪干擾較頻繁的礁區形成優勢群聚，主要是因軟珊瑚的特殊生態適應，包括 (1) 柔軟度，軟珊瑚的組織柔軟，在遭受強風巨浪侵襲時，可改變形態，順應水流，減低阻力；(2) 回復力或韌性，軟珊瑚有很強的再生和修復能力，當遭受外力傷害時，可快速復原，因而使牠們在向風面的南灣西側和波浪作用劇烈的岬角附近成為優勢底棲生物；而軟珊瑚在隱蔽型礁區（如紅柴坑、眺石、香蕉灣）較少，則是因牠們對沉積物的忍受能力較石珊瑚為低所致（Dai, 1991b）。

　　在不同水深的分布方面，含共生藻的軟珊瑚科物種和錦花軟珊瑚（*Litophyton* spp.）主要分布在水深5～20 m的海底平台和珊瑚礁斜坡上段（Dai, 1993），不含共生藻的柳珊瑚類和棘穗軟珊瑚（*Dendronephthya* spp.）、骨穗軟珊瑚（*Scleronephthya* spp.）則主要分布在水深20 m以深的珊瑚礁斜坡下段或光度較低的礁塊側面；這種差異主要是因含共生藻軟珊瑚類的生長受到光度限制所致。

　　八放珊瑚分布在地區內不均質的現象，同樣發生在其他地區，包括東沙環礁、小琉球、澎湖群島、綠島、蘭嶼、龜山島等海域。

墾丁國家公園八放珊瑚群聚

軟珊瑚是南灣西側海域的優勢物種

軟珊瑚密集覆蓋在南灣西側珊瑚礁斜坡上段

貓鼻頭海底的軟珊瑚群聚

南灣西側的軟珊瑚優勢群聚

恆春半島西岸的軟珊瑚稀疏分布（山海, -12 m）

恆春半島西岸的柳珊瑚群集（下水崛, -15 m）

棘穗軟珊瑚群集（合界, -30 m）

較深水域的八放珊瑚群集（貓鼻頭, -22 m; 蔡永春攝）

柳珊瑚分布較深水域（南灣, -30 m; 蔡永春攝）

扇柳珊瑚與金花鱸（南灣, -30 m; 蔡永春攝）

東沙環礁八放珊瑚群聚

東沙環礁位於北緯20度35～47分、東經116度42～55分之間,雖然緯度較低,但因地處偏遠,孤立於南海北部,已知的八放珊瑚物種有119種,並以軟珊瑚科(73種)最多,穗珊瑚科(24種)居次,柳珊瑚類(三亞目共16種)和異軟珊瑚科(3種)則相當貧乏,可能是因孵育型生殖的八放珊瑚幼苗散播受到地理距離的限制,無法到達偏遠的東沙環礁。

東沙環礁的八放珊瑚分布呈現高度的空間異質性,牠們主要分布在外環礁和南、北航道區,尤其以外環礁北側的覆蓋率最高(>40%),大約為石珊瑚類(<20%)的兩倍;其次為外環礁東側,八放珊瑚與石珊瑚覆蓋率大約各占一半;再其次為外環礁南側,八放珊瑚覆蓋率僅占三分之一,石珊瑚類則占三分之二;外環礁西側的八放珊瑚覆蓋率則低於十分之一。至於面積廣闊的整個內環礁潟湖區,幾乎都是由石珊瑚組成的群聚,八放珊瑚僅零星分布於塊礁邊緣。

東沙南航道礁塊側面的軟珊瑚群集

外環礁西側斜坡的棘穗軟珊瑚

石珊瑚在東沙外環礁南側較占優勢

軟珊瑚在東沙外環礁西側零星分布

八放珊瑚在東沙內環礁零星分布

東沙外環礁北側的軟珊瑚群聚

軟珊瑚在東沙外環礁北側為優勢物種

東沙外環礁東側的珊瑚群聚

東沙外環礁東側斜坡的珊瑚群聚

東沙外環礁南側的珊瑚群聚

南沙太平島八放珊瑚群聚

　　太平島位於南沙群島北方鄭和群礁西北角（約北緯10度22分，東經114度21分），為南沙最大珊瑚礁島嶼。其淺海珊瑚群聚皆以石珊瑚為主，礁平台和斜坡上段僅有少數軟珊瑚零星分布，珊瑚礁斜坡下段則有較多的穗珊瑚科和柳珊瑚類，並以島西南側較多，整體的八放珊瑚物種多樣性和豐富度並不高。

太平島淺海的軟珊瑚零星分布

太平島淺海的指形軟珊瑚

礁斜坡下段的扇柳珊瑚大群體

珊瑚礁邊緣的棘穗軟珊瑚和肉質軟珊瑚

琉球嶼八放珊瑚群聚

　　琉球嶼一般稱為小琉球，是一珊瑚礁島嶼，其淺海珊瑚群聚大多以石珊瑚為主，八放珊瑚僅零星分布，但在東北角的龍蝦洞海域有較多軟珊瑚，形成軟珊瑚優勢群聚，主要由軟珊瑚科及錦花軟珊瑚屬物種為主。

龍蝦洞海域的軟珊瑚群聚

八放珊瑚與石珊瑚交錯分布

白蘆葦珊瑚與錦花軟珊瑚

軟珊瑚在龍蝦洞海域為優勢底棲生物

澎湖群島八放珊瑚群聚

　　澎湖群島由97個大小島嶼組成，位於台灣海峽南方，橫跨北回歸線，島嶼底質大多為玄武岩，各島嶼的珊瑚群聚幾乎都以石珊瑚為主，軟珊瑚僅零星分布於石珊瑚叢間及較深水域；但在西吉嶼東方和東北方海域有較多的軟珊瑚，覆蓋率可達20%，東吉嶼和西吉嶼之間廊道的礁石表面也有相當多的軟珊瑚；另外，在馬公島南方山水漁港外的較深水域則有柳珊瑚構成的海扇林。

西吉嶼東方的軟珊瑚密集分布

西吉嶼東方的軟珊瑚群聚

軟珊瑚與石珊瑚生長密集

指形軟珊瑚與桌形軸孔珊瑚交錯分布

指形軟珊瑚與瓣葉珊瑚

軟珊瑚成簇分布於石珊瑚之間

澎湖北方海域的軟珊瑚零星分布

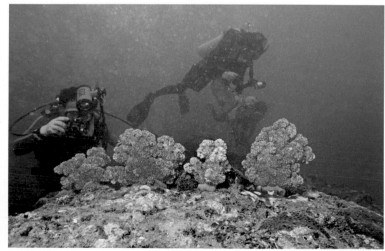

棘穗軟珊瑚分布在較深海域

綠島八放珊瑚群聚

　　八放珊瑚在綠島珊瑚礁區的分布
極不均質,主要分布在島的西側至西南
側,也就是從燈塔至大白沙之間海域,
此海域的底棲群聚以軟珊瑚占絕對優
勢,石珊瑚僅零星分布或集中分布在局
部區域,而且在大部分礁區以異軟珊瑚
科(Xeniidae)物種為主,分布在水深
5～20 m之間。但在燈塔附近礁區則是
以軟珊瑚科物種為主。另外,水深5 m以
淺為石珊瑚與軟珊瑚交錯分布,水深20
m以深,則有柳珊瑚類構成的海扇林。
至於綠島的北及東側都是以石珊瑚為
優勢的群聚,軟珊瑚類甚少,僅零星分
布在石珊瑚之間。

綠島西側的軟珊瑚群聚

異軟珊瑚類密集覆蓋底質

異軟珊瑚科為優勢種類

龜灣淺海礁區的石、軟珊瑚交錯分布

龜灣淺礁區(-5 m)的軟珊瑚群集

綠島燈塔附近海域的指形軟珊瑚與中國管口魚

綠島燈塔附近海域以軟珊瑚科物種為主

較深礁區（-18 m）的柳珊瑚與軟珊瑚交錯分布

柳珊瑚與軟珊瑚在較深礁區交錯分布

較深礁區（-20 m）的柳珊瑚群集與金花鱸（蔡永香攝）

蘭嶼八放珊瑚群聚

　　八放珊瑚在蘭嶼海域的分布型態與物種組成都與綠島相似，蘭嶼的西及西南側礁區都是由異軟珊瑚構成的優勢群聚，較深礁區也有許多柳珊瑚；島的北及東側海域則是石珊瑚優勢的群聚。

蘭嶼西側的軟珊瑚群聚

異軟珊瑚科為優勢物種

各類異軟珊瑚密集覆蓋底質

較深礁區（-18 m）的柳珊瑚與棘穗軟珊瑚交錯分布

無共生藻八放珊瑚在礁壁分布密集

礁塊側面的柳珊瑚群集

東部海域八放珊瑚群聚

　　東部海岸陡峭，沿岸岩礁與沙灘或礫灘斷續分布，珊瑚礁則呈塊狀分布；淺海珊瑚群聚大多以石珊瑚為優勢物種，軟珊瑚僅零星分布或聚集分布在局部礁區，在岬角附近的較深水域常有柳珊瑚構成的海扇林，整體而言，八放珊瑚物種多樣性和覆蓋率都不高。

石梯坪礁斜坡中段（-10 m）的軟珊瑚群集

台東都蘭灣的軟珊瑚聚集分布於塊礁表面

花蓮石梯坪淺海的大型指形軟珊瑚

台東海域淺海的軟珊瑚零星分布於石珊瑚群體之間

台東三仙台海域的大型扇柳珊瑚群體

石梯坪淺海的大型軟珊瑚群體

石梯坪礁斜坡下段（-20 m）的白蘆葦珊瑚群集

宜蘭海域八放珊瑚群聚

　　宜蘭海域的珊瑚群聚主要分布在蘇澳以南和頭城以北的岩礁區，以及龜山島周圍淺海，其中僅在南方澳以南的局部地區有塊礁形成，其他多數地點皆為珊瑚覆蓋生長在岩石底質表面。珊瑚群聚大多以石珊瑚為主，軟珊瑚通常零星分布，但在一些波浪或海流較強的淺海礁區，也可能聚集出現；鄰近三貂角的石城海域則有頗具規模的海扇林；龜山島海域的軟珊瑚主要分布在西南方龜尾附近水深5～15 m的岩礁表面。

南方澳淺海的軟珊瑚零散分布於塊礁表面

軟珊瑚聚集分布於波浪衝擊頻繁的岩礁表面（石城, -3 m）

石城海扇林綿延分布（蔡明憲攝）

龜山島龜尾淺海的軟珊瑚相當密集

龜尾的軟珊瑚群聚主要由軟珊瑚科物種組成

岩礁的八放珊瑚物種多樣性甚高

石城海扇林由柳珊瑚（海鞭與海扇）組成

龜山島的軟珊瑚群聚

東北角八放珊瑚群聚

　　東北角位於鼻頭角至三貂角之間，海域岩礁區的底棲生物群聚主要由海藻和石珊瑚組成，軟珊瑚僅零星分布，但在局部岩礁表面也有聚集分布現象，骨穗軟珊瑚（*Scleronephthya* spp.）為常見物種。

鼻頭角岩礁斜坡中段的軟珊瑚群集

龍洞淺海的軟珊瑚零星分布

龍洞岩礁側面的扇柳珊瑚

骨穗軟珊瑚聚集分布於澳底岩礁表面

北部海域八放珊瑚群聚

　　北部海域岩礁區的底棲生物群聚與東北角海域相似,岩礁表面的底棲生物群聚以大型海藻和石珊瑚為主,八放珊瑚僅零星分布,或者聚集分布於局部岩礁區;北方三島包括彭佳嶼、棉花嶼及花瓶嶼的珊瑚群聚大致與北海岸相似,但物種多樣性稍低,且有一些冷水性物種在此生長。

野柳岬岩礁斜坡的八放珊瑚群集

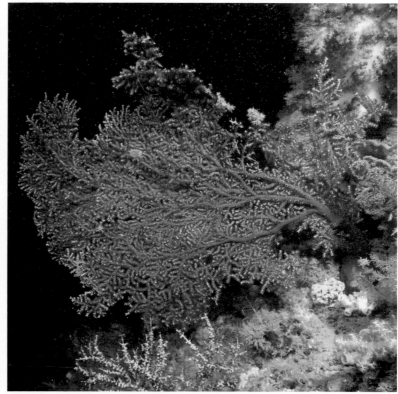

彭佳嶼淺海的八放珊瑚以穗珊瑚科物種為主

深澳岬岩礁斜坡下段的柳珊瑚與骨穗軟珊瑚

基隆八斗子海域的八放珊瑚群集

野柳淺海的軟珊瑚零星分布

野柳岬岩礁斜坡下段的軟柳珊瑚

八放珊瑚密集分布於八斗子岩礁斜坡

棉花嶼淺海的冷水性實穗軟珊瑚(Stereonephthya spp.)群集

第三章　八放珊瑚的分類形質與分類系統

一、八放珊瑚基本形質

　　絕大多數八放珊瑚是群體型生物，牠們的形態變異包括珊瑚群體（簡稱珊瑚體）、珊瑚個體（珊瑚蟲）和骨針等三層次的形質，這些都是八放珊瑚分類的依據。由於大多數種類的珊瑚體和珊瑚蟲都為柔軟肉質、可塑性高、形態變異大，而骨針為碳酸鈣質的堅硬成分，因此常被當作八放珊瑚分類的主要依據。

（一）　珊瑚體形態

　　八放珊瑚群體是由許多珊瑚蟲互相聯結在一起而形成，而聯結珊瑚蟲的肉質組織就稱為共肉（coenenchyme）。在群體的層級上，八放珊瑚具有非常多樣的變異；這些變異有些可被應用在分類系統中各目、亞目、科和屬的分類鑑別。

　　幾乎所有珊瑚群體都是由一隻原始珊瑚蟲經過多次分裂增殖而形成。在其生長過程中，珊瑚體會受到環境因子（如海流速度、光度、沉積物等）的影響而改變形態，因此生長在相同環境的珊瑚體形態常有趨同現象；然而，生長在不同環境的同種珊瑚體仍有大致相似的形態，代表遺傳基因的影響。因此，珊瑚體的形態變異，基本上包括環境因子和遺傳基因的影響，其中只有遺傳基因影響的變異範圍符合分類的依據。如何區分環境和遺傳因子對珊瑚體形態變異的影響，是八放珊瑚分類鑑定的難題。

　　八放珊瑚的群體形態主要有：表覆形、團塊形、分枝形、脈狀分枝形、指形、蕈形、叢形、扇形、網扇形、鞭形……等。然而，各形態都有相當多變異，且常有中間形態存在，因而造成分類鑑別上的困擾。

　　八放珊瑚群體幾乎都行固著生活，以基部附著在底質上，其上方是珊瑚蟲密集分布的部位，在軟珊瑚科稱為冠部（或盤部）；冠部常有許多分枝或褶曲，可能成簇或脈狀分布；而在冠部與基部之間則是柱部，有些八放珊瑚的柱部表面光滑、無珊瑚蟲分布，可視為珊瑚體的局部分化現象。

表覆形珊瑚體之一

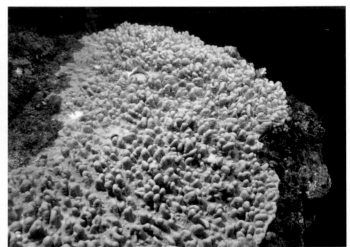

表覆形珊瑚體之二

指形珊瑚體

蕈形珊瑚體

叢形珊瑚體

　　軟珊瑚群體通常具有很強的收縮性，尤其是穗珊瑚科的物種，在伸展與收縮時的形態差異很大，收縮後的群體高度可能只有伸展狀態的十分之一，形態也會改變，可能展現截然不同的形貌，增加物種辨識的困難。因此，在觀察八放珊瑚體時，應盡可能同時紀錄伸展和收縮時的形態。

團塊形珊瑚體

分枝形珊瑚體

脈狀分枝形珊瑚體

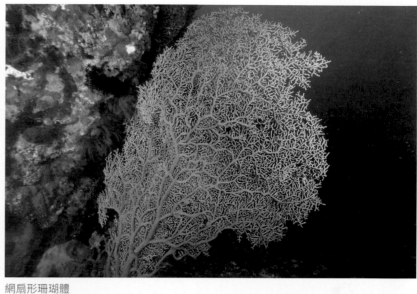

網扇形珊瑚體

扇形珊瑚體

肉質軟珊瑚群體的冠部與柱部

棘穗軟珊瑚群體的分枝、主幹、柱部與基部。

（二）珊瑚蟲形態

　　珊瑚蟲是八放珊瑚的個體，也就是基本構造單元。大多數八放珊瑚只有單一形態的珊瑚蟲，稱為珊瑚蟲單型；少數屬種具有兩種形態的珊瑚蟲——獨立個蟲（autozooid）和管狀個蟲（siphonozooid），稱為珊瑚蟲雙型；其中，獨立個蟲是完整的珊瑚蟲，由圓柱形腸腔和一圈觸手構成，腸腔內有8個分隔，是食物消化和吸收場所，並有一開口向外；8隻觸手則位於口的周圍，而且通常都有羽狀分枝。不同種類的珊瑚蟲（獨立個蟲）大小差異甚大，大的可達5 cm高，觸手展開直徑可達2 cm寬；小型者長寬則皆僅約1 mm或更小。管狀個蟲是退化的珊瑚蟲，通常無觸手或僅有退化的觸手，體型較獨立個蟲小；管狀個蟲分布在獨立個蟲之間，其主要功能是物質運輸和聯繫，使整個肉質組織都有充分的營養供應。

　　大多數八放珊瑚的珊瑚蟲可收縮入肉質組織中，有些則不完全收縮；當珊瑚蟲完全收縮時，珊瑚體的形態和顏色都可能產生很大改變。有些八放珊瑚的獨立個蟲周圍具有骨針形成的骨針架，具有保護和支持珊瑚蟲的功能，而骨針架的排列型式往往是重要的分類依據。

肉質軟珊瑚的珊瑚蟲

羽珊瑚的珊瑚蟲直徑可達2 cm

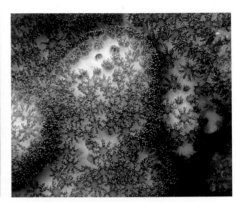
小枝軟珊瑚的珊瑚蟲細小

葉形軟珊瑚的雙型珊瑚蟲——獨立個蟲和管狀個蟲

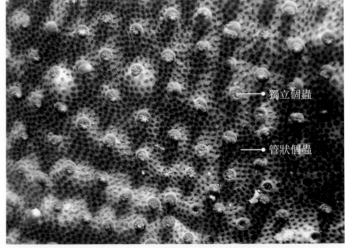
肉質軟珊瑚的雙型珊瑚蟲——獨立個蟲和管狀個蟲

骨穗軟珊瑚的珊瑚蟲

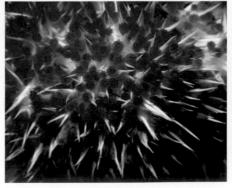
棘穗軟珊瑚的珊瑚蟲有骨針束支持

蔓柳珊瑚的珊瑚蟲

（三） 骨針形態

傳統上，骨針是八放珊瑚分類最重要的形質依據。由於珊瑚體和珊瑚蟲都是肉質組織，形態變異大，而且在採集或死亡之後，可能呈現截然不同的形態；鈣質骨針則是碳酸鈣質的硬構造，通常不會因珊瑚體狀態而改變，因此長久以來都被八放珊瑚分類學者當作種類鑑別的主要形質。

八放珊瑚體的骨針分布於肉質組織中，包括珊瑚蟲、觸手和共肉組織都可能含有許多骨針，尤其在共肉組織中的含量最多；這些骨針不僅可增強珊瑚體的支撐力，抵抗海流的衝擊，同時可使珊瑚體保有形態的可塑性，並且可降低組織的可食性，使掠食者卻步。

然而，由於珊瑚體的骨針數量非常多，而且各部位的骨針形態和大小常有甚大差異，因此在進行骨針分析時，首先須分離不同部位的組織及溶取其骨針，分析其形態、測量其大小，整理之後才可作為分類的依據。

八放珊瑚的骨針形態五花八門，傳統分類描述的常見形態有：紡錘形（spindle）、棒槌形（leptoclados）、棒形（club）、桿形（rod）、多角形（polygonal）、絞盤形（capstan）、球形（spherical）、橢圓形（oval）、葉形（foliaceous）、啞鈴形（dumbbell）等，然而各種形態的骨針都有相當程度的變異，例如紡錘形骨針的長度和表面的突起，都有非常多樣的變化，棒形骨針也是如此，這些變異使得骨針形態更為複雜。

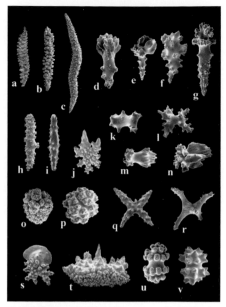

八放珊瑚的骨針常見形態。a～c：紡錘形；d：棒槌形；e～g：棒形；h～i：柱形；j：多角形；k～n：絞盤形；o～p：球形；q～r：十字形；s～t：葉形；u～v：啞鈴形。

二、八放珊瑚的分類系統

八放珊瑚的分類及命名可以追溯至林奈於1758年命名的*Tubipora musica*（管笙珊瑚）、*Corallium rubrum*（紅珊瑚）和*Isis hippuris*（粗枝竹節珊瑚）。其後，隨著被命名的物種逐漸增加，分類系統也跟著改變。Hickson（1930）將八放珊瑚分為六個目：海鰓目（Pennatulacea）、藍珊瑚目（Helioporacea）、柳珊瑚目（Gorgonacea）、根生目（Stolonifera）、軟珊瑚目（Alcyonacea）、遠生目（Telestacea），此六目被許多海洋生物及生態學者長期沿用。直至1981年，八放珊瑚分類學大師貝爾博士（F. M. Bayer）總結他多年的研究經驗，認為上述後四目的珊瑚其實都有中間形態，無法明確區分，因此建議將牠們合併為軟珊瑚目，內含六亞目。這個分類方法一直被大多數八放珊瑚學者沿用至今（Bayer, 1981; Daly et al., 2007），軟珊瑚目也成為物種最龐雜多樣的一目，包括傳統的柳珊瑚、軟珊瑚和笙珊瑚等。因此，現行的分類系統將八放珊瑚分為：海鰓目、藍珊瑚目、軟珊瑚目等三大類。

在八放珊瑚的三大類中，海鰓目物種都具有肉質的柄，屬於共有衍生特徵（synapomorphy），基本上是獨立的一目，其化石紀錄大約可追溯至前寒武紀（五億八千萬年前）。藍珊瑚目會形成碳酸鈣實體骨骼，也屬於獨有衍生特徵，亦為單獨一目，而且現生藍珊瑚的骨骼特徵與中生代的化石紀錄非常相似，因此藍珊瑚也被視為八放珊瑚的「活化石」。近年來，分子親緣研究的結果也支持藍珊瑚目和海鰓目皆為單系群的觀點，因此，這兩個目的分類大致沒有爭議。至於種類最多的軟珊瑚目，現有分子親緣關係和形態分析的結果尚無一致結論（McFadden et al., 2010）。為了便於分類操作，大多數學者沿用Bayer（1981）的分類系統，將其分為：Alcyoniina（軟珊瑚亞目）、Calcaxonia（鈣軸亞目）、Holaxonia（全軸亞目）、Scleraxonia（骨軸亞目）、Stolonifera（根生亞目）、古軟珊瑚（Protoalcyonaria）等六個亞目。除了古軟珊瑚亞目之外，其他五個亞目都可在台灣海域發現代表物種。

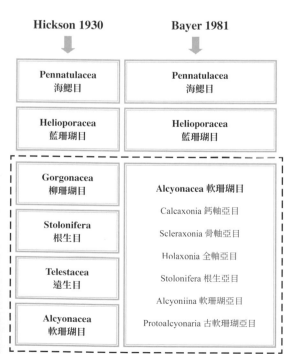

八放珊瑚的高階分類系統

藍珊瑚目
Helioporacea Bock, 1938

藍珊瑚目是八放珊瑚中唯一會形成實體碳酸鈣骨骼的珊瑚，也是極少數具有造礁能力的八放珊瑚之一。現生僅有藍珊瑚科（Helioporidae Moseley, 1876），在台灣海域僅有藍珊瑚1屬1種，常與造礁石珊瑚和火珊瑚生長在一起，但其藍色骨骼及珊瑚蟲有8隻羽狀觸手為明顯鑑別特徵。

藍珊瑚（*Heliopora coerulea*）的珊瑚體（左）與骨骼（右）

Heliopora coerulea Pallas, 1766

藍珊瑚（blue coral）

珊瑚體的形態多變，呈表覆形、團塊形或分枝形，表面有指形、柱形或板片形的分枝，同一群體可能具有形態變異。生活群體的組織呈褐色或綠褐色，珊瑚骨骼則呈藍色，表面多孔，大孔為管形，直徑約0.5 mm，小孔直徑約0.1 mm，內為細小的管腔，大及小孔皆不具隔片。珊瑚蟲位於大孔中，延展的珊瑚蟲呈透明或半透明，觸手為白或透明；在生殖季節，觸手會膨大成為孵育幼苗的處所，生殖期間在每年4～5月（Liu et al., 2005）。本種的化石紀錄可追溯至白堊紀，因此也被稱為八放珊瑚的「活化石」。

相似種：無，但現生藍珊瑚的形態變異大，可能是由數個種構成的種群（Taninaka et al., 2021）。

地理分布：廣泛分布於印度、西太平洋珊瑚礁區。台灣南部、東部沿海及綠島、蘭嶼、太平島、東沙、小琉球。

指形珊瑚體（綠島, -8 m）

珊瑚蟲伸展 (南灣, -8 m)

生殖期的珊瑚蟲 (合界, -12 m)

珊瑚蟲伸展與收縮的分枝

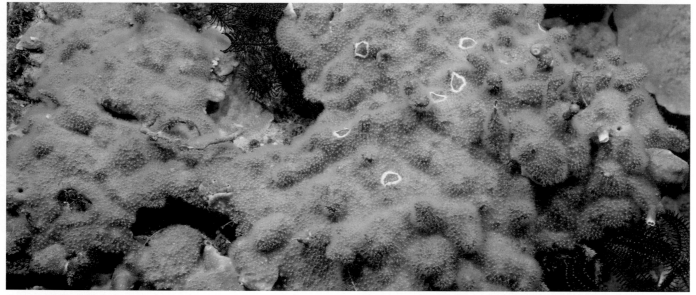

表覆形珊瑚體 (墾丁, -20 m)

分枝緊密的珊瑚體(都蘭灣, -8 m)

分枝密集的大型珊瑚體 (萬里桐, -12 m)

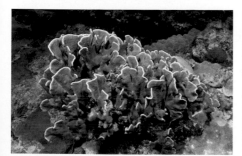

板片形珊瑚體 (綠島, 10 m)

團塊形珊瑚體及其柱形分枝 (蘭嶼, -10 m)

分枝形珊瑚體 (蘭嶼, -12 m)

棲所：低潮線至潮下帶各類型珊瑚礁環境

軟珊瑚目

Alcyonacea Lamouroux, 1812

本目的種類眾多,形態非常複雜,包括俗稱的軟珊瑚、柳珊瑚和笙珊瑚等。現行分類系統共包括6亞目30餘科。除少數類別之外,本目珊瑚通常不形成堅硬的碳酸鈣外骨骼,而是形成鈣質骨針分散於肉質組織中。其中,軟珊瑚的珊瑚蟲由肉質組織相連形成群體;柳珊瑚則具有由鈣質骨針和角蛋白構成的中軸骨骼,此骨骼在活體時具有彈性和柔軟性,珊瑚體死亡後則變堅硬;笙珊瑚具有小管狀硬骨骼。

根生亞目

Stolonifera Thomson & Simpson, 1909

本亞目的珊瑚蟲基部由匍匐根 (stolon) 相連或互相聯合呈束狀。

笙珊瑚科

Tubiporidae Ehrenberg, 1828

本科的特色為其鈣質骨骼為紅色細管狀,呈束狀直立排列,並以橫向隔板相連,狀似國樂器中的笙,所以被稱為「笙珊瑚」。由於其紅色骨骼的色彩艷麗,不易褪色,常被採集做裝飾品。生活群體具有延展的珊瑚蟲和肉質組織覆蓋骨骼,使其不易被辨認。本科現存僅有笙珊瑚屬 (Tubipora),屬內各物種的分類仍很混淆,主要係因傳統的分類敘述大多僅提及管狀骨骼,對於珊瑚蟲及肉質組織 (含骨針) 甚少提及,顯然種間分界及親緣地理尚待研究。在台灣海域目前已知至少有2種珊瑚蟲形態和骨針皆不同的物種。

笙珊瑚屬 (Tubipora)

笙珊瑚的管狀骨骼

Tubipora musica Linnaeus, 1758

管笙珊瑚 / 笙珊瑚（organ-pipe coral）

　　珊瑚體呈半球形、團塊形或表覆形，群體直徑可達50 cm以上。骨骼是由許多紅色的細管構成，細管直徑約1～2 mm，排列成束狀，細管之間由橫向的匍匐管道連結，珊瑚蟲住在細管中。珊瑚蟲伸展直徑約2～5 mm，具有八隻細長觸手，羽枝絨毛狀，呈灰綠、黃綠或淡褐色，可完全縮回管內。珊瑚蟲無法伸縮的部分，為一層薄而軟的角質覆蓋。觸手含細小膠囊形或橢圓形骨針，長約0.01～0.03 mm，珊瑚蟲基部骨針不規則棍棒形或片形，長約0.3～0.6 mm。

相似種：小花笙珊瑚（見第52頁），兩者骨骼相同，但珊瑚蟲形態有明顯差異。
地理分布：廣泛分布於印度、西太平洋珊瑚礁區。台灣南、東部及各離島淺海皆可發現。

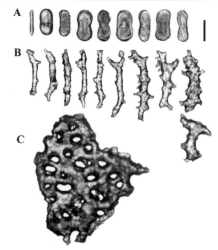

*Tubipora musica*的骨針。A：觸手；B：珊瑚蟲；C：骨骼。(比例尺：A=0.02 mm；B, C=0.1 mm)

珊瑚蟲近照 (南灣, -9 m)

珊瑚蟲收縮態 (南灣, -12 m)

珊瑚體一部分的珊瑚蟲伸展(左)及一部分死亡(右下)(綠島, -15 m)

團塊形珊瑚體 (墾丁, -8 m)

珊瑚體觸手充分伸展 (東沙, -10 m)

小型珊瑚體 (墾丁, -15 m)

珊瑚蟲灰白色的珊瑚體 (香蕉灣, -15 m)

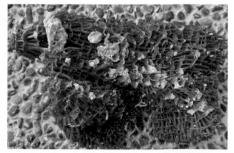

珊瑚體骨骼

深度 5～20 m　　　　　棲所：珊瑚礁鄰近沙地處，常與其他軟珊瑚共棲

Tubipora fimbriata Dana, 1846

小花笙珊瑚 (organ-pipe coral)

　　珊瑚體呈半球形、團塊形或表覆形。骨骼由許多紅色細管構成，細管直徑約1～2 mm，排成束狀細管之間由橫向的匍匐管道連結。每一細管為一珊瑚蟲形成之骨骼，珊瑚蟲具有八隻羽狀觸手，直徑約3～5 mm，觸手呈披針形，灰白或淡綠色，羽枝粗短，珊瑚蟲可完全縮回管內。觸手含細小膠囊形或橢圓形骨針，長約0.02～0.05 mm，珊瑚蟲基部骨針不規則棍棒形或片形，長約0.2～1.0 mm。

相似種：管笙珊瑚 (見第51頁)，但珊瑚蟲及骨針形態有明顯差異。
地理分布：廣泛分布於印度、西太平洋珊瑚礁區。台灣南、東部及綠島、蘭嶼淺海。

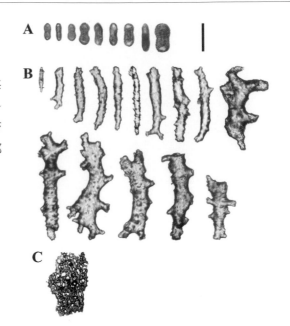

*Tubipora fimbriata*的骨針。A：觸手；B：珊瑚蟲；C：骨骼。(比例尺：A=0.05 mm；B=0.1 mm；C=1.0 mm)

珊瑚蟲收縮態 (綠島, -8 m)

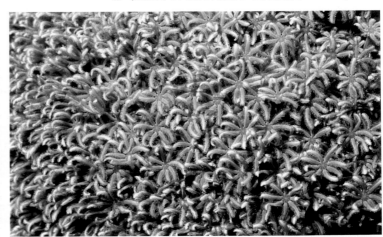

珊瑚蟲觸手披針形 (南灣, -10 m)

團塊形珊瑚體 (南灣, -12 m)

小型珊瑚體 (墾丁, -10 m)

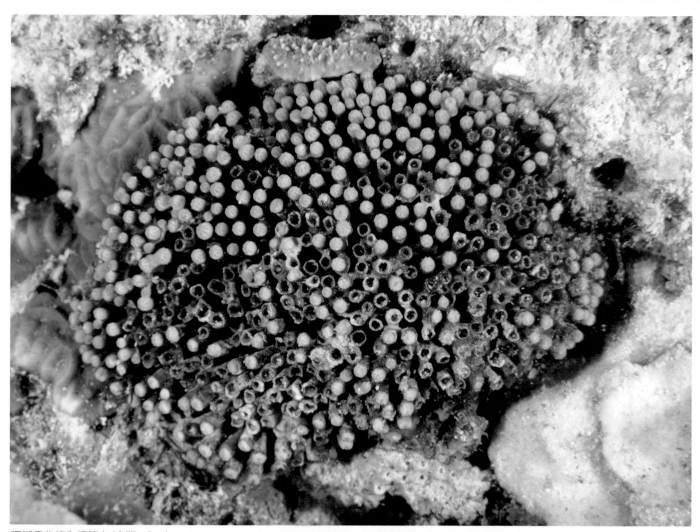

珊瑚蟲收縮入細管中 (南灣, -8 m)

珊瑚蟲部分收縮 (合界, -8 m)

表覆形珊瑚體 (綠島, -12 m)

棲所：開放型淺海珊瑚礁平台或礁岩側面

羽珊瑚科
Clavulariidae Hickson, 1894

珊瑚體由許多柱形或圓錐形的珊瑚蟲組成，基部以匍匐根或膜狀組織連結在一起，珊瑚體通常小型。珊瑚蟲的羽狀觸手大而明顯，組織內部的骨針為棒形或有分叉錘形。骨針常聚集成束狀或管狀，包覆在珊瑚蟲基部。本科各屬和種的分界相當混淆，仍有許多待解決的問題。台灣海域目前已知有4屬共9種。

雪花珊瑚屬 (Carijoa)

擬石花軟珊瑚屬 (Paratelesto)

石花軟珊瑚屬 (Telesto)

羽珊瑚屬 (Clavularia)

Carijoa riisei (Duchassaing & Michelotti, 1860)

麗西雪花珊瑚（snowflake coral）

　　珊瑚體分枝形，具表覆形基底，主分枝以合軸分枝型式衍生數個次生分枝，常密集成叢狀群體。主分枝長度可達30公分以上；分枝中空圓柱形，可彎曲。珊瑚蟲呈細管狀，長約2～5 mm，寬約1.5 mm，通常成對或三隻一組分布於分枝側面及頂端；珊瑚蟲白色，觸手羽枝白或淡粉紅色。珊瑚蟲含小柱形骨針，長約0.10～0.18 mm，分布於觸手基部和隔膜上方；珊瑚蟲管壁則含細長彎曲的紡錘形骨針，長約0.20～0.35 mm；分枝含多突起的柱形骨針，長約0.15～0.30 mm，骨針通常互相嵌合，形成支持管壁。

相似種：南灣雪花珊瑚（見第56頁），但本種珊瑚體分枝型式及骨針皆有差異。

地理分布：廣泛分布於西太平洋、夏威夷及加勒比海。台灣南至北部海域皆可發現。

伸展與收縮的珊瑚蟲 (小琉球, -30 m)

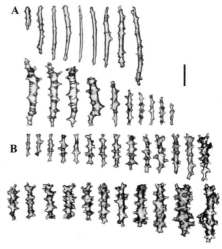

*Carijoa riisei*的骨針。A：珊瑚蟲及管壁；B：分枝。(比例尺：A, B=0.1 mm)

叢狀珊瑚群體 (小琉球, -30 m)

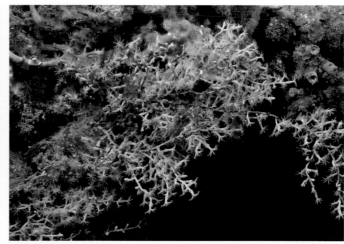

小型珊瑚體 (石牛, -6 m)

主軸與次生分枝 (台東成功, -35 m)

珊瑚蟲近照 (石牛, -6 m)

珊瑚蟲呈細管狀 (小琉球, -30 m)

深度 5～50 m　　　　　棲所：水質較混濁的岩礁壁或人造礁體表面

Carijoa nanwanensis sp. n.

南灣雪花珊瑚（新種）

　　珊瑚體為分枝形，主分枝以單軸型式於側邊衍生珊瑚蟲，通常不形成次生分枝，同一基底常有數個分枝聚集成叢。各分枝皆為中空圓柱形。珊瑚蟲呈細管狀，長約2～3 mm，主軸珊瑚蟲延伸至頂端，次生珊瑚蟲分布於主軸側面；珊瑚蟲白色，伸展時直徑約5～10 mm，觸手白色，兩側有羽枝10～12對。珊瑚蟲含小柱形骨針，長約0.1～0.3 mm，表面平滑少突起，分布於觸手基部和隔膜上方；管壁則含有突起的柱形骨針，長約0.15～0.30 mm；分枝含紡錘形及柱形骨針，長約0.2～0.3 mm，表面平滑少突起，骨針通常互相嵌合，形成支持管壁。

相似種：麗西雪花珊瑚（見第55頁），但本種珊瑚體分枝型式及骨針皆有差異。本屬之分類及親緣關係尚待更多研究來釐清。

地理分布：台灣南部恆春半島西岸及南灣海域。

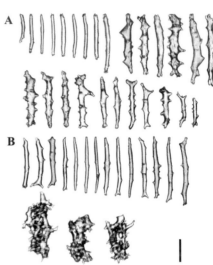

*Carijoa nanwanensis*的骨針。A：珊瑚蟲及管壁；B：分枝。(比例尺：A, B=0.1 mm)

珊瑚蟲近照 (南灣, -15 m)

珊瑚蟲呈細管狀 (南灣, -25 m)

珊瑚體呈叢狀 (萬里桐, -30 m)

小型珊瑚體 (南灣, -15 m)

珊瑚體聚集成叢 (南灣, -30 m)

珊瑚群體呈單軸型式 (南灣, -35 m)

深度 5～30 m　　　　棲所：水質較混濁的岩礁壁或人造礁體表面

Clavularia inflata Schenk, 1896

膨脹羽珊瑚

　　珊瑚體表覆形,由許多管狀珊瑚蟲組成,珊瑚蟲之間以匍匐根或薄層組織相連。珊瑚蟲高約15〜20 mm,頂部和柱部較寬,直徑約4〜5 mm,中間頸部略縮小,基部較窄,直徑約2〜3 mm。觸手伸展時直徑約5 mm,兩側羽枝多而密,往往覆蓋口部。觸手含小橢圓或柱形骨針,長約0.02〜0.04 mm,密集分布於羽枝;珊瑚蟲含細長紡錘形骨針,長約0.4〜1.0 mm,表面有小突起;萼部管壁含粗大的紡錘形骨針,長約0.4〜2.0mm,表面有多突起,部分於頂端有分叉;基部匍匐根含紡錘形、三叉或多叉的骨針,表面突起多而複雜。生活群體呈淡褐、淡綠或淡黃色,基部匍匐根通常呈紅色。

相似種:柯氏羽珊瑚(見第58頁),但兩者觸手羽枝形態不同。
地理分布:廣泛分布於西太平洋珊瑚礁區。台灣南部、綠島及蘭嶼海域皆可發現。

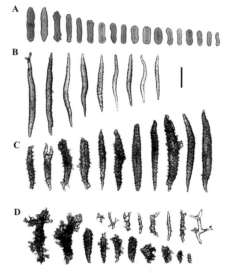

*Clavularia inflata*的骨針。A:觸手;B:珊瑚蟲;C:萼部;D:基部匍匐根。(比例尺:A=0.05 mm;B, C, D=0.5 mm)

珊瑚蟲中間頸部略縮小

珊瑚蟲收縮態

珊瑚體表覆形 (蘭嶼, -8 m)

珊瑚蟲兩側羽枝多而密 (南灣, -12 m)

白化的珊瑚體 (綠島, -12 m)

珊瑚蟲收縮近照 (綠島, -12 m)

體表孵育生殖幼生 (綠島, -10 m; 俞明宏攝)

深度 5 〜 20 m　　　　　　　棲所:珊瑚礁鄰近沙地處

Clavularia koellikeri (Dean, 1927)

柯氏羽珊瑚

　　珊瑚體表覆形或弧形，由許多長管形珊瑚蟲組成；珊瑚蟲由不規則的匍匐根長出，匍匐根多分枝且呈網狀連結。珊瑚蟲圓柱形，長約2～3 cm，收縮時頂部直徑約5 mm，基部直徑約2～3 mm。觸手伸展時直徑約1 cm，兩側羽枝呈二列排列，每列約15～20羽枝。觸手含小橢圓盤形或圓柱形骨針，長約0.01～0.04 mm，密集分布於羽枝；珊瑚蟲頭部含小柱形或紡錘形骨針，長約0.2～0.6 mm，表面光滑，只有少數小突起。萼部及管壁含多突起的紡錘形或柱形骨針，長約0.4～1.6 mm，表面有許多複雜的長突起。基部匍匐根無骨針。生活群體呈淡褐、淡黃或灰藍色。

相似種：膨脹羽珊瑚（見第57頁），但兩者觸手羽枝形態及骨針皆有差異。

地理分布：廣泛分布於西太平洋珊瑚礁區。台灣南部、綠島及蘭嶼海域皆可發現。

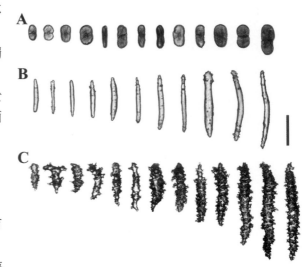

*Clavularia koellikeri*的骨針。A：觸手；B：珊瑚蟲；C：萼部。（比例尺：A=0.05mm; B=0.2mm; C=0.5mm）

觸手兩側羽枝排成兩列 (墾丁, -15 m)

珊瑚蟲呈圓柱形 (南灣, -12 m)

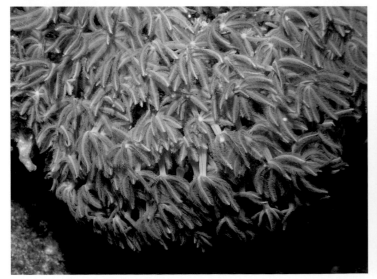

珊瑚體由長管形珊瑚蟲構成 (南灣, -8 m)

弧形珊瑚體 (綠島, -10 m)

珊瑚蟲部分收縮態 (綠島, -10 m)

珊瑚蟲伸展直徑約1 cm (南灣, -8 m)

伸展與收縮的珊瑚蟲(南灣, -8 m)

棲所：珊瑚礁鄰近沙地處，常與其他軟珊瑚共棲

Clavularia viridis (Quoy & Gaimard, 1833)

綠羽珊瑚

　　珊瑚體表覆形，由許多大而獨立的珊瑚蟲組成，珊瑚蟲之間以匍匐根或薄層組織相連。珊瑚蟲伸展時直徑及高度皆可達2 cm，不完全收縮，觸手大，兩側羽枝呈二列排列，每列約25羽枝。觸手含小型扁平，橢圓形骨針，長約0.03 mm，表面有凹紋；珊瑚蟲萼部含棒狀或紡錘形骨針，長約0.9～2.0 mm，表面有小突起。匍匐根含粗糙紡錘形骨針，長可達2.5 mm；基部含紡錘形或不規則形骨針。生活群體呈綠褐、黃褐或灰藍色，基部匍匐根常呈紅色。

相似種：膨脹羽珊瑚 (見第57頁)，但本種珊瑚蟲較大，觸手羽枝較多，骨針較大。
地理分布：廣泛分布於印度、西太平洋珊瑚礁區。台灣南部及離島淺海。

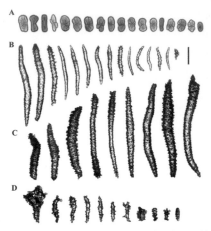

*Clavularia viridis*的骨針。A：觸手；B：萼部；C：匍匐根；D：基部。(比例尺：A=0.05 mm；B, C, D=0.4 mm)

珊瑚蟲伸展達2 cm (南灣, -10 m)

珊瑚蟲部分收縮態 (後壁湖, -15 m)

小型珊瑚體(南灣, -12 m)

珊瑚蟲伸展態 (綠島, -10 m)

大型淡褐色珊瑚體 (南灣, -14 m)

大型灰藍色珊瑚體 (綠島, -8 m)

珊瑚蟲以匍匐根相連 (南灣, -14 m)

深度 5 ～ 25 m　　　　棲所：亞潮帶珊瑚礁平台或礁壁

Clavularia kentingensis sp. n.

墾丁羽珊瑚（新種）

　　珊瑚體為表覆形或亞團塊形，珊瑚蟲基部以匍匐根或薄層組織相連。珊瑚蟲高約20～25 mm，觸手伸展時直徑約15 mm，兩側羽枝1～2列，每列約10～15羽枝，珊瑚蟲可收縮。觸手含有小型扁平、橢圓形骨針，長約0.03～0.05 mm，表面有凹紋；珊瑚蟲含細紡錘形骨針，長約0.4～1.1 mm，表面有稀疏的小突起；萼部含棒形或紡錘形骨針，長約1.5～2.2 mm，表面有大小不一的突起，且常有分叉。基部匍匐根含紡錘形、棒形或三叉形骨針，長約0.3～1.0 mm，突起多而複雜。生活群體呈淡褐或綠褐色。

相似種：膨脹羽珊瑚（見第57頁），但本種珊瑚蟲觸手及骨針形態皆有差異。

地理分布：目前僅發現於台灣南部南灣海域。

珊瑚蟲伸展態 (南灣, -12 m)

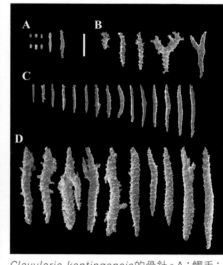

*Clavularia kentingensis*的骨針。A：觸手；B：匍匐根；C：珊瑚蟲；D：萼部。(比例尺：A=0.2 mm；B, C, D=0.5 mm)

亞團塊形珊瑚體 (後壁湖, -8 m)

表覆形珊瑚體 (南灣, -10 m)

珊瑚蟲獨立以基部相連 (南灣, -8 m)

珊瑚蟲近照 (南灣, -10 m)

珊瑚蟲收縮態 (南灣, -10 m)

深度 5 ～ 15 m　　　　棲所：珊瑚礁平台或斜坡上段

Paratelesto kinoshitai Utinomi, 1958

木下擬石花軟珊瑚

　　珊瑚體為稀疏分枝形，主分枝由扁平基底長出，直徑約4～6 mm，其側邊衍生珊瑚蟲與次生分枝，主分枝與次生分枝大致在一平面。珊瑚蟲為細管形，分布於主分枝末端與次生分枝周圍，間隔約2 mm，收縮時萼部呈錐形，高約1.5～3.0 mm，寬約1.0 mm，呈白或淡粉紅色。體壁二層，外層含鈍柱形與不規則形骨針，長約0.35～0.45 mm；內層含鈍柱形、紡錘形和不規則形骨針，長約0.18～0.36 mm；珊瑚蟲含紡錘形骨針，長約0.18～0.22 mm。骨針皆無色或淡粉紅色。

主分枝側面衍生珊瑚蟲及次生分枝 (野柳, -20 m)

相似種：玫瑰擬石花軟珊瑚（見右頁），但兩者分枝型式、骨針及顏色皆不同。

地理分布：模式種產於日本四國土佐。台灣北部及東部淺海偶可發現。

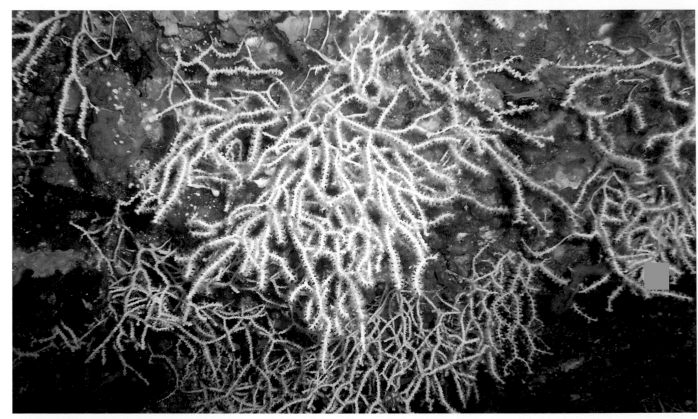

珊瑚體分枝稀疏 (澳底, -25 m)

珊瑚蟲分布於主分枝及次分枝周圍(澳底, -25 m)

珊瑚蟲細管形 (澳底, -25 m)

珊瑚蟲收縮萼部呈錐形 (澳底, -25 m)

深度 20～50 m　　　　棲所：生物礁或人造礁體表面

Paratelesto rosea (Kinoshita, 1909)

玫瑰擬石花軟珊瑚

珊瑚體鮮紅色，由主分枝和少數側分枝構成，主分枝直徑約1.5 mm，珊瑚蟲沿主分枝和側分枝呈螺旋狀排列，間隔約1～2 mm，大小相近。珊瑚蟲收縮時萼部呈橫截錐形或柱形，高約1～3 mm，直徑約1 mm，側邊有縱溝。珊瑚蟲含紡錘形骨針，長約0.25～0.30 mm；觸手含小柱形骨針，長約0.1 mm；體壁含密集骨針，厚而易脆，其外層含鈍柱形骨針，長約 0.25～0.35 mm；內層含柱形骨針，長約0.2～0.3 mm，表面多疣突或形成分枝，常互相嵌合。

相似種：木下擬石花軟珊瑚（見左頁），但兩者分枝型式、顏色和骨針皆不同。
地理分布：模式種產於日本四國土佐。台灣北部及東部淺海偶可發現。

珊瑚蟲收縮呈橫截錐形或圓柱形 (花蓮南濱, -20 m)

小型珊瑚體 (台東成功, -30 m)

珊瑚蟲沿分枝呈螺旋狀分布 (澳底, -25 m)

珊瑚體為小分枝形 (台東成功, -30 m)

深度 20～50 m ｜ 棲所：生物礁或人造礁體表面

Telesto multiflora Laackman, 1909

多花石花珊瑚

　　珊瑚體表覆形，常與海綿共生，珊瑚蟲及觸手皆為鮮白色，柱部通常被橙色或褐色海綿覆蓋，主軸珊瑚蟲在基部附近依次衍生側珊瑚蟲，共同形成表覆形群體，隨著共生海綿生長，可能形成直立或較高的群體；珊瑚蟲單型，高約3～6 mm，可收縮；骨針小圓柱形，表面有大突起。

相似種：麗西雪花珊瑚（見第55頁），但本種珊瑚體為表覆形，且與海綿共生。
地理分布：西太平洋珊瑚礁，南自澳洲，北至日本。台灣東、南及北部海域皆可發現。

珊瑚體與橙色海綿共生(小琉球, -25 m)

表覆形珊瑚體 (小琉球, -25 m)

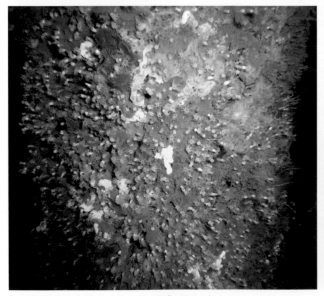

珊瑚體附著在礁體表面生長(小琉球, -30 m)

珊瑚體與共生海綿形成直立群體 (台東成功, -30 m)

深度 5 ～ 50 m

表覆形珊瑚體 (花蓮南濱, -5 m)

珊瑚體與褐色海綿共生(綠島, -30 m)

共生及未共生珊瑚蟲(台東成功, -30 m)

棲所：天然岩礁、人造礁體或結構物表面

腔柳珊瑚科
Coelogorgiidae Bourne, 1900

本科僅有單一物種——棕櫚腔柳珊瑚（*Coelogorgia palmosa*），珊瑚體是由延長的主軸珊瑚蟲（axial polyp）以出芽方式產生數個次生軸珊瑚蟲（secondary axial polyps），再分別出芽產生許多側珊瑚蟲（lateral polyps），形成分枝形珊瑚體。分子親緣的研究結果顯示本科可能是異軟珊瑚科（Xeniidae）的姊妹群（McFadden et al., 2006）。

棕櫚腔柳珊瑚（*Coelogorgia palmosa*）

Coelogorgia palmosa Milne Edwards & Haime, 1857

棕櫚腔柳珊瑚

　　珊瑚體呈分枝叢形，主分枝和側生分枝交替排列，側分枝可能有小分枝；小珊瑚體的主分枝與側生分枝相近，大型珊瑚體可達40 cm高，20 cm寬，其主分枝明顯較粗大。珊瑚蟲不完全收縮，主軸珊瑚蟲延長至分枝末端，側珊瑚蟲短而數量多。珊瑚體各部位皆含細長紡錘形骨針，珊瑚蟲和觸手的骨針長約0.02～0.08 mm，柱部表面骨針長約0.15～0.30 mm，內層骨針長約0.3～0.4 mm。生活珊瑚體呈乳黃或淡褐色，骨針無色。

相似種：金髮羽柳珊瑚（見第352頁），但兩者珊瑚蟲與骨針形態皆有明顯差異。
地理分布：廣泛分布於西太平洋珊瑚礁區。台灣僅在綠島、蘭嶼及南沙太平島淺海發現。

珊瑚體由主分枝和側分枝構成（綠島, -12 m）

分枝形珊瑚體（太平島, -15 m）

深度 0 ～ 50 m

A

B

C

*Coelogorgia palmosa*的骨針。A：觸手；B：側分枝；C：主分枝。
(比例尺：A, B, C=0.1 mm)

大型珊瑚體的主分枝和側分枝差異明顯 (太平島, -15 m)

小型珊瑚體 (綠島, -15 m)

叢形珊瑚體 (綠島, -15 m)

小型珊瑚體的主分枝和側分枝相近 (綠島, -15 m)

珊瑚蟲近照 (綠島, -15 m)

大型珊瑚體 (蘭嶼, -15 m)

棲所：低潮線至潮下帶各類型珊瑚礁環境

軟珊瑚亞目
Alcyoniina

軟珊瑚

本亞目主要特徵為珊瑚蟲以肉質組織相連，形成群體，而且無支持中軸骨骼，俗稱軟珊瑚。本亞目的物種多樣性很高，幾乎與造礁石珊瑚相當，也是珊瑚礁生態系的主要成員。

異軟珊瑚科
Xeniidae Wright & Studer, 1889

本科物種的珊瑚體都很柔軟，體內只有少數小型鈣質骨針或無骨針；而且珊瑚體常分泌大量黏液，因此觸摸有柔軟滑溜感覺。珊瑚體通常小型，直徑很少超過10 cm，但是往往聚集生長，覆蓋相當大面積的礁區表面，這些珊瑚體大多經由無性分裂生殖形成，有性生殖則大多為體表或體內孵育型。本科物種除*Anthelia*（羽花珊瑚屬）之外，基本上是一單系群（McFadden et al., 2006），但各屬和種的分界相當混淆，仍需進一步研究以釐清；近年的研究成果已幫助釐清一些分類上的混淆（如Halászi et al., 2019; Koido et al., 2019），並導致*Caementabunda*（泥骨軟珊瑚）及*Conglomeratusclera*（礫骨軟珊瑚）等2屬的建立（Benayahu et al., 2018, 2021）。本科軟珊瑚主要分布在綠島和蘭嶼淺海，在台灣其他海域都不常見或僅在局部地點大量出現，種類和族群量皆少。台灣海域目前已知約有9屬25種。

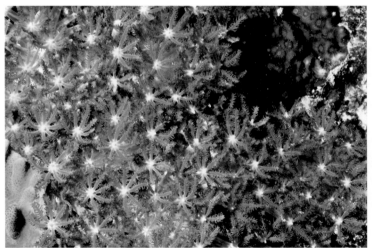

羽花珊瑚屬 (*Anthelia*)

星骨軟珊瑚屬 (*Asterospicularia*)

泥骨軟珊瑚屬 (*Caementabunda*)

礫骨軟珊瑚屬 (*Conglomeratusclera*)

雙異軟珊瑚屬 (*Heteroxenia*)

叢羽軟珊瑚屬 (*Sansibia*)

共足軟珊瑚屬 (*Sympodium*)

異軟珊瑚屬 (*Xenia*)

山里軟珊瑚屬 (*Yamazatum*)

Anthelia elongata Roxas, 1933

長羽花珊瑚

　　珊瑚體表覆形，由扁平基底向上衍生珊瑚蟲；珊瑚蟲長而柔軟，伸展時長約45 mm，柱部直徑約1.5～3.0 mm；觸手細長圓柱形，長約 8～10 mm，兩側羽枝各有2列，每列15～22羽枝，羽枝為細圓柱形，排列緊密，末端稍鈍。珊瑚蟲和觸手皆含細長柱形骨針，兩端皆鈍，長約0.05 mm，表面有細顆粒狀突起。生活群體通常呈褐色。具共生藻。

相似種：無
地理分布：菲律賓。蘭嶼、綠島淺海。

稍收縮的珊瑚蟲和羽枝 (綠島, -15 m)

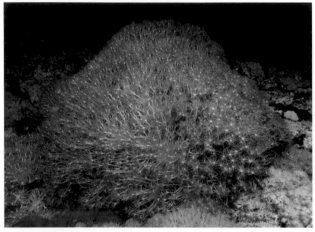

大型珊瑚體 (綠島, -12 m)

珊瑚蟲排列緊密(綠島, -12 m)

觸手兩側羽枝呈兩列 (綠島, -12 m)

珊瑚蟲長而柔軟 (綠島, -12 m)

伸展的觸手和羽枝皆細長(綠島, -15 m)

珊瑚蟲由表覆形基底長出(綠島, -15 m)

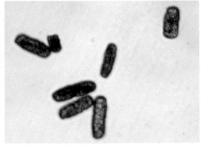

骨針長約0.05 mm

深度 5～20 m　　　　　　　　　棲所：開放型淺海礁台或礁斜坡上段

Anthelia glauca Lamarck, 1816

藍羽花珊瑚

　　珊瑚體由成叢的珊瑚蟲組成，基部以薄層肉質組織或匍匐根相連，覆蓋於礁石表面。珊瑚蟲單型，長約6～12 mm，伸展時基部較寬（直徑約4～5 mm），頂部較窄（直徑約2 mm）。觸手長約4～5 mm，末端漸尖，兩側羽枝各有2列，每列通常有8～14羽枝。骨針為短而扁平的柱形，長約0.04 mm，兩端皆鈍，表面有粗糙的結晶狀構造。生活群體呈淡藍、綠褐或淡褐色，含共生藻。

相似種：菲律賓羽花珊瑚（見第72頁），但本種珊瑚蟲較小。

地理分布：廣泛分布於印度洋及西太平洋珊瑚礁區。台灣南部及東沙、綠島、蘭嶼淺海。

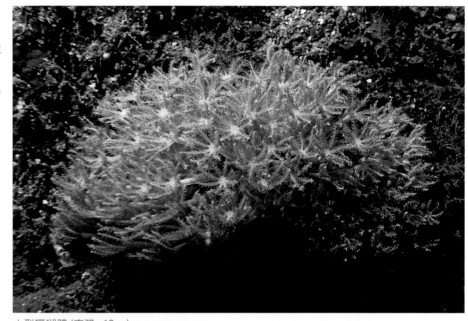

小型珊瑚體 (南灣, -10 m)

珊瑚蟲充分伸展 (綠島, -15 m)

珊瑚蟲部分收縮 (綠島, -10 m)

稍收縮的珊瑚蟲和羽枝 (南灣, -12 m)

珊瑚蟲由表覆形基底長出 (南灣, -15 m)

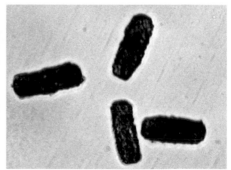

骨針長約0.04 mm

深度 0～20 m ｜ 棲所：開放型淺海礁台或礁岩頂部

Anthelia philippinense Roxas, 1933

菲律賓羽花珊瑚

　　珊瑚體表覆形，由成叢的珊瑚蟲構成，基部的肉質組織厚約3～4 mm，覆蓋於礁石表面；珊瑚蟲單型，伸展時長約28～35 mm，柱部直徑約4 mm，體壁厚、肉質；觸手圓柱形，長約10～12 mm，末端漸尖，兩側的羽狀排成2列，每列約有8～10羽枝，羽枝皆為小圓管形，密集排列。珊瑚體各部皆含扁平柱形骨針，長約0.03～0.05 mm，寬約0.01 mm，兩端皆鈍，表面有粗糙的結晶狀構造。生活群體呈淡褐或淡黃綠色，含共生藻。

相似種：藍羽花珊瑚（見第71頁），但本種珊瑚蟲的外觀較粗糙，觸手羽枝較粗而疏。
地理分布：菲律賓。東沙、綠島、蘭嶼淺海。

0.05 mm

polyp

*Anthelia philippinense*的骨針

珊瑚體由成叢珊瑚蟲構成(東沙, -8 m)

大型表覆形珊瑚體 (東沙, -6 m)

珊瑚蟲密集排列 (東沙, -10 m)

珊瑚蟲的外觀粗糙 (綠島, -8 m)

深度 2～15 m

珊瑚蟲觸手充分伸展(綠島, -10 m)

珊瑚蟲觸手近照 (綠島, -8 m)

部分收縮的觸手和羽枝 (綠島, -8 m)

棲所：開放型淺海礁台或礁斜坡上段

Asterospicularia laurae Utinomi, 1951

月形星骨軟珊瑚

　　珊瑚體小而柔軟，具有短的柱部和圓弧形的冠部，表面密布珊瑚蟲，收縮時呈蕈形；珊瑚體常聚集成小群集，以薄層組織或匍匐根相連。珊瑚蟲單型，均勻分布在冠部表面，伸展時表面呈絨毛狀，可完全收縮入共肉中。珊瑚蟲含小橢圓形或片形骨針，長約0.01～0.02 mm；共肉組織含多錐形突起的星形骨針，多數直徑約0.05 mm，範圍在0.02～0.07 mm之間。本種為雌雄異體，體內孵育型，其生殖季在每年2～7月（林, 2009）。生活群體呈藍綠、藍灰或淡褐色。

相似種：藍共足軟珊瑚（見第88頁），但本種珊瑚體有柱部，且骨針形態皆獨特。

地理分布：模式種產地為恆春半島（Utinomi, 1951），但台灣僅在恆春半島西岸的合界淺礁區可見。澳洲大堡礁和琉球群島皆有紀錄。

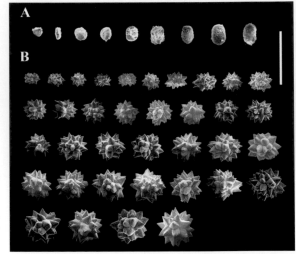

Asterospicularia laurae 的骨針。A：珊瑚蟲；B：共肉。(比例尺：A=0.05 mm；B=0.1 mm)

珊瑚蟲部分伸展的群體(合界, -6 m)

珊瑚蟲部分收縮的珊瑚蟲體(合界, -5 m)

珊瑚蟲充分伸展(合界, -5 m)

珊瑚體常聚集成小群集(合界, -5 m)

大型珊瑚群體 (合界, -5 m)

珊瑚蟲收縮的珊瑚體(合界, -6 m)

半收縮的珊瑚蟲近照(合界, -6 m)

棲所：開放型淺海礁台或礁塊頂部

Caementabunda simplex (Thomson & Dean, 1931)

簡單泥骨軟珊瑚

　　珊瑚體包括表覆形基底和數個指形分枝，少數分枝可能有次生分枝；珊瑚蟲單型，不完全收縮，密集分布於指形分枝及基部表面；珊瑚蟲長可達2.8 mm，觸手長約1.0 mm，兩側邊緣各有1列12～14 羽枝，羽枝短而排列緊密；珊瑚體各部位皆含微小球形或梨形骨針，直徑約0.015～0.021 mm，骨針表面由密集細小骨片構成，在高倍顯微鏡下外觀呈泥狀。生活群體通常呈褐色，珊瑚蟲黃色或黃綠色，有共生藻。

相似種：帕氏雙異軟珊瑚（見第82頁），但本種珊瑚蟲單型，且無柱部。*Cespitularia simplex* 為其異名。
地理分布：廣泛分布於印度洋及太平洋珊瑚礁區。台灣海域僅在綠島和蘭嶼可發現。

珊瑚蟲觸手及羽枝呈絨毛狀(綠島, -12 m)　　珊瑚蟲近照 (綠島, -12 m)　　珊瑚蟲密集分布於群體表面 (綠島, -12 m)

珊瑚蟲伸展的珊瑚體 (綠島, -12 m)　　珊瑚體由扁平基底和指形分枝構成(綠島, -15 m)

珊瑚蟲收縮狀態(綠島, -15 m)　　大型珊瑚體 (綠島, -10 m)

| 深度 5～20 m | 棲所：開放型淺海礁台或礁岩頂部 |

Conglomeratusclera coerulea (May, 1898)

藍礫骨軟珊瑚

　　珊瑚體肉質，分枝形，由短柱部衍生分枝，少數有次生分枝；珊瑚蟲單型，不完全收縮，主要分布於分枝末端，柱部表面較稀疏；珊瑚蟲高可達8 mm，觸手伸展時長達3 mm，其兩側各有1列16～18羽枝；羽枝短小，末端尖，均勻分布於觸手兩側。分枝上段無骨針，其下段和基部含極細圓球形和啞鈴形骨針，直徑約 0.002～0.006 mm，這些骨針常黏附在一起，呈不規則砂礫狀。生活群體呈鮮綠、淡黃或淡褐色，含共生藻。

相似種：簡短礫骨軟珊瑚（見第78頁），但本種的觸手較長，羽枝較多。*Cespitularia coerulea* 為其異名。

地理分布：廣泛分布於印度洋及西太平洋珊瑚礁區。台灣海域僅在綠島及蘭嶼發現。

白化的珊瑚體 (綠島, -10 m)

珊瑚蟲近照 (綠島, -10 m)

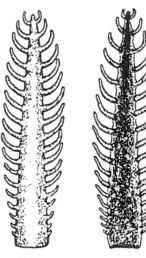

觸手的背面(左)及腹面(右)觀

珊瑚體群集 (綠島, -12 m)

分枝形珊瑚體 (綠島, -12 m)

珊瑚體行表孵生殖 (綠島, -10 m; 俞明宏攝)

伸展與收縮的珊瑚蟲 (蘭嶼, -12 m)

小型珊瑚體 (蘭嶼, -10 m)

深度 2 ～ 20 m　　　　棲所：開放型淺海礁台或礁岩頂部

Conglomeratusclera hypotentaculata (Roxas, 1933)

簡短礫骨軟珊瑚

　　珊瑚體分枝形，具有扁平基底，由此衍生少數分枝，並可能有次生分枝；珊瑚蟲單型，不完全收縮，主要分布於分枝末端，柱部則稀疏；充分伸展的珊瑚蟲長約6～8 mm，寬約2 mm，觸手長約1～2 mm，兩側各有1列短，疣狀的羽枝，各列約有5～8羽枝。珊瑚體肉質，不含骨針，常見以延伸其匍匐基部行出芽生殖，生活群體呈粉紅紫或淡紫色，珊瑚蟲淡褐色，具共生藻。

相似種：藍礫骨軟珊瑚（見第77頁），但本種的觸手較短，羽枝較少；兩者的分界尚待研究。*Cespitularia hypotentaculata*為其異名。

地理分布：菲律賓。蘭嶼、綠島。

收縮的珊瑚蟲 (綠島, -12 m)

珊瑚蟲及其短觸手的示意圖

表覆形珊瑚體 (綠島, -10 m)

珊瑚蟲充分伸展 (綠島, -10 m)

珊瑚體為分枝形 (綠島, -12 m)

珊瑚體以匍匐基部行出芽生殖 (綠島, -12 m)

珊瑚蟲及觸手皆短 (綠島, -12 m)

深度 2～20 m　　　　　棲所：開放型淺海礁台或礁岩頂部

Heteroxenia elizabethae Kölliker, 1834

莉莎雙異軟珊瑚

　　珊瑚體蕈形，常聚集成叢，觸手伸展時連成一片；冠部直徑約2～2.5 cm，上有密集珊瑚蟲，柱部高約2～3 cm，表面光滑。珊瑚蟲雙型，伸展的獨立個蟲長約5～6 mm，觸手長約4～5 mm，內側兩邊各有3列羽枝，每列16～18支，羽枝呈延長小指形，末端圓鈍。管狀個蟲較短（長約1.2～1.6 mm），稍突出冠部表面，具有8個小結節狀，無羽枝的觸手。骨針量多，各部位皆相同，皆為卵圓形或小盤形，長約0.035～0.040 mm。生活群體呈淺灰色或灰褐色。

相似種：菲律賓雙異軟珊瑚（見第83頁），但本種羽枝數較少，骨針較大。
地理分布：東非尚奇巴島、菲律賓。台灣南部。

羽枝背面觀 (綠島, -10 m)

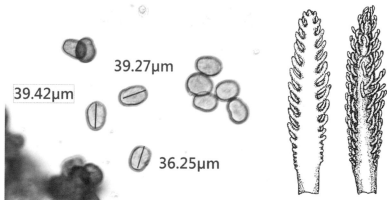

骨針為卵圓形

羽枝的背面(左)及腹面(右)觀

大型珊瑚體 (南灣, -10 m)

珊瑚蟲充分伸展 (南灣, -12 m)

伸展的珊瑚蟲 (南灣, -12 m)

觸手兩側各有3列羽枝 (南灣, -10 m)

觸手羽枝多而密集 (南灣, -12 m)

深度 5～10 m　　　　棲所：開放型淺海礁台或礁岩頂部

Heteroxenia medioensis Roxas, 1933

梅島雙異軟珊瑚

　　珊瑚體呈蕈形，具有圓頂形冠部和圓柱形柱部，常聚集出現或產生分枝，並由底部的共肉組織相連。珊瑚蟲分布於冠部表面，柱部無珊瑚蟲。珊瑚體直徑約3～6 cm，高約2～3 cm，成熟群體的珊瑚蟲雙型，大的獨立個蟲長約6～10 mm，觸手長約5～6 mm，上有羽枝2～3列，羽枝細長；管狀個蟲小型，聚集分布在獨立個蟲周圍。同一群體上的獨立個蟲常呈現韻律的收縮和舒張行為。骨針數多，呈小片形、橢圓形或圓球形，長徑約0.02 mm。生活群體的共肉組織呈白色，珊瑚蟲上的觸手有較深顏色，大多為褐色。

相似種：羽枝雙異軟珊瑚（見第84頁），但本種觸手兩側僅2～3列羽枝。
地理分布：菲律賓。東沙、墾丁、綠島。

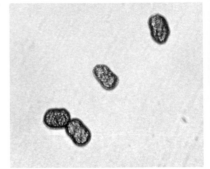

骨針長徑約0.02 mm

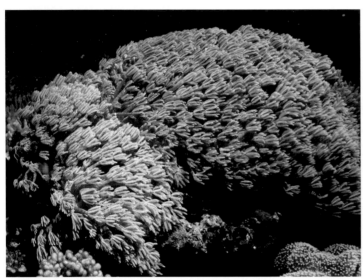

大型珊瑚體(綠島, -12 m)

觸手兩側有2～3列羽枝(東沙, -12 m)

珊瑚體有明顯的柱部 (東沙, -8 m)

珊瑚蟲密集分布於冠部 (東沙, -10 m)

小型珊瑚體 (綠島, -10 m)

伸展的獨立個蟲 (綠島, -12 m)

收縮的獨立個蟲和矮小的管狀個蟲(綠島, -10 m)

棲所：開放型淺海礁台或礁岩頂部

Heteroxenia palmae Roxas, 1933

帕氏雙異軟珊瑚

珊瑚體由柱部和冠部構成，柱部通常無分枝，長約4～5 cm，直徑約15 mm，表面有明顯縱溝；冠部頂端圓弧形，表面的珊瑚蟲為雙型，獨立個蟲伸展時長約10～16 mm，體壁表面有8縱溝，觸手柔軟，長約6～7 mm，兩側羽枝短，排成不規則的2列；管狀個蟲低伏，約2～3 mm高，其觸手短，錐形，無羽枝；2獨立個蟲之間約有6～10管狀個蟲，兩者皆含細小骨針。生活珊瑚體呈淡褐色，羽枝深褐色。

相似種：簡單泥骨軟珊瑚（見第76頁），但本種珊瑚體有柱部和冠部之區分。
地理分布：菲律賓，民答那峨。台灣僅在綠島和蘭嶼發現。

珊瑚體充分伸展 (綠島, -15 m)　　　珊瑚體由冠部和柱部構成 (綠島, -12 m)　　　觸手的背面(左)及腹面(右)觀

大型珊瑚群體 (綠島, -12 m)　　　珊瑚體聚集生長 (綠島, -10 m)

珊瑚體柱部有明顯縱溝 (綠島, -15 m)　　珊瑚體行表孵生殖 (綠島, -10 m; 俞明宏攝)　　獨立個蟲與短小的管狀個蟲 (綠島, -10 m; 俞明宏攝)

深度 2～20 m　　　　　　　　　棲所：開放型淺海礁台或礁斜坡上段

Heteroxenia philippinensis Roxas, 1933

菲律賓雙異軟珊瑚

　　珊瑚體蕈形，高約3～5 cm，柱部圓柱形，直徑約1～2 cm，冠部圓頂形或橢圓形，表面密布珊瑚蟲。珊瑚蟲雙型，獨立個蟲及管狀個蟲密集分布於冠部，兩者皆半透明狀，前者較長，後者短小；獨立個蟲長約2 cm，直徑約2 mm，觸手長約1 cm，兩側羽枝有3列，每列含24～28羽枝，近基部者短而圓，近末端者長而尖。骨針數量多，細小橢圓形或邊緣不規則的薄圓盤形，長約0.02 mm，寬約0.01 mm。生活群體呈淡褐色，主要是羽枝顏色，柱部和珊瑚體近白色。

相似種：莉莎雙異軟珊瑚（見第79頁），但本種羽枝數較多，骨針較小。
地理分布：廣泛分布於印度洋及西太平洋珊瑚礁區。台灣南部及綠島、蘭嶼淺海。

珊瑚蟲充分伸展 (南灣, -8 m)

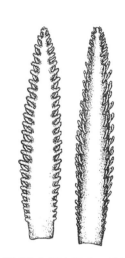

獨立個蟲(b)及管狀個蟲(a)示意圖　　觸手的背面(左)及腹面(右)觀

珊瑚蟲密集分布於冠部 (南灣, -8 m)

珊瑚體聚集生長 (香蕉灣, -10 m)

獨立個蟲與短小的管狀個蟲 (香蕉灣, -10 m)

觸手兩側羽枝有3列

獨立個蟲近照

深度 3～15 m　　　　　棲所：開放型淺海礁台或礁岩頂部

Heteroxenia pinnata Roxas, 1933

羽枝雙異軟珊瑚

　　珊瑚體蕈形，具有圓頂形冠部和平滑柱部，直徑約3～6 cm，柱部常有分枝或行出芽分裂，並由基部共肉組織相連。珊瑚蟲雙型，密集分布於冠部表面，在獨立個蟲之間有數個較小的管狀個蟲，獨立個蟲的觸手長，末端漸尖，兩側羽枝呈4～5列排列；管狀個蟲有觸手，但羽枝少而短；柱部無珊瑚蟲。同一群體上的獨立個蟲常呈現韻律的收縮和舒張行為。骨針量少，呈小片形或圓球形，長徑約0.015～0.021 mm。生活群體的共肉組織呈白色，觸手羽枝有較深顏色，大多為褐色。

相似種：梅島雙異軟珊瑚（見第80頁），但本種觸手兩側有4～5列羽枝。

地理分布：廣泛分布於印度洋及太平洋珊瑚礁區。台灣南部及綠島、蘭嶼海域都可發現。

觸手的背面(左)及腹面(右)觀

珊瑚蟲羽枝呈褐色 (墾丁, -10 m)

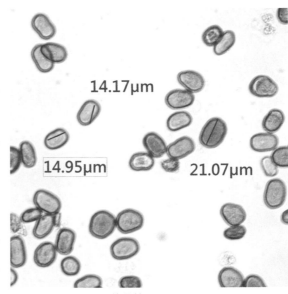

14.17μm

14.95μm

21.07μm

*Heteroxenia pinnata*的骨針

珊瑚蟲充分伸展(綠島, -10 m)

珊瑚體群集 (南灣, -8 m)

深度 2～20 m

珊瑚蟲密布於冠部表面 (南灣, -10 m)

觸手兩側羽枝有4～5列 (南灣, -10 m)

珊瑚體常有分枝 (南灣, -10 m)

棲所：開放型淺海礁台或礁斜坡上段

Sansibia flava (May, 1899)

金髮叢羽軟珊瑚

珊瑚體由膜狀基底和其上的珊瑚蟲構成，基底直徑約5～10 cm，珊瑚蟲為單型，充分伸展時直徑約1 cm，柱部長約1～2 cm，無法完全收縮入肉質組織；觸手兩側的羽枝數多，排成1～4列，使觸手外觀膨大，但其長度並不一致；珊瑚蟲含共生藻，其顏色多變化，可能呈淡藍、粉紅、淡紫、淡褐或鮮藍色，珊瑚體的藍色光澤與其骨針的閃亮顏色有關。

相似種：膨脹羽珊瑚（見第57頁），但本種基部為膜狀。*Clavularia flava*為其異名。

地理分布：廣泛分布於印度洋及西太平洋珊瑚礁區。台灣南部及綠島、蘭嶼淺海。

珊瑚蟲觸手長度不一 (蘭嶼, -8 m)

珊瑚蟲成簇分布 (綠島, -8 m)

珊瑚體群集 (綠島, -5 m)

珊瑚蟲觸手外觀膨大 (綠島, -10 m)

珊瑚蟲充分伸展 (綠島, -8 m)

珊瑚蟲衍生自膜狀基部 (南灣, -10 m)

| 深度 0～20 m | 棲所：低潮線至礁斜坡上段 |

Sansibia formosana (Utinomi, 1950)

台灣叢羽軟珊瑚

　　珊瑚體由薄膜狀基底和成簇珊瑚蟲構成，基底厚約1～3 mm，可能附著在海綿或礁石底質表面；珊瑚體的珊瑚蟲數目和大小變異甚大；珊瑚蟲單型，不完全收縮，充分伸展時直徑約1～2 cm，柱部肉質，下寬上窄；觸手長約4～7 mm，兩側羽枝短，錐形，數目不一，排成1列；骨針為細小片形，長約0.02～0.04 mm，寬約0.01 mm。珊瑚蟲含共生藻，呈淡藍、淡褐或灰色。

相似種：金髮叢羽軟珊瑚（見左頁），但本種珊瑚蟲羽枝較短而少。*Anthelia formosana*為其異名。

地理分布：模式種產地為台灣南部淺海 (Utinomi, 1950)，綠島及蘭嶼也可發現。已知廣泛分布於印度洋及西太平洋珊瑚礁區。

小型珊瑚體 (綠島, -10 m)

珊瑚體含薄的基部與成簇的珊瑚蟲(綠島, -10 m)

珊瑚體與海綿共生(綠島, -12 m)

珊瑚蟲收縮狀態(南灣, -8 m)

珊瑚體附生於海綿表面 (南灣, -12 m)

珊瑚蟲觸手兩側的羽枝短(南灣, -8 m)

| 深度 0 ～ 20 m | 棲所：潮間帶下緣至礁斜坡上段 |

Symodium caeruleum Ehrenberg, 1834

藍共足軟珊瑚

　　珊瑚體由膜狀基部或匍匐共肉組織及其上衍生的珊瑚蟲構成，基部共肉組織厚度在1 cm以內，表面常有不規則突起；珊瑚蟲單型，短小，伸展時呈絨毛狀，不完全收縮。珊瑚蟲和基部含膠囊形或球形骨針，長徑約0.02 mm。珊瑚蟲淡褐色，基部淡藍或灰白色，具共生藻。

相似種：月形星骨軟珊瑚（見第74頁），但本種無柱部及星形骨針。
地理分布：廣泛分布於印度洋及西太平洋珊瑚礁區。台灣南部及綠島、蘭嶼淺海。

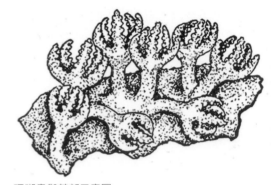

珊瑚蟲與基部示意圖

珊瑚體群集 (綠島, -5 m)

珊瑚蟲收縮的群體 (南灣, -8 m)

珊瑚蟲伸展的群體 (綠島, -10 m)

| 深度 0 ～ 15 m | 棲所：潮間帶下緣至珊瑚礁斜坡上段 |

Xenia blumi Schenk, 1896

布隆異軟珊瑚

　　珊瑚體蕈形，包括光滑的柱部及含珊瑚蟲的冠部，柱部高約5 cm，寬約3 cm；冠部通常為圓形，且比柱部寬。珊瑚蟲單型，長約10～25 mm，分布密集；觸手披針形，長約5～6 mm，兩側各含3列小羽枝，其外側列約有18～20小羽枝。骨針為橢圓片形，直徑約 0.008～0.012 mm。珊瑚體柱部為乳白色，珊瑚蟲體壁接近透明，觸手淡藍，羽枝淡褐色。珊瑚體含共生藻。

相似種：希氏異軟珊瑚（見第90頁），但本種的珊瑚體較大，觸手較短。*Xenia plicata*為本種之異名。

地理分布：廣泛分布於印度洋及西太平洋珊瑚礁區。台灣僅在綠島、蘭嶼可見。

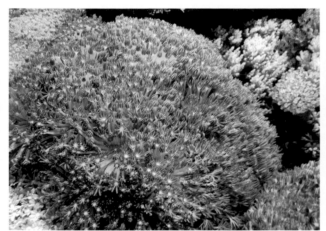

珊瑚蟲密集分布於冠部 (綠島, -10 m)

珊瑚蟲近照 (綠島, -12 m)

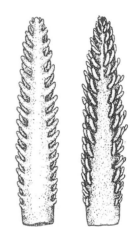

觸手的背面(左)及腹面(右)觀

珊瑚體群集 (綠島, -15 m)

珊瑚蟲部分收縮態 (綠島, -12 m)

珊瑚蟲的觸手和羽枝皆短(綠島, -12 m)

珊瑚蟲收縮態 (蘭嶼, -10 m)

珊瑚蟲分布密集 (綠島, -12 m)

深度 3 ～ 20 m　　　　　　　　　　棲所：開放型淺海礁台或礁斜坡上段

Xenia hicksoni Ashworth, 1899

希氏異軟珊瑚

　　珊瑚體由基部和圓柱形柱部構成，在近基底處可能有2～3分枝；基底扁平，外觀圓形或略不規則，柱部高約2～3 cm，表面有細縱溝；珊瑚蟲單型，長約1.5～2 cm，密集分布於冠部表面；觸手長約8～10 mm，兩側各有2～3列短羽枝，每列含16～28羽枝。柱部、珊瑚蟲和觸手皆含圓或不規則盤形骨針，長約0.015 mm。生活群體的柱部和珊瑚蟲呈乳白色，羽枝呈淡褐色。

相似種：布隆異軟珊瑚（見第89頁），但本種的觸手較長。
地理分布：廣泛分布於印度洋及西太平洋珊瑚礁區。台灣僅在綠島、蘭嶼可見。

珊瑚蟲充分伸展 (綠島, -12 m)

珊瑚體群集 (綠島, -13 m)

珊瑚體表孵生殖 (白點為孵育的幼生) (綠島, -10 m; 俞明宏攝)

深度 3 ～ 15 m

珊瑚蟲部分收縮 (蘭嶼, -10 m)

珊瑚蟲收縮 (綠島, -12 m)

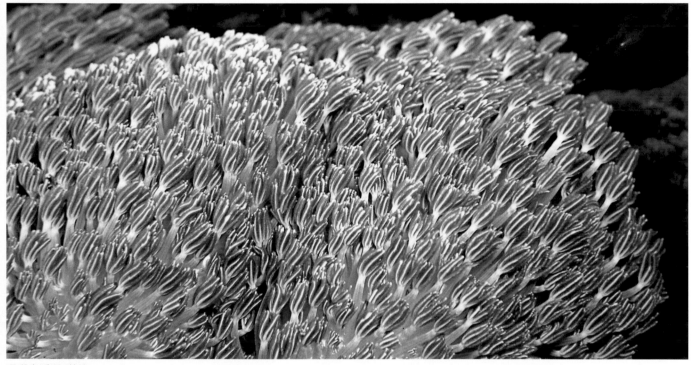

珊瑚蟲近照 (蘭嶼, -10 m)

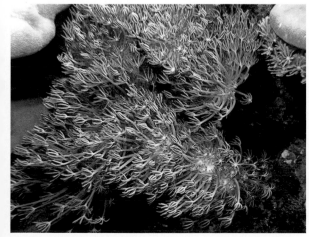

珊瑚蟲長而柔軟 (綠島, - 15 m)

珊瑚蟲密集分布於冠部(綠島, -12 m)

棲所：開放型淺海礁台或礁岩頂部

Xenia kuekenthali Roxas, 1933

庫氏異軟珊瑚

　　珊瑚體分枝形,由一共同基底及其上的3～6分枝構成,分枝柱部為平滑圓柱形,長約2～3 cm,寬約0.8～1 cm,主分枝再分出次分枝,分枝末端冠部稍膨大,有珊瑚蟲聚集分布。主分枝與次分枝皆為圓柱形,整個珊瑚體高約35 mm;珊瑚蟲單型,長約5～10 mm,寬約3 mm;觸手短,長約4 mm,末端圓鈍,兩側各有一列短疣狀羽枝,每列約有8～10 羽枝。生活群體為淡藍或淡褐色,珊瑚體含共生藻,無骨針。

相似種: 希氏異軟珊瑚（見第90頁）,但本種的觸手較短且無骨針。
地理分布: 西太平洋珊瑚礁區自菲律賓至日本沖繩。台灣僅在綠島、蘭嶼可見。

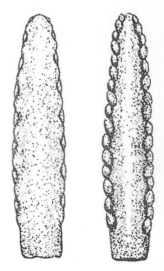

觸手的背面(左)及腹面(右)觀

珊瑚蟲收縮態 (綠島, -12 m)

珊瑚蟲的觸手短 (綠島, -10 m)

珊瑚體由共同基底及其上分枝構成 (綠島, -10 m)

珊瑚體聚集成叢 (綠島, -12 m)

深度 2～20 m

珊瑚體群集 (綠島, -12 m)

珊瑚蟲充分伸展 (綠島, -10 m)

珊瑚體聚集分布 (綠島, -12 m)

棲所：開放型淺海礁台或礁斜坡上段

Xenia lillieae Roxas, 1933

百合異軟珊瑚

　　珊瑚體包含數個分枝形的柱部，並以圓柱形匍匐根相連；柱部基底短，其上有數個分枝，並有次生分枝，分枝末端呈平滑圓弧形，表面密布珊瑚蟲。珊瑚蟲柔軟，長度頗不一致 (約5～12 mm)，寬約2～4 mm；觸手長約6～10 mm，末端漸尖，兩側的羽枝短，呈2列分布，每列約10～12支，大小相近。骨針數量多，呈小圓球形或不規則盤形，長徑約0.02 mm。生活群體的柱部和珊瑚蟲呈白、粉紅或淡藍色，觸手淡褐色。

相似種：膜異軟珊瑚 (見右頁)，但其觸手兩側有3列羽枝。
地理分布：菲律賓。東沙、綠島。

珊瑚蟲充分伸展的小群體 (綠島, -12 m)

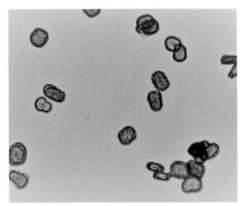

*Xenia lillieae*骨針長約0.02 mm

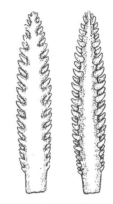

觸手的背面(左)及腹面(右)觀

珊瑚體群集 (綠島, -8 m)

珊瑚體為分枝形 (東沙, -6 m)

小型珊瑚體 (綠島, -10 m)

珊瑚蟲密集分布於頂端 (東沙, -10 m)

| 深度 3～20 m | 棲所：開放型淺海礁台或礁岩頂部 |

Xenia membranacea Schenk, 1896

膜異軟珊瑚

　　珊瑚體由柱部和膜狀基底構成；柱部長度不一（約5～20 mm），頂端圓弧形，表面密布珊瑚蟲。珊瑚蟲柔軟，長約7 mm，觸手柔軟，長約7～8 mm，末端尖細，兩側各有3列羽枝，羽枝短，外側列有20～25支。珊瑚體各部位皆含骨針，多數呈扁平小橢圓球形，長約0.01～0.02 mm。生活群體呈淡藍或淺黃色。

相似種：百合異軟珊瑚（見左頁），但本種觸手的羽枝有3列，每列羽枝較多。
地理分布：廣泛分布於印度、西太平洋珊瑚礁區。台灣南部及綠島、蘭嶼淺海。

珊瑚體以膜形基底相連 (蘭嶼, -10 m)

珊瑚體緊密相連 (蘭嶼, -12 m)

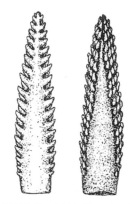

觸手的背面(左)及腹面(右)觀

珊瑚體群集 (綠島, -8 m)

珊瑚體短柱形 (綠島, -8 m)

珊瑚體聚集生長 (綠島, -10 m)

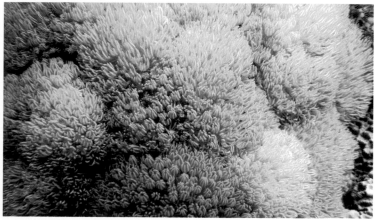

珊瑚蟲短而密集 (蘭嶼, - 10 m)

深度 3 ～ 20 m ｜ 棲所：開放型淺海礁台或礁斜坡上段

Xenia novaecaledoniae Verseveldt, 1974

新卡異軟珊瑚

珊瑚體由柱部及冠部構成,柱部通常單一或有2～3分枝,皆為圓柱形,頂端稍膨大呈圓弧形,其上密布珊瑚蟲;珊瑚蟲圓管形,體壁半透明,表面有細縱溝;觸手短而漸尖,兩側各有一列羽枝,每列有17～20細指形羽枝。珊瑚體不含骨針。生活群體呈乳黃或淡褐色。

相似種:波島異軟珊瑚(見第98頁),但其觸手兩側各有2列羽枝。
地理分布:西太平洋珊瑚礁區自新喀里多尼亞至日本南部。台灣僅在綠島、蘭嶼淺海發現。

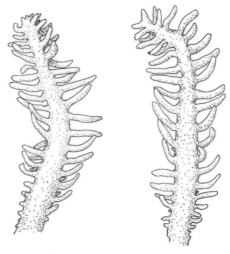

觸手的背面(左)及腹面(右)觀

珊瑚體聚集生長 (蘭嶼, -10 m)

珊瑚蟲充分伸展 (綠島, -12 m)

珊瑚體群集 (蘭嶼, -10 m)

小型珊瑚體 (綠島, -8 m)

大型珊瑚體 (綠島, -12 m)

分枝形珊瑚體 (蘭嶼, -10 m)

珊瑚蟲近照 (綠島, -15 m)

棲所：開放型淺海礁台或礁斜坡上段

Xenia puertogalerae Roxas, 1933

波島異軟珊瑚

　　珊瑚體蕈形，由相同基底衍生的1或2～3柱部及其頂端冠部構成，柱部圓柱形，長約2～3 cm，寬約0.8～1 cm，頂端稍膨大呈圓弧形，其上密布珊瑚蟲；珊瑚蟲圓管形，長約1～2 cm；觸手短圓柱形，兩側各有2列，每列15～18羽枝，羽枝伸展時細長，收縮時呈短錐形。珊瑚體含少量小橢圓形骨針，長約0.018 mm。生活群體呈淡至深褐色。

相似種：新卡異軟珊瑚（見第96頁），但本種之觸手兩側各有2列羽枝。
地理分布：菲律賓。台灣南部、綠島、蘭嶼淺海。

觸手的背面(左)及腹面(右)觀

珊瑚蟲收縮態 (綠島, -10 m)　　　　　　　　　珊瑚蟲觸手及羽枝近照 (綠島, -12 m)

珊瑚體有少數分枝 (綠島, -15 m)　　珊瑚體與其他八放珊瑚共域 (綠島, -10 m)　　珊瑚體群集(蘭嶼, -15 m)

珊瑚體聚集生長 (綠島, -10 m)　　　　　　　　　珊瑚體為分枝形(蘭嶼, -12 m)

深度 2 ～ 20 m　　　　　　　　　　棲所：開放型淺海礁台或礁斜坡上段

Xenia tripartita Roxas, 1933

三分異軟珊瑚 / 異花軟珊瑚

　　珊瑚體基部為扁平延展的匍匐根，厚約3～5 mm，緊附礁石表面，形態不規則，珊瑚蟲由此共肉基部長出。珊瑚蟲單型，伸展時長約1 cm，直徑約2 mm，體壁表面光滑，觸手短，伸展時完全覆蓋基部。觸手橫截面略成三角形，羽枝沿觸手表面排成三列，內側列有5～6羽枝，外側列則有7～8羽枝。珊瑚蟲、共肉及匍匐根皆含相似形態且數量甚多的骨針，皆為扁平橢圓形或小盤形，長徑約0.01～0.02 mm。生活群體的珊瑚蟲體壁和匍匐根為淡藍色，觸手則為淺綠色。

相似種：無，本種之鑑別特徵為珊瑚蟲單型，觸手橫截面呈三角形。
地理分布：菲律賓。東沙、綠島淺海。

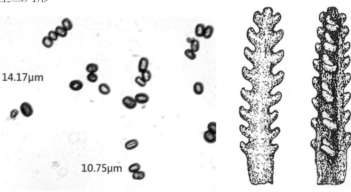

*Xenia tripartita*的骨針　　　　　　觸手的背面(左)及腹面(右)觀

珊瑚蟲體壁光滑 (南灣, -10 m)

珊瑚體形態不規則 (南灣, -10 m)

珊瑚蟲的觸手短 (南灣, -10 m)

觸手及羽枝近照 (南灣, -10 m)

深度 5 ～ 15 m　　　　　　　　　　　　棲所：海流稍強的淺礁區

Xenia umbellata Lamarck, 1816

繖異軟珊瑚

　　珊瑚體蕈形,由柱部及含珊瑚蟲的冠部構成,柱部高約2～3 cm,可能單一或有數個分枝;冠部圓弧形,表面密布珊瑚蟲。珊瑚蟲單型,長約1 cm,寬約2～4 mm;觸手長約8～9 mm,兩側各有3列長約2.5 mm的小羽枝,外側一列約有19～22小羽枝。骨針為橢圓片形或卵圓形,長徑約 0.01～0.02 mm,骨針表面的柱狀結晶呈平行排列。生活珊瑚體柱部為白色,珊瑚蟲為淡褐或灰藍色,觸手羽枝淡褐或褐色。珊瑚蟲常呈現有韻律的伸展和收縮行為。

相似種:布隆異軟珊瑚(見第89頁),但本種的羽枝較長,而且骨針表面的柱狀結晶呈平行排列。
地理分布:廣泛分布於印度洋及西太平洋珊瑚礁區。台灣南部及綠島、蘭嶼淺海。

珊瑚體為分枝形 (綠島, -13 m)

珊瑚體部分伸展和收縮 (蘭嶼, -12 m)

觸手的背面(左)及腹面(右)觀

珊瑚蟲觸手及羽枝近照 (綠島, -12 m)

珊瑚蟲分布密集 (綠島, -12m)

珊瑚蟲呈韻律伸展 (綠島, -10 m)

珊瑚體群集 (綠島, -15 m)

珊瑚蟲伸展 (綠島, -12 m)

深度 5 ～ 20 m | 棲所:開放型淺海礁台或礁斜坡上段

Yamazatum iubatum Benayahu, 2010

波紋山里軟珊瑚

　　珊瑚體通常小型，多數直徑約3.5～5 cm，柱部圓柱形或略側扁，長約3～4 cm；冠部圓頂形，表面密布珊瑚蟲。珊瑚蟲單型，長可達1 cm，不完全收縮，觸手長約4～9 mm，兩側各有3列羽枝，外側列約有30～42羽枝。珊瑚蟲骨針為小片形或球形，長約0.020～0.030 mm，寬約0.014～0.020 mm，部分骨針表面有明顯的波紋狀突起。生活群體為淺褐色，珊瑚蟲為淡褐或灰色，含共生藻。

相似種：膜異軟珊瑚（見第95頁），但本種觸手羽枝數較多，骨針表面有波紋狀突起。
地理分布：日本琉球群島。
綠島、蘭嶼淺海。

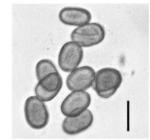
部分骨針表面有波紋狀突起
(比例尺 = 0.02 mm)

珊瑚體群集 (綠島, -14 m)

珊瑚體小型，聚集生長。(綠島, -10 m)

珊瑚體冠部圓頂形 (蘭嶼, -12 m)

珊瑚蟲部分收縮 (蘭嶼, -15 m)

珊瑚蟲近照

深度 2～20 m　　　棲所：開放型淺海礁台或礁斜坡上段

軟珊瑚科
Alcyoniidae Lamouroux, 1812

　　本科的珊瑚體為肉質團塊狀，因此被稱為「肉質珊瑚」。珊瑚蟲由肉質組織聯合在一起形成珊瑚群體，其表面可能有柱形、分枝形或片形等分枝構造；軟珊瑚群體可向周圍擴張生長，大型群體的直徑可達數公尺，覆蓋面積可達10平方公尺以上。本科有些屬的珊瑚蟲有分化現象，包括獨立個蟲和管狀個蟲，兩者交錯分布。珊瑚體大多具有鈣質骨針，骨針形態為屬和種的重要分類依據。

　　本科目前已知共有34屬約430種，是印度洋及太平洋珊瑚礁區常見或優勢的底棲物種之一。有些屬的種數很少或僅有1種，有些屬的物種多樣性則很高，多達200種。本科基本上是多系群物種的集合，可說是個大雜燴，各屬之間和屬內的分類界線仍有許多混淆不清，亟待解決處。例如分子親緣研究的結果顯示，物種數相當多的肉質軟珊瑚屬（*Sarcophyton*）和葉形軟珊瑚屬（*Lobophytum*）

都不是單系群（McFadden, 2006; 鄭, 2006），而是三個系群，因此，未來可能被重新修訂為3屬。此外，指形軟珊瑚屬（*Sinularia*）已知物種數將近200種，其實包含5個系群和數個亞系群（McFadden et al., 2009），將來可能分為5個以上的屬，如此則屬和種之間的分界都需要重新修訂；而且，近年的研究結果顯示，指形軟珊瑚種間的雜交可能相當頻繁，使得依據形態鑑定的結果與分子資料顯示的親緣關係經常不一致，因而造成物種鑑定的混淆（Quattrini et al., 2019）；事實上，種間雜交在八放珊瑚種群之間可能相當普遍，這可能是導致軟珊瑚科及其他類別物種多樣性很高的重要原因。

　　台灣海域的軟珊瑚已知有10屬139種，牠們是台灣南、東、北部，以及東沙環礁、小琉球、澎湖群島等淺海常見的八放珊瑚物種。

小枝軟珊瑚屬(*Cladiella*)

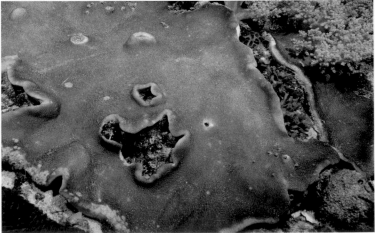

艾達軟珊瑚屬 (*Aldersladum*)

葉形軟珊瑚屬 (*Lobophytum*)

厚葉軟珊瑚屬 (*Lohowia*)

菜黃軟珊瑚屬(*Klyxum*)

軟珊瑚屬 (*Alcyonium*)

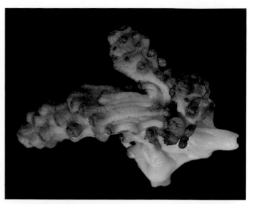

牛角軟珊瑚屬 (*Eleutherobia*)

指形軟珊瑚屬(*Sinularia*)

肉質軟珊瑚屬 (*Sarcophyton*)

擬柱軟珊瑚屬(*Paraminabea*)

Aldersladum jengi Benayahu & McFadden, 2011

鄭氏艾達軟珊瑚

　　珊瑚體分枝形，以肉質基底附著於礁石表面，其上延展指形或脈狀分枝；分枝柔軟，長短不一致，群體表面多黏液。珊瑚蟲單型，間隔分布於分枝表面，收縮時呈黑點狀，僅部分沒入肉質組織中；觸手呈褐色，具羽狀小分枝。珊瑚體各部含8字形小骨針，其兩端圓鈍，中央稍微凹入，長約0.03～0.05 mm，另有一些長條形或不規則形小骨針，長度相似。珊瑚體共肉為乳白或淡藍色，珊瑚蟲為褐色。

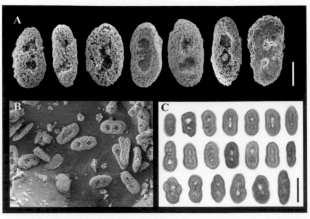

*Aldersladum jengi*的骨針。(比例尺：A=0.01 mm；B, C=0.025 mm)

相似種：東沙菜黃軟珊瑚（見第110頁），本種之8字形骨針為鑑別特徵。本種為表彰中央研究院生物多樣性研究中心鄭明修博士之貢獻而命名。

地理分布：南非、肯亞、阿曼、日本。東沙、台灣南部與澎湖海域。

珊瑚蟲部分收縮 (東沙, -10 m)

珊瑚體柔軟分枝形 (東沙, -12 m)

珊瑚體分枝長度不一 (南灣, -10 m)

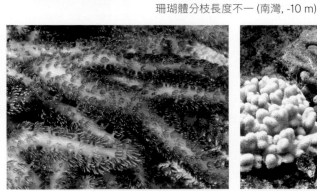

珊瑚蟲間隔分布於分枝表面 (東沙, -12 m)　　分枝及珊瑚蟲近照 (南灣, -12 m)

珊瑚體分枝柔軟 (南灣, -15 m)

深度 5～20 m　　　　　　　　棲所：海流稍強且鄰近沙地的礁岩底質

Klyxum flaccidum (Tixier-Durivault, 1966)

鬆弛萊黃軟珊瑚

珊瑚體為盤形或短分枝形，冠部有許多指形或脈狀分枝不規則分布。珊瑚蟲單型，小而短，均勻分布於分枝表面，伸展時直徑和高度約1 mm。分枝及柱部表層含兩端圓鈍的紡錘形骨針，長約0.1～0.2 mm，表面有少數低突起；分枝內層含兩端圓鈍的紡錘形或柱形骨針，多數長約0.1～0.2 mm，少數達0.25 mm，表面有小錐形突起；柱部內層含較大紡錘形或柱形骨針，多數長約0.2 mm，寬約0.03～0.07 mm，表面有較多而大的錐形突起。生活珊瑚體共肉為乳白、淡藍或粉紅色，珊瑚蟲為淡褐或綠褐色。

相似種：簡易萊黃軟珊瑚（見第109頁）、短指萊黃軟珊瑚（見第106頁），但本種柱部內層骨針較粗短。

地理分布：馬達加斯加、日本。東沙、台灣南部。

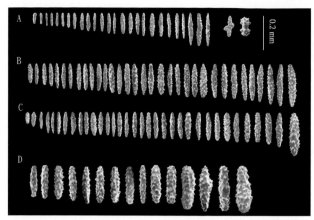

*Klyxum flaccidum*的骨針。A：分枝表層；B：分枝內層；C：柱部表層；D：柱部內層。(比例尺: A, B, C, D=0.2 mm)。

珊瑚蟲收縮的珊瑚體 (澎湖, -12 m)

珊瑚體分枝指形 (南灣, -12 m)

珊瑚體短分枝形(澎湖, -10 m)

珊瑚蟲收縮的小型珊瑚體 (東沙, -8 m)

珊瑚蟲伸展態 (南灣, -12 m)

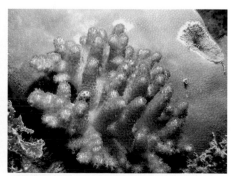

珊瑚蟲伸展的小型珊瑚體 (南灣, -12 m)

深度 5～15 m | 棲所：珊瑚礁平台或斜坡鄰近沙底處

Klyxum molle (Thomson & Dean, 1931)

短指粙茁軟珊瑚

　　珊瑚體低矮分枝形或叢形，柱部短小，冠部組織肥厚，表面有許多指形或脈狀分枝，並有次生分枝。珊瑚蟲單型，分布於分枝及冠部表面，並以分枝末端較多，珊瑚蟲可完全收縮。珊瑚蟲含小紡錘形骨針，長約0.02～0.06 mm；分枝表層及內層皆含紡錘形或香腸形骨針，長約0.09～0.25 mm，內層骨針稍大，表面有許多錐形突起；柱部表層及內層皆含香腸形或紡錘形骨針，長約0.10～0.25 mm。生活珊瑚體為淡褐至褐色，珊瑚蟲淡褐或綠褐色。

相似種：鬆弛粙茁軟珊瑚（見第105頁），但本種之柱部內層骨針較細長。

地理分布：廣泛分布於印度洋及西太平洋珊瑚礁區。東沙、台灣南部及離島海域都可發現。

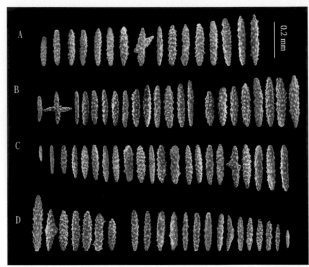

*Klyxum molle*的骨針。A：分枝表層；B：分枝內層；C：柱部表層；D：柱部內層。(比例尺：A, B, C, D=0.2 mm)

珊瑚蟲伸展和收縮態 (南灣, -10 m)

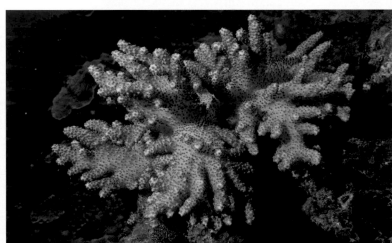

珊瑚蟲收縮的珊瑚體 (砂島, -15 m)

珊瑚體叢狀分枝形 (南灣, -8 m)

珊瑚體分枝指形 (南灣, -15 m)

分枝形珊瑚體 (東沙, -12 m)

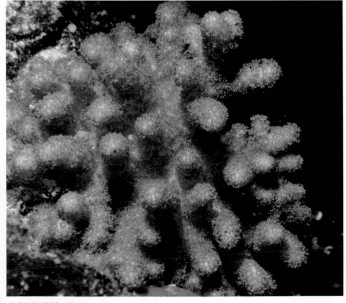

小型珊瑚體 (澎湖, -10 m)

珊瑚蟲密布分枝末端(南灣, -10 m)

棲所：淺海礁溝或礁斜坡鄰近沙地處

Klyxum rotundum (Thomson & Dean, 1931)

厚實萊黃軟珊瑚

　　珊瑚體分枝形，分枝成簇分布，分枝末端為指形，珊瑚體肉質，非常柔軟，且多黏液。珊瑚蟲大型，直徑約1～2 mm，通常不完全收縮。分枝表層含紡錘形骨針，長約0.2～0.4 mm，少數可達0.6 mm；分枝內層含棒形、柱形或橢圓形骨針，長約0.1～0.2 mm；柱部表層含粗短，略呈卵圓形的骨針，長約0.10～0.16 mm；柱部內層含相似骨針，但稍細長，平均長約0.15 mm。珊瑚體共肉為乳白或淡黃色，珊瑚蟲伸展時呈綠褐或褐色。

相似種：東沙萊黃軟珊瑚（見第110頁），但本種之骨針粗短。
地理分布：廣泛分布於印度洋及西太平洋珊瑚礁區。台灣周圍珊瑚礁海域皆有分布，但不常見。

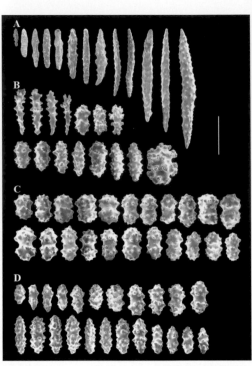

分枝與珊瑚蟲近照 (東沙, -10 m)

*Klyxum rotundum*的骨針。A：分枝表層；B：分枝內層；C：柱部表層；D：柱部內層。(比例尺：A, B, C, D=0.2 mm)

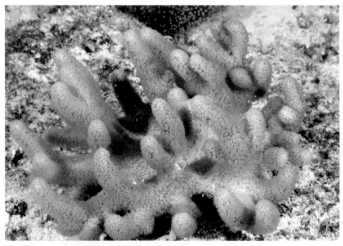

珊瑚體為分枝形 (東沙, -8 m)

珊瑚體分枝柔軟 (東沙, -10 m)

珊瑚蟲伸展態 (東沙, -8 m)

珊瑚蟲收縮態 (東沙, -8 m)

珊瑚體頂面觀 (澎湖, -10 m)

深度 5～15 m　　　　棲所：海流稍強的淺海礁台或礁岩頂部

Klyxum simplex (Thomson & Dean, 1931)

簡易茉莢軟珊瑚

　　珊瑚體柔軟、肉質，分枝形，由許多指狀分枝構成，分枝具有相當大的伸縮性，伸展時長而柔軟，收縮時為粗短的指形突起，分枝共肉呈半透明狀。珊瑚蟲單型，伸展時呈絨毛狀，直徑約0.6 mm，密集覆蓋珊瑚體表面，可完全收縮。珊瑚各部位骨針大多為紡錘形，長約0.2～0.6 mm，兩端漸尖，表面有細小錐形突起；分枝和珊瑚蟲皆含紡錘形或棒形骨針，長約0.05～0.50 mm；柱部表層也含紡錘形骨針，長約0.2～0.5 mm；柱部內層含較粗的紡錘形骨針，長約0.15～0.60 mm，表面有細小錐形突起。生活群體呈淡褐、綠褐或深褐色，含共生藻。

相似種：厚實茉莢軟珊瑚（見左頁），但本種之分枝較短，骨針細長。
地理分布：廣泛分布於印度洋及西太平洋珊瑚礁區。台灣南部及離島淺海。

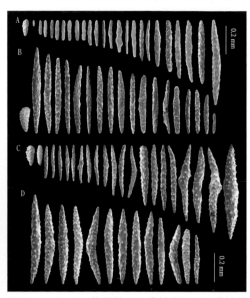

*Klyxum simplex*的骨針。A：分枝表層；B：分枝內層；C：柱部表層；D：柱部內層。(比例尺：A, B, C, D=0.2 mm)

珊瑚蟲收縮的珊瑚體 (澎湖, -8 m)

珊瑚體由指狀分枝構成 (南灣, -15 m)

小型珊瑚體 (澎湖, -8 m)

珊瑚蟲伸展呈絨毛狀 (南灣, -12 m)

珊瑚蟲伸展及收縮的珊瑚體 (澎湖, -10 m)

珊瑚蟲近照 (南灣, -12 m)

深度 5～15 m ｜ 棲所：珊瑚礁或岩礁鄰近沙地處

Klyxum dongshaensis sp. n.

東沙萊莢軟珊瑚（新種）

　　珊瑚體柔軟，以肉質基底附著於礁石，延展出長指形或脈狀分枝；分枝非常柔軟，長短不一致，群體表面多黏液。珊瑚蟲單型，伸展時呈絨毛狀，長可達3～5 mm，基部直徑約1.5～2.0 mm，分布不均勻，在主幹及分枝基部較疏，分枝末端較密集。珊瑚蟲含細長棒形骨針，長約0.1～0.3 mm，另有少數扭曲十字形或不規則形小骨針，長約0.02～0.06 mm；共肉表層含延長棒形骨針，長度變異大，約0.02～0.60 mm；共肉內層含延長紡錘形或棒形骨針，長約0.2～0.9 mm，表面有錐形突起。生活群體的珊瑚蟲呈淡至暗褐色，共肉組織白或灰白色，含共生藻。

相似種：鄭氏艾達軟珊瑚（見第104頁）、厚實萊莢軟珊瑚（見第108頁），但本種珊瑚蟲較大而長，且骨針形態不同。

地理分布：目前僅在東沙發現。

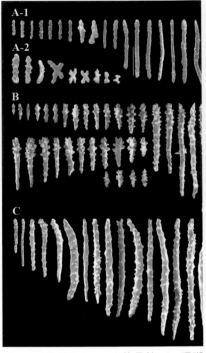

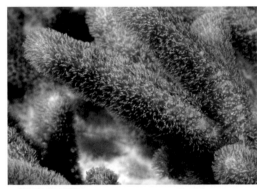

分枝與珊瑚蟲(東沙, -12 m)

*Klyxum dongshaensis*的骨針。A：珊瑚蟲；B：共肉表層；C：共肉內層。(比例尺：A1, B, C=0.2 mm；A2=0.1 mm)

分枝形珊瑚體 (東沙, -12 m)

小型珊瑚體 (東沙, -12 m)

珊瑚蟲近照(東沙, -12 m)

珊瑚體群集 (東沙, -15 m)

珊瑚體分枝柔軟 (東沙, -15 m)

深度 8～20 m　　　　　　　　棲所：珊瑚礁鄰近沙地處

Klyxum nanwanensis sp. n.

南灣柔荑軟珊瑚（新種）

　　珊瑚體分枝形，由短而末端圓鈍的指形分枝構成，分枝柔軟而具有伸縮性，收縮時呈粗短指形，分枝不透明。珊瑚蟲單型，均勻而密集分布於分枝表面，伸展時呈絨毛狀，收縮時可完全沒入組織中。分枝表層含橢圓形、紡錘形或棒形骨針，長約0.05～0.40 mm，表面甚少突起；分枝內層含紡錘形骨針，長約0.1～0.3 mm，表面有錐形突起。柱部表層含小紡錘形骨針，長約0.08～0.25 mm，表面有小突起；柱部內層含較粗大的紡錘形骨針，長約0.2～0.3 mm，多數兩端漸尖，表面有較大錐形突起，少數骨針有分叉。生活群體呈淡褐或綠褐色，含共生藻。

相似種：短指柔荑軟珊瑚（見第106頁）、簡易柔荑軟珊瑚（見第109頁），但本種柱部骨針介於兩者之間，有可能是兩者的雜交種。

地理分布：台灣南部南灣及恆春半島西岸紅柴坑的珊瑚礁區。

分枝形珊瑚體 (眺石, -10 m)

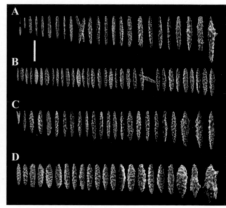

*Klyxum nanwanensis*的骨針。A：分枝表層；B：柱部表層；C：分枝內層；D：柱部內層。(比例尺：A, B, C, D=0.2 mm)

珊瑚體柔軟分枝形 (南灣, -12 m)

珊瑚體表面的指形分枝 (南灣, -8 m)

小型珊瑚體 (石牛, -12 m)

珊瑚蟲伸展態(南灣, -10 m)

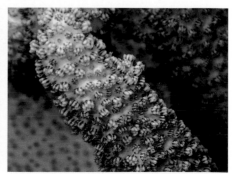

珊瑚蟲半收縮態(南灣, -10 m)

深度 5 ～ 20 m　　　　棲所：珊瑚礁鄰近沙地處

Cladiella arborea (Utinomi, 1954)

叢狀小枝軟珊瑚

　　珊瑚體柔軟分枝形，由短柱部和指形分枝構成；柱部寬約25 mm，主分枝及次生分枝都很柔軟，其基部寬約6 mm。珊瑚蟲伸展時直徑約1 mm，觸手兩側各有3～5羽枝，珊瑚蟲收縮時開口呈丘形突起。珊瑚蟲含小膠囊形骨針，長約0.04～0.05 mm；分枝表層含柱形和啞鈴形骨針，長約0.05～0.07 mm；柱部表層含啞鈴形和柱形骨針，長約0.05～0.08 mm；分枝及柱部內層皆含較粗的啞鈴形或絞盤形骨針，長約0.07～0.09 mm，兩端皆有成叢的大突起。珊瑚蟲伸展時呈黃褐或綠褐色，受到刺激時，珊瑚蟲會立即收縮，露出灰白色共肉。

相似種：指形小枝軟珊瑚（見第116頁），但本種的分枝較細長，骨針較小。
地理分布：日本田邊灣。台灣南部淺海。

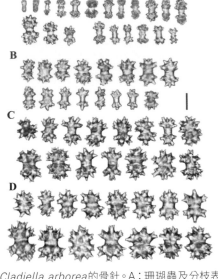

*Cladiella arborea*的骨針。A：珊瑚蟲及分枝表層；B：柱部表層；C：分枝內層；D：柱部內層。（比例尺：A, B, C, D=0.05 mm）

部分收縮的珊瑚體 (南灣, -15 m)

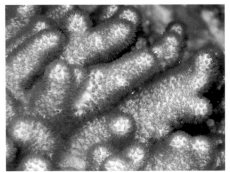

珊瑚蟲伸展態 (南灣, -10 m)

珊瑚蟲收縮態 (南灣, -15 m)

珊瑚蟲開口呈丘形突起 (南灣, -15 m)

珊瑚體細分枝形 (南灣, -12 m)

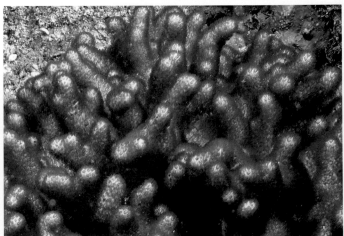

珊瑚體分枝柔軟 (南灣, -12 m)

| 深度 5～20 m | 棲所：隱蔽型淺海礁台或礁斜坡上段 |

Cladiella australis (Macfadyen, 1936)

南方小枝軟珊瑚

　　珊瑚體表覆形或團塊形，寬短柱部，冠部表面有圓錐形或小指形分枝。珊瑚蟲單型，小而數多，直徑小於1 mm，均勻分布於冠部和分枝表面。觸手小，無骨針。冠部分枝表層含小啞鈴形或小柱形骨針，長約0.06～0.13 mm，近兩端處各有一環突起；柱部表層亦含小啞鈴形或小柱形骨針，長約0.06～0.12 mm。分枝內層及柱部內層皆含圓胖的啞鈴形或圓柱形骨針，長約0.13～0.18 mm，兩端各有一環狀突起，中央稍凹入或呈圓柱形。珊瑚蟲伸展時，珊瑚體呈褐色或綠褐色，相當柔軟；受到刺激時，珊瑚蟲會立即收縮，露出灰白或灰褐色共肉，珊瑚體質地也變硬。

相似種：粗壯小枝軟珊瑚（見第120頁），但本種分枝較短小，珊瑚蟲較小，冠部表層骨針較大。

地理分布：廣泛分布於印度洋及西太平洋珊瑚礁區。東沙、澎湖及台灣南至北部皆可發現。

珊瑚體群集 (東沙, -8 m)

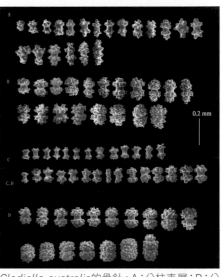

*Cladiella australis*的骨針。A：分枝表層；B：分枝內層；C：柱部表層；D：柱部內層。(比例尺：A, B, C, D=0.2 mm)

大型珊瑚體 (澎湖, -8 m)

表覆形珊瑚體 (東沙, -6 m)

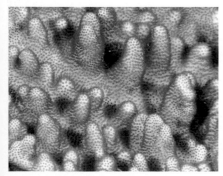

珊瑚體分枝與珊瑚蟲 (南灣, -10 m)

珊瑚蟲伸展(左)及收縮(右) 的珊瑚體 (合界, - 6 m)

小型珊瑚體 (墾丁, -10 m)

深度 0 ～ 15 m　　　　　棲所：開放型淺海礁台或礁岩頂部

Cladiella conifera (Tixier-Durivault, 1943)

松球小枝軟珊瑚

　　珊瑚體表覆形或亞團塊形，密集覆蓋在礁石表面，珊瑚體肉質，冠部表面具有圓柱形或圓錐形分枝，長度及大小皆不一致。珊瑚蟲單型，均勻密集分布於群體冠部及突起表面，珊瑚蟲可完全收縮，珊瑚孔內凹，直徑約1～2 mm，形似小松球。冠部及柱部表層含啞鈴形或圓柱形骨針，長約0.05～0.08 mm，近兩端處各有一環帶，由鈍錐形突起構成；冠部及柱部內層含啞鈴形或圓柱形骨針，長約0.08～0.10 mm，兩端各有一環鈍錐形突起，中央明顯凹入。珊瑚蟲伸展時呈褐色或黃褐色，收縮時，珊瑚體變硬，共肉呈灰白或灰褐色。

相似種：多刺小枝軟珊瑚（見第117頁）、克氏小枝軟珊瑚（見第119頁），但本種分枝較短，骨針突起較鈍。

地理分布：越南芽莊。東沙、台灣南部及北部淺海。

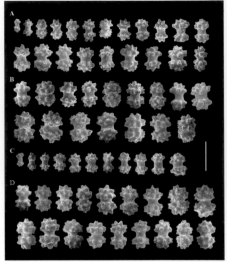

*Cladiella conifera*的骨針。A：冠部分枝表層；B：：分枝內層；C：柱部表層；D：柱部內層。（比例尺：A, B, C, D=0.1 mm）

珊瑚體表面多圓錐形分枝 (東沙, -12 m)

小型珊瑚體 (野柳, -6 m)

珊瑚體群集(東沙, -12 m)

分裂生殖的小珊瑚體 (東沙, -8 m)

珊瑚蟲收縮與伸展的珊瑚體(東沙, -12 m)

珊瑚蟲收縮態(東沙, -8 m)

珊瑚蟲伸展態 (東沙, -8 m)

棲所：開放型淺海礁台或礁岩頂部

Cladiella digitulata (Klunzinger, 1877)

指形小枝軟珊瑚

　　珊瑚體呈盤形或分枝形，柱部短而窄，冠部寬而延展，表面有數個指狀分枝。珊瑚蟲小，直徑約0.7 mm，均勻分布於冠部及分枝表面，伸展時如絨毛狀，收縮時完全沒入共肉中。冠部及分枝表面含兩端漸尖的柱形骨針，近似紡錘形，長約0.08～0.15 mm，表面有粗大突起，在近兩端處呈環狀排列。柱部表層主要含雙頭啞鈴形骨針，長約0.05～0.13 mm。冠部分枝和柱部內層皆含雙頭啞鈴形骨針，長約0.13～0.22 mm，表面有許多尖刺狀突起，分布於兩端及兩環處，有些骨針的突起不規則分布。生活群體呈黃褐或綠褐色，主要是珊瑚蟲的顏色，收縮時共肉呈灰白色。

相似種：叢狀小枝軟珊瑚（見第112頁），但本種分枝較粗，且骨針較大。

地理分布：西太平洋珊瑚礁區，自新喀里多尼亞至日本。台灣南、東部及離島淺海。

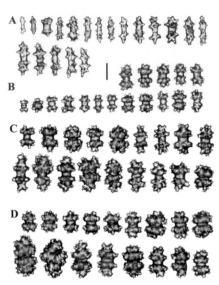

*Cladiella digitulata*的骨針。A：分枝表層；B：柱部表層；C：分枝內層；D：柱部內層。(比例尺：A, B, C, D=0.1 mm)

珊瑚蟲伸展態 (南方澳, -10 m)

分枝形珊瑚體 (綠島, -12 m)

珊瑚體冠部多分枝 (澎湖, -8 m)

珊瑚蟲收縮態 (墾丁, -12 m)

小型珊瑚體 (貓鼻頭, -10 m)

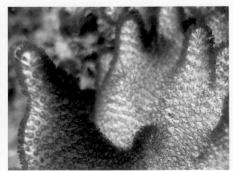

珊瑚蟲近照 (貓鼻頭, -10 m)

深度 5～20 m　　　　棲所：珊瑚礁平台或斜坡上段

Cladiella echinata (Tixier-Durivault, 1943)

多刺小枝軟珊瑚

　　珊瑚體表覆形，柱部短，冠部表面有許多長的指形及脈形分枝，分枝末端略呈圓錐形。珊瑚蟲單型，均勻分布於冠部表面，收縮時表面呈花萼狀，觸手有骨針。冠部分枝及柱部表層皆含小圓柱形或啞鈴形骨針，長約0.05～0.07 mm，多數在兩端有尖棘狀突起，呈環狀排列；冠部及柱部內層含多刺雙球形或柱形骨針，長約0.08～0.12 mm，兩端尖刺突起長而明顯，部分骨針的中央腰部被覆蓋而似圓柱形。珊瑚蟲伸展時呈深褐色，收縮時共肉呈灰白或淡藍色。

相似種：克氏小枝軟珊瑚（見第119頁），但本種指形突起較長，且骨針多尖刺。

地理分布：印度、紅海。東沙、台灣南部墾丁海域皆可發現，但不常見。

小型珊瑚體 (南灣, -8 m)

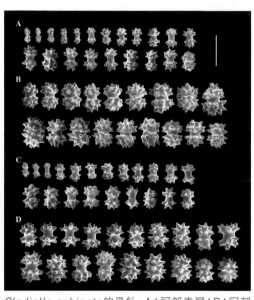

*Cladiella echinata*的骨針。A：冠部表層；B：冠部內層；C：柱部表層；D：柱部內層。(比例尺：A, B, C, D=0.1 mm)

大型珊瑚群體 (東沙, -12 m)

珊瑚體的珊瑚蟲伸展(上)及收縮(下)形態(東沙, -12 m)

珊瑚體半收縮態 (墾丁, -10 m)

珊瑚蟲伸展的分枝(東沙, -12 m)

珊瑚蟲收縮的分枝 (南灣, -8 m)

深度 5 ～ 20 m　　　　棲所：水流稍強的淺海珊瑚礁區或鄰近沙地處

Cladiella hartogi Benayahu & Chou, 2010

賀氏小枝軟珊瑚

　　珊瑚體為厚表覆形，基部緊附礁石基質，冠部表面有許多長指形或脈狀分枝，並由此分生出數個小分枝，小分枝常成簇分布。珊瑚蟲單型，均勻分布於群體冠部表面，可完全收縮。珊瑚蟲含小柱形、啞鈴形或扁平不規則形骨針，長約0.02～0.06 mm；冠部分枝表層含啞鈴形骨針，長約0.04～0.10 mm，兩端具有結節或鈍錐狀突起。柱部表層和內層皆含啞鈴形骨針，長約0.04～0.10 mm，兩端也有結節或鈍錐狀突起，並以內層骨針稍大。珊瑚蟲伸展時呈深褐色，收縮時共肉呈淡褐或淡藍色。

相似種：多刺小枝軟珊瑚（見第117頁），但本種的分枝質地較硬，且骨針突起為鈍錐狀。

地理分布：新加坡。東沙、澎湖、台灣南部。

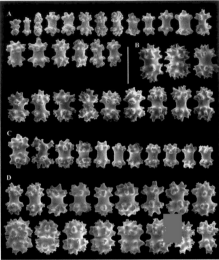

*Cladiella hartogi*的骨針。A：分枝表層；B：分枝內層；C：柱部表層；D：柱部內層。(比例尺：A, B, C, D=0.1 mm)

珊瑚蟲密布分枝表面 (東沙, -12 m)

大型表覆形珊瑚體 (澎湖, -12 m)

珊瑚體表面有脈狀分枝 (澎湖, -12 m)

珊瑚體部分收縮 (南灣, -10 m)

小型珊瑚體 (東沙, -8 m)

珊瑚蟲收縮的分枝 (南灣, -12 m)

深度 5 ～ 20 m　　　　棲所：開放型淺海礁台、礁溝或礁斜坡上段

Cladiella krempfi (Hickson, 1919)

克氏小枝軟珊瑚

　　珊瑚體表覆形，柱部短，冠部肉質而柔軟，表面有許多指形或圓錐形分枝，頂端圓鈍，大小不一；珊瑚蟲單型，呈褐色，開口凹入。冠部分枝及柱部表層皆含柱形或啞鈴形骨針，長約0.06～0.10 mm，表面通常有2～3環突起；冠部分枝內層和柱部內層皆含啞鈴形或柱形骨針，長約0.08～0.12 mm，表面有2環錐狀突起。生活群體珊瑚蟲伸展時呈褐色，收縮時，露出乳白色共肉，且珊瑚體表面有許多凹入的小孔，為鑑別特徵。

相似種：多刺小枝軟珊瑚（見第117頁）、指形小枝軟珊瑚（見第116頁），本種之珊瑚孔凹入，骨針較小。

地理分布：廣泛分布於印度洋及西太平洋珊瑚礁區。東沙及台灣南部淺海偶爾可見。

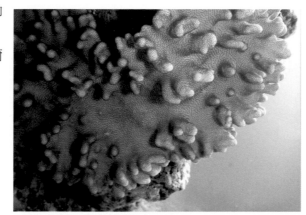
礁壁上的珊瑚體 (東沙, -8 m)

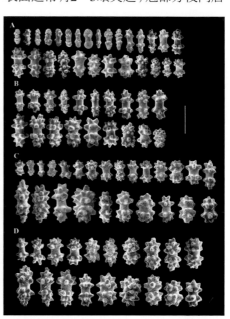
*Cladiella krempfi*的骨針。A：分枝表層；B：柱部表層；C：分枝內層；D：柱部內層。(比例尺：A, B, C, D=0.1 mm)

珊瑚蟲收縮之表面多凹孔 (東沙, -8 m)

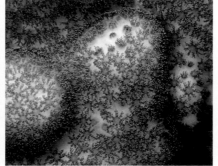
珊瑚蟲近照 (南灣, -12 m)

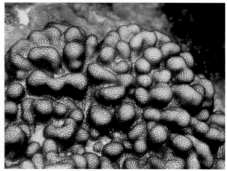
珊瑚體表面分枝圓錐形 (東沙, -10 m)

珊瑚體群集 (南灣, -15 m)

表覆形珊瑚體 (東沙, -10m)

深度 5～20 m ｜ 棲所：開放型淺海礁台或礁岩頂部

Cladiella pachyclados (Klunzinger, 1877)

粗壯小枝軟珊瑚

　　珊瑚體為低矮表覆形或盤形，柱部短小，冠部表面有許多指形、側扁或圓錐形分枝，寬度及長度不一致，少數有小分枝。珊瑚蟲單型，小而數多，直徑小於1 mm，均勻分布於冠部和分枝表面。分枝及柱部表層都含小啞鈴形或小柱形骨針，長約0.05～0.10 mm，近兩端處各有一環突起。分枝內層及共肉骨針則為啞鈴形或圓柱形，長約0.09～0.15 mm，兩端各有粗大環狀突起，中央腰部凹入。本種常形成大珊瑚體，覆蓋大片面積，珊瑚蟲伸展時為淡褐至深褐色，收縮時為灰白或黃色，且質地變硬。

相似種：南方小枝軟珊瑚（見第113頁），但本種分枝較大而高，珊瑚蟲也較大。

地理分布：廣泛分布於印度洋及西太平洋珊瑚礁區。東沙及台灣南至北部岩礁區都可發現。

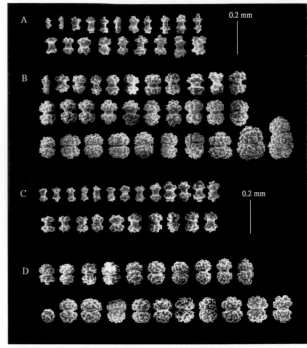

*Cladiella pachyclados*的骨針。A：分枝表層；B：分枝內層；C：柱部表層；D：柱部內層。(比例尺：A, B, C, D=0.2 mm)

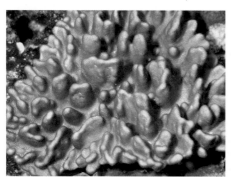

珊瑚體的側扁分枝(南灣, -12 m)

珊瑚蟲近照(南灣, -12 m)

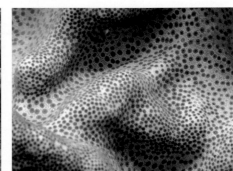

珊瑚蟲收縮態(南灣, -12 m)

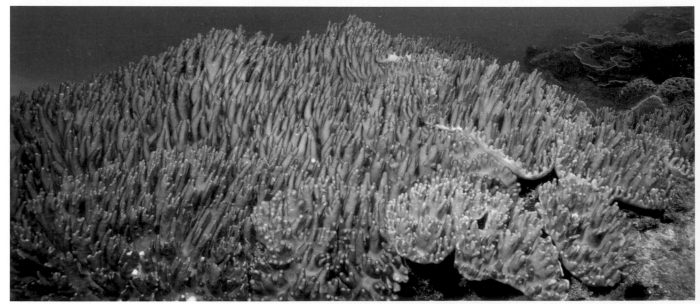

大型珊瑚體(澎湖, -8 m)

深度 2 ～ 15 m

珊瑚蟲伸展及收縮珊瑚體(澎湖, -10 m)

珊瑚體表覆形 (東沙, -10 m)

珊瑚體的分枝指形或側扁 (南灣, -12 m)

棲所：淺海礁台或礁岩頂部

Cladiella sphaeroides (Utinomi, 1953)

球突小枝軟珊瑚

　　珊瑚體為表覆形，柱部短（<1 cm），緊附於礁石表面，冠部表面有許多圓或橢圓形短小分枝，分枝高約5～7 mm，寬約4～7 mm，外觀呈腦紋狀。珊瑚蟲單型，直徑約0.7～0.9 mm，密集分布於冠部及分枝表面，可完全收縮；觸手兩側各有5羽枝，羽枝頂端有細小片形骨針，長約0.018 mm；珊瑚體其他部位包括分枝表層、內層及柱部表層、內層皆含相似的啞鈴形骨針，長約0.05～0.08 mm，兩端各有一環尖或鈍的錐形突起，中央腰部凹入。生活群體珊瑚蟲伸展時為深褐色，收縮時共肉呈灰白色。

相似種：克氏小枝軟珊瑚（見第119頁），但本種之分枝較細小，骨針也較小。
地理分布：日本南部。台灣海域在北部、東部及澎湖淺海皆可發現，常形成大群集。

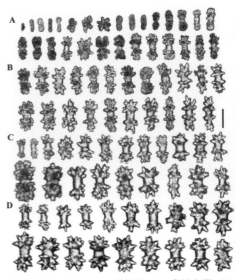

*Cladiella sphaeroides*的骨針。A：分枝表層；B：分枝內層；C：柱部表層；D：柱部內層。(比例尺：A, B, C, D=0.05 mm)

珊瑚體表面分枝為短小橢圓形 (野柳, -6 m)

珊瑚蟲伸展及收縮(中下)的珊瑚體 (澎湖, -8 m)

珊瑚體表面腦紋狀 (野柳, -6 m)

大型珊瑚體 (龍洞, -2 m)

深度 0～15 m

珊瑚體群集 (澎湖, -5 m)

珊瑚蟲伸展態 (澎湖, -5 m)

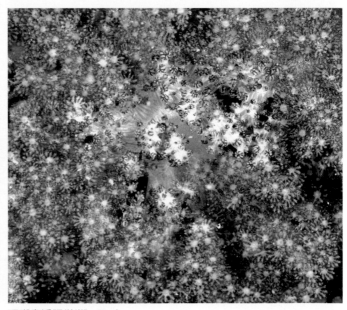

珊瑚蟲近照(澎湖, -5 m)

棲所：亞熱帶淺海礁台或礁斜坡上段

Lobophytum batarum Moser, 1919

巴塔葉形軟珊瑚

珊瑚體冠部延展呈盤形，柱部短而較窄，冠部表面有許多指形或片形分枝，長短不一，底部相連成輻射狀的稜脊。珊瑚蟲雙型，獨立個蟲小，間隔約0.5～1.0 mm，管狀個蟲更小，肉眼不易辨識，2獨立個蟲之間通常有1～2管狀個蟲。冠部表層主要含棒形骨針，較小者（長約0.06～0.15 mm）的棒頭有環狀突起，棒柄另有2環突起；較大者（長約0.15～0.25 mm）近似柱形或紡錘形。柱部表層含相似骨針，僅棒頭稍大些。冠部及柱部內層皆含紡錘形骨針，冠部者較細長，柱部者較粗，長約0.20～0.35 mm，其上的突起大致呈環狀排列，多數為3～5環。生活群體呈黃褐或黃綠色。

相似種：隔板葉形軟珊瑚（見第128頁），但本種冠部的分枝長短不一，且無絞盤形骨針。
地理分布：廣泛分布於西太平洋珊瑚礁區。台灣南部及東沙、綠島淺海。

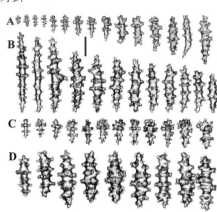

*Lobophytum batarum*的骨針。A：冠部表層；B：冠部內層；C：柱部表層；D：柱部內層。(比例尺：A, B, C, D=0.1 mm)

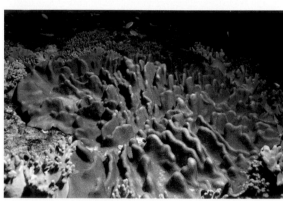

珊瑚蟲伸展的珊瑚體 (澎湖, -12 m)

珊瑚體盤形 (後壁湖, -5 m)

珊瑚體稜脊呈輻射狀排列 (東沙, -8 m)

珊瑚體分枝長短不一

珊瑚蟲伸展的分枝

珊瑚蟲收縮的分枝

深度 5～20 m ｜ 棲所：海流稍強的淺海珊瑚礁平台或斜坡

Lobophytum catalai Tixier-Durvivault, 1957

卡達葉形軟珊瑚

　　珊瑚體盤形，柱部短而窄，冠部表面有許多指形或片形分枝，分布不規則，有些分枝連結呈稜脊狀，末端通常漸尖。珊瑚蟲雙型，獨立個蟲伸展時呈白色，收縮時開口直徑約0.2 mm，管狀個蟲小，但可分辨；2獨立個蟲之間約有2～5管狀個蟲。冠部及分枝表層含梭形及棒形骨針，長約0.08～0.25 mm，表面突起大致呈環狀排列；冠部內層含紡錘形骨針，長約0.12～0.25 mm，表面突起也呈環排列，部分骨針有分叉。柱部表層含相似骨針，長約0.15～0.30 mm；柱部內層主要含絞盤形骨針，長約0.15～0.25 mm，中間突起呈2環排列。另有少數橢圓形骨針，長約0.2 mm。生活珊瑚體呈淡褐或綠褐色。

相似種：疏指葉形軟珊瑚（見第136頁），但本種的指形分枝末端漸尖，且骨針形態不同。

地理分布：廣泛分布於印度洋及太平洋珊瑚礁區。台灣南部及東沙、澎湖、綠島淺海。

大型珊瑚體群集 (南灣, -15 m)

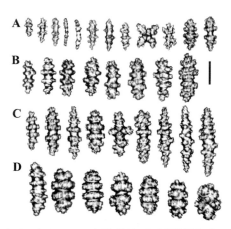

*Lobophytum catalai*的骨針。A：冠部表層；B：柱部表層；C：冠部內層；D：柱部內層。(比例尺：A, B, C, D=0.1 mm)

珊瑚體分枝末端漸尖 (南灣, -12 m)

珊瑚蟲收縮的分枝 (白色為獨立個蟲) (南灣, -12 m)

珊瑚體近照 (南灣, -12 m)

珊瑚體多指形分枝 (南灣, -12 m)

珊瑚體群集 (南灣, -10 m)

深度 5 ～ 25 m ｜ 棲所：開放型淺海礁台或礁岩頂部

Lobophytum compactum Tixier-Durivault, 1956

緊密葉形軟珊瑚

　　珊瑚體盤形，冠部厚實，基部高約5～10 cm，冠部表面的隔板狀稜脊高約5～8 cm，上端較薄，呈雞冠狀，下端漸厚，稜脊長短不一，通常呈輻射狀排列。珊瑚蟲雙型，獨立個蟲直徑約0.3～0.5 mm，稀疏分布於群體表面，間隔約1～3 mm；管狀個蟲肉眼可見。2獨立個蟲之間約有1～3管狀個蟲。冠部表層含梭形或棒形骨針，長約0.05～0.20 mm，上有2～3環錐形突起，棒形骨針通常較長，一端較大且多突起；冠部內層大多為紡錘形骨針，長約0.18～0.36 mm。柱部表層主要含棒形骨針，長約0.08～0.15 mm，表面突起呈環狀。柱部內層主要為絞盤形骨針，長約0.13～0.18 mm，具有2環突起。生活群體呈褐、深褐或淡褐色。

相似種：隔板葉形軟珊瑚（見第128頁）及薄板葉形軟珊瑚（見第135頁），但本種的基部較短，冠部的稜脊較高而厚，珊瑚蟲較大，分布較疏，骨針亦有差異。

地理分布：越南、南海。東沙，墾丁海域主要分布在南灣西側珊瑚礁區。

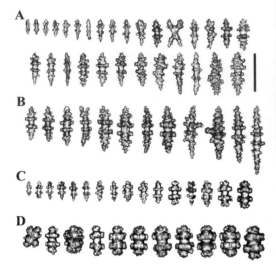

*Lobophytum compactum*的骨針。A：冠部表層；B：冠部內層；C：柱部表層；D：柱部內層。(比例尺：A, B, C, D=0.2 mm)

小型珊瑚體 (東沙, -12 m)

稜脊呈輻射狀排列 (東沙, -10 m)

珊瑚體的稜脊高突 (出水口, -10 m)

珊瑚體盤形 (南灣, -12 m)

深度 5～15 m

珊瑚蟲收縮的稜脊

珊瑚蟲伸展的分枝

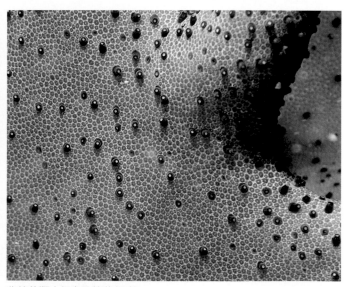

收縮的獨立個蟲及管狀個蟲

棲所：開放型淺海礁台或礁岩頂部

Lobophytum crassum von Marenzeller, 1886

隔板葉形軟珊瑚

　　珊瑚體盤形，呈水平延展，基部厚，高約5～10 cm，冠部表面有隔板狀的稜脊，通常呈輻射狀排列，上緣呈雞冠狀，厚約6～8 mm。珊瑚蟲雙型，獨立個蟲伸展時呈白色，收縮時開口直徑約0.3 mm，間隔約0.7～1.5 mm，密集分布於群體表面；管狀個蟲小，2獨立個蟲之間約有2～5管狀個蟲。冠部和柱部表層主要含棒形骨針，長約0.08～0.20 mm，表面突起呈2～4環排列；冠部內層含絞盤形，梭形或柱形骨針，長約0.15～0.25 mm；柱部內層骨針大多為絞盤形，長約0.15～0.25 mm，表面有2環腰帶突起及頂端突起叢。生活群體呈黃褐、黃綠或綠色。

相似種：緊密葉形軟珊瑚（見第126頁）、薄板葉形軟珊瑚（見第135頁），但本種冠部稜脊寬度介於兩者之間，且紡錘形骨針較大。

地理分布：廣泛分布於印度洋及太平洋珊瑚礁區。東沙、綠島及墾丁海域。

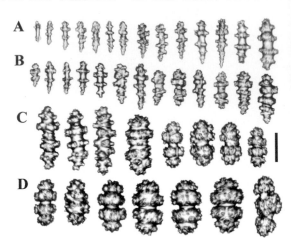

*Lobophytum crassum*的骨針。A：冠部表層；B：柱部表層；C：冠部內層；D：柱部內層。(比例尺：A, B, C, D=0.1 mm)

大型珊瑚體 (貓鼻頭, -10 m)　　　　稜脊呈輻射狀排列 (綠島, -15 m)

珊瑚體盤形 (南灣, -15 m)　　　　稜脊上緣呈雞冠形 (東沙, -12 m)

珊瑚蟲收縮的分枝

稜脊呈隔板形 (東沙, -8 m)

珊瑚體伸展的分枝

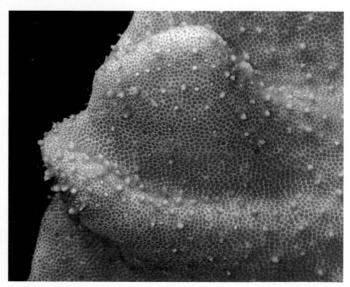

珊瑚蟲收縮的分枝

棲所：開放型淺海礁台或礁斜坡上段

Lobophytum crebriplicatum von Marenzeller, 1886

小褶葉形軟珊瑚

　　珊瑚體低矮盤形，柱部短，冠部周圍有數個脈狀稜脊，高約2～4 cm，厚約4～5 mm，質地軟，有些稍彎曲，大致呈輻射狀排列；冠部中央無稜脊。珊瑚蟲雙型，獨立個蟲伸展時高及寬皆約2 mm，分布不規則，收縮時孔徑約0.5 mm；管狀個蟲小，數量多，在2獨立個蟲之間約有1～7管狀個蟲。珊瑚蟲含平滑桿形骨針，長約0.1～0.2 mm；冠部和柱部表層主要含棒形骨針，長約0.10～0.25 mm，表面突起呈環狀分布；冠部內層主要含紡錘形骨針，長約0.2～0.4 mm；柱部內層含似絞盤的柱形骨針，長約0.20～0.26 mm。生活群體呈黃褐至深褐色。

相似種：隔板葉形軟珊瑚（見第128頁），但是本種的冠部稜脊較低矮、窄小，骨針形態亦不同。
地理分布：廣泛分布於西太平洋珊瑚礁區，包括東加、帛琉、關島、澳洲、越南、台灣南部。

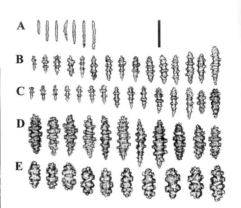

*Lobophytum crebriplicatum*的骨針。A：觸手；B：冠部表層；C：柱部表層；D：冠部內層；E：柱部內層。(比例尺：A, B, C, D, E=0.2 mm)

冠部中央無稜脊 (南灣, -12 m)

珊瑚體低矮盤形 (南灣, -15 m)

小型珊瑚體 (砂島, -12 m)

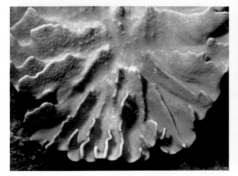

稜脊呈輻射狀排列 (貓鼻頭, -10 m)

獨立個蟲伸展的分枝

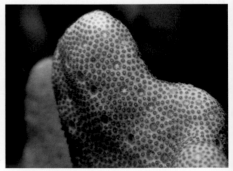

珊瑚蟲收縮的分枝

深度 5 ～ 15 m　　　　棲所：海流稍強的珊瑚礁斜坡

Lobophytum durum Tixier-Durivault, 1956

硬皮葉形軟珊瑚

　　珊瑚體表覆形，柱部短，冠部表面有指形和隔板形分枝交錯分布，稜脊通常低伏或不明顯，大致呈輻射狀排列。珊瑚體雙型，獨立個蟲伸展時白色，高及寬皆約2 mm；管狀個蟲小，數量較多，兩者分布不均勻；分枝表面以獨立個蟲較多，分枝間表面則以管狀個蟲較多。冠部及分枝表層主要含棒形骨針，長約0.1～0.2 mm，表面突起呈環狀分布，棒頭不明顯；冠部內層含紡錘形骨針，長約0.20～0.36 mm；表面突起呈2～4環；柱部表層骨針形態變異大，有紡錘形、棒形或梭形，長約0.1～0.2 mm，表面突起呈環狀；柱部內層主要含絞盤形骨針，長約0.20～0.25 mm，另有少數紡錘形骨針。珊瑚體質地稍硬，生活群體呈土黃或黃褐色。

相似種：平板葉形軟珊瑚（見第138頁），但是本種冠部的稜脊通常不連續。
地理分布：越南、日本。台灣南部。

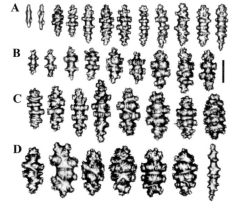

指形和隔板形分枝交錯分布 (貓鼻頭, -10 m)

*Lobophytum durum*的骨針。A：冠部表層；B：柱部表層；C：冠部內層；D：柱部內層。(比例尺：A, B, C, D=0.1 mm)

小型珊瑚體 (後壁湖, -10 m)

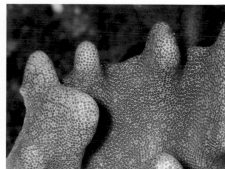

珊瑚蟲收縮的分枝

珊瑚體表覆形 (南灣, -12 m)

珊瑚蟲伸展的分枝

深度 5～15 m　　　　棲所：海流稍強的淺海礁台或礁岩頂部

Lobophytum hirsutum Tixier-Durivault, 1956

粗糙葉形軟珊瑚

　　珊瑚體扁平盤形，表面稜脊呈輻射狀排列，稜脊頂端指形或片形，底部相連。珊瑚蟲雙型，獨立個蟲和管狀個蟲皆小，獨立個蟲伸展時呈淡黃或白色，高約1～2 mm，收縮後間隔約1～1.5 mm，2獨立個蟲之間約有2～4管狀個蟲。冠部表層含梭形、棒形或紡錘形骨針，長約0.14～0.25 mm；棒形骨針頭部的突起較多，紡錘形骨針的突起呈環狀；柱部表層含相似骨針，長約0.1～0.3 m；冠部內層含紡錘形骨針，長約0.30～0.45 mm，突起呈環狀排列；柱部內層骨針大多為絞盤形，長約0.15～0.35 mm，另有紡錘形及過渡型骨針，長約0.3～0.5 mm，突起呈4環排列，另有少數十字形或不規則骨針，大小相近。生活群體呈黃褐或暗褐色，珊瑚蟲收縮時呈褐或灰色。

相似種：珊瑚體形態介於隔板葉形軟珊瑚（見第128頁）和疏指葉形軟珊瑚（見第136頁）之間，且本種骨針大多為紡錘形。

地理分布：越南。東沙。

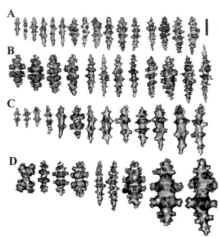

*Lobophytum hirsutum*的骨針。A：冠部表層；B：冠部內層；C：柱部表層；D：柱部內層。(比例尺：A, C=0.1 mm；B, D=0.2 mm)

珊瑚體稜脊緊密排列 (東沙, -8 m)

珊瑚體稜脊輻射狀排列 (東沙, -8 m)

稜脊頂端呈指形或片形 (東沙, -10 m)

珊瑚蟲部分收縮的分枝

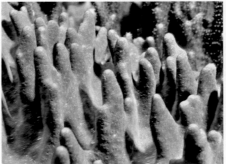

珊瑚蟲完全收縮的分枝

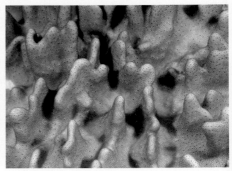

珊瑚蟲收縮的脈狀分枝

深度 5～20 m　　　　棲所：開放型淺海礁台和礁斜坡上段

Lobophytum hsiehi Benayahu & van Ofwegen, 2011

謝氏葉形軟珊瑚

　　珊瑚體為扁平表覆形，常聚集附著在礁石表面，柱部短，冠部表面光亮，稜脊低矮，呈輻射狀或不規則分布，珊瑚體邊緣常有不規則褶曲。珊瑚蟲密集分布於群體表面，珊瑚蟲伸展時呈綠褐或黃褐色，長約1～2 mm，可完全收縮入組織中；珊瑚蟲無骨針。冠部及柱部表層皆含棒形骨針，長約0.08～0.19 mm，棒頭及柄突起皆呈環狀；冠部及柱部內層皆含紡錘形骨針，長約0.18～0.30 mm，表面有圓柱形突起，頂端可能有分叉，但柱部內層骨針較粗短。生活群體呈灰白色或藍灰色。

相似種：平板葉形軟珊瑚（見第138頁）、柯氏葉形軟珊瑚（見第144頁），但本種冠部的稜脊低矮、不規則分布，骨針較小。本種為表彰水試所澎湖海洋生物研究中心謝恆毅博士之貢獻而命名。

地理分布：澎湖、東沙及台灣南、北及東部海域。

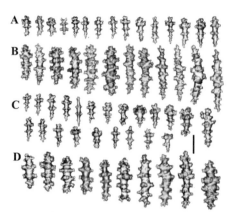

*Lobophytum hsiehi*的骨針。A：冠部表層；B：分枝內層；C：柱部表層；D：柱部內層。(比例尺：A, B, C, D=0.1 mm)

珊瑚體的稜脊低矮 (南灣, -10 m)

小型珊瑚體 (南方澳, - 6 m)

珊瑚蟲部分伸展和收縮 (東沙, -10 m)

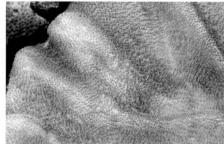

珊瑚蟲伸展的冠部表面

珊瑚蟲收縮的冠部表面

珊瑚蟲收縮之群體 (南灣, -12 m)

珊瑚蟲伸展之群體 (龍洞, -8 m)

深度 5 ～ 20 m ｜ 棲所：珊瑚礁平台或斜坡，常見於沉積物較高礁區

Lobophytum lighti Moser, 1919

萊氏葉形軟珊瑚

　　珊瑚體表覆形，質軟而易脆，柱部短，冠部表面有密集的指形或片形分枝，高度不一，可能相連成稜脊或獨立分布。珊瑚蟲雙型，獨立個蟲小而突出，直徑約0.6 mm，無骨針；管狀個蟲小點狀，分枝表面的2獨立個蟲之間約有1～3管狀個蟲，冠部表面則約有3～5隻。冠部表層含紡錘形和梭形骨針，長約0.10～0.21 mm，表面有低突起呈環狀；另有棒形骨針，但棒頭不明顯。冠部內層主要含紡錘形骨針，長約0.18～0.40 mm，表面突起呈環狀。柱部表層含棒形骨針，長約0.06～0.15 mm；柱部內層含絞盤形骨針，長約0.15～0.25 mm，多數外觀呈卵圓形，少數兩端延長而似紡錘形。生活群體通常呈淡褐色或綠褐色。

相似種：巴塔葉形軟珊瑚（見第124頁），但本種冠部的稜脊較厚而密集，柱部內層骨針為絞盤形。

地理分布：菲律賓、澳洲大堡礁。台灣南部海域。

分枝長度不一 (後壁湖, -8 m)

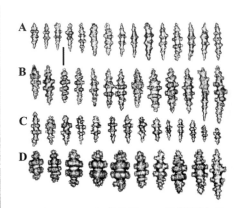

*Lobophytum lighti*的骨針。A：冠部表層；B：冠部內層；C：柱部表層；D：柱部內層。(比例尺：A, B, C, D=0.1 mm)

珊瑚體的稜脊高度不一 (南灣, -8 m)

珊瑚體分枝獨立分布 (南灣, -12 m)

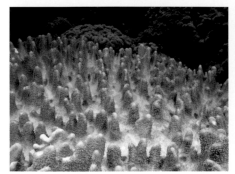

指形和片形分枝(南灣, -10 m)

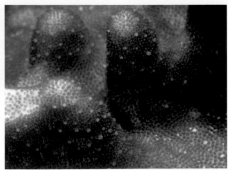

珊瑚蟲部分伸展的分枝

珊瑚蟲收縮的分枝

深度 5 ～ 15 m　　　　　棲所：開放型珊瑚礁平台和礁斜坡上段

Lobophytum mirabile Tixier-Durivault, 1956

薄板葉形軟珊瑚

　　珊瑚體呈盤形，冠部表面有許多直立的稜脊，厚約2～4 mm，呈輻射狀排列，稜脊上緣多起伏。珊瑚蟲雙型，伸展的獨立個蟲呈透明或淡黃色，高約2～4 mm，間隔約1～2 mm，2獨立個蟲之間有1～4管狀個蟲。冠部表層含棒形或梭形骨針，長約0.08～0.16 mm，表面突起呈環狀排列；冠部內層含多疣突的紡錘形或棒形骨針，長約 0.15～0.30 mm，突起呈環狀或不規則分布；柱部表層含棒形骨針，長約0.08～0.18 mm；柱部內層含絞盤形或圓柱形骨針，長約0.15～0.20 mm，另有少數紡錘形骨針，長可達0.25 mm。生活群體通常呈黃褐色或黃色。

相似種：隔板葉形軟珊瑚（見第128頁），但本種冠部的稜脊較薄，較密集，紡錘形骨針較小。

地理分布：太平洋珊瑚礁區、馬達加斯加。台灣南、東部及東沙、綠島、澎湖淺海。

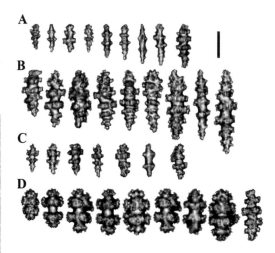

Lobophytum mirabile 的骨針。A：冠部表層；B：冠部內層；C：柱部表層；D：柱部內層。(比例尺：A, B, C, D=0.1 mm)

稜脊上緣多起伏 (東沙, -10 m)

珊瑚體稜脊薄而密集(南灣, -12 m)

小型珊瑚體 (南灣, -15 m)

珊瑚蟲伸展的分枝

收縮之獨立個蟲與管狀個蟲

珊瑚體呈盤形 (東沙, -12 m)

稜脊呈輻射狀排列 (南灣, -15 m)

深度 5 ～ 20 m	棲所：開放型淺海礁台或斜坡上段

Lobophytum pauciflorum (Ehrenberg, 1834)

疏指葉形軟珊瑚 / 疏指豆莢軟珊瑚

　　珊瑚體表覆形，常形成大群體，直徑可達1 m以上，其冠部水平延展，表面有許多末端圓鈍的指形分枝，高約2～5 cm，基部寬約1 cm。珊瑚蟲雙型，獨立個蟲較大而明顯，伸展時呈白色透明，收縮時為小突起；管狀個蟲較小，數量多，2獨立個蟲之間大約有2～5管狀個蟲。冠部表層含梭形、棒形或紡錘形骨針，長約0.09～0.21 mm，表面突起呈環狀排列；冠部內層含紡錘形骨針，長約0.20～0.40 mm，寬約0.09～0.10 mm，突起呈環狀排列。柱部表層含紡錘形或卵圓形骨針，長約0.09～0.19 mm，另有棒形或梭形骨針，長約0.10～0.13 mm，表面多突起。柱部內層大多為長絞盤形或似紡錘形骨針，長約0.20～0.28 mm，突起通常呈4環排列。生活珊瑚體呈黃綠或黃褐色。

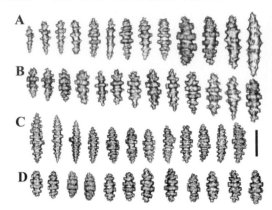

*Lobophytum pauciflorum*的骨針。A：冠部表層；B：柱部表層；C：冠部內層；D：柱部內層。(比例尺：A, B=0.1 mm；C, D=0.2 mm)

相似種：卡達葉形軟珊瑚（見第125頁），但本種的指形分枝末端圓鈍，骨針大多為梭形或紡錘形。

地理分布：廣泛分布於印度洋及西太平洋珊瑚礁區。台灣南、東部及東沙、綠島、澎湖淺海。

指形分枝的頂端圓鈍 (南灣, -8m)

珊瑚蟲伸展的群體 (眺石, -12 m)

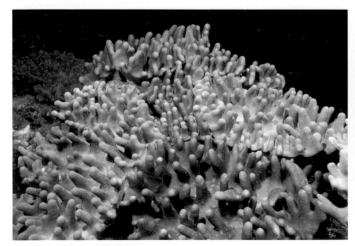

兩種顏色型的珊瑚體 (南灣, -12 m)

大型珊瑚群體 (東沙, -15 m)

深度 5 ～ 20 m

珊瑚蟲伸展的分枝

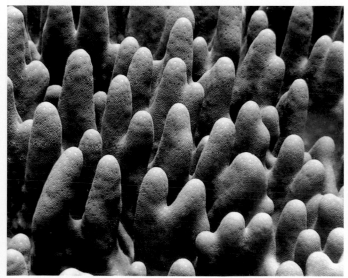

珊瑚蟲收縮的分枝

珊瑚蟲收縮顯示獨立個蟲與管狀個蟲

棲所：開放型淺海礁台或礁岩頂部

Lobophytum planum Tixier-Durivault, 1970

平板葉形軟珊瑚

珊瑚體表覆形，柱部短，冠部表面有明顯的隔板狀稜脊，稜脊大致呈輻射狀排列。珊瑚蟲雙型，獨立個蟲短小，於分枝上較密集，其他冠部表面較疏；管狀個蟲細小，在冠部表面較多。冠部及分枝表層主要含棒形骨針，長約0.12～0.24 mm，突起呈環狀，部分骨針似紡錘形；冠部內層含似紡錘形的柱形或絞盤形骨針，長約0.18～0.30 mm；突起呈2～4環分布；柱部表層含棒形骨針，長約0.08～0.16 mm，突起呈2～3環分布；柱部內層主要含絞盤形和筒形骨針，長約0.17～0.21 mm，突起在兩端成簇，在中央呈環狀。生活群體珊瑚蟲伸展時呈黃綠或黃褐色，收縮時呈灰白或灰藍色。

相似種：硬皮葉形軟珊瑚（見第131頁）、謝氏葉形軟珊瑚（見第133頁），但本種表面的隔板狀稜脊明顯，且含絞盤形骨針。

地理分布：新喀里多尼亞。台灣南部、綠島。

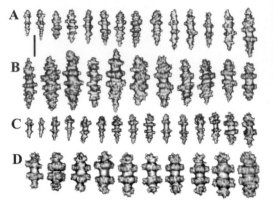

*Lobophytum planum*的骨針。A：冠部表層；B：冠部內層；C：柱部表層；D：柱部內層。(比例尺：A, B, C, D=0.1 mm)

珊瑚蟲伸展的珊瑚體 (後壁湖, -12 m)

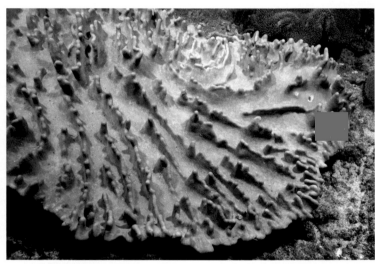

珊瑚蟲收縮的珊瑚體 (南灣, -10 m)

大型珊瑚體 (南灣, -10 m)

珊瑚體的隔板狀稜脊明顯 (南灣, -10 m)

深度 5～20 m

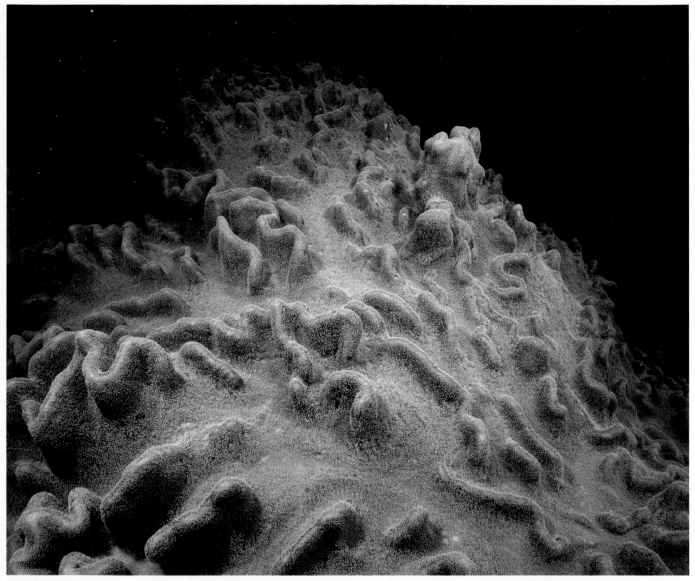

珊瑚體表覆形

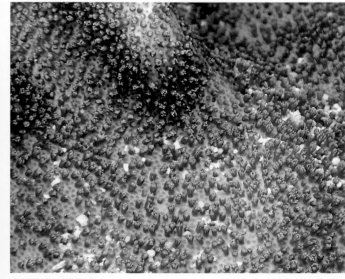

珊瑚蟲伸展的冠部

珊瑚蟲收縮的分枝

棲所：海流稍強的礁台或礁岩頂部

Lobophytum ransoni Tixier-Durivault, 1957

藍氏葉形軟珊瑚

　　珊瑚體表覆形，柱部厚約6 cm，冠部表面有許多指形或片形分枝，分枝側扁，高度不一，基部相連，可能呈稜脊狀。珊瑚蟲雙型，2獨立個蟲之間有1～5管狀個蟲。冠部表層含棒形和紡錘形骨針，長約0.08～0.25 mm，表面突起呈2～3環分布；冠部內層含紡錘形骨針，長約0.25～0.42 mm，寬度不一，表面突起大致呈環狀分布；柱部表層含棒形和柱形骨針，長約0.07～0.15 mm，表面突起呈2～3環分布；柱部內層含筒形和絞盤形骨針，長約0.2～0.3 mm，寬約0.1 mm，少數長達0.4 mm，兩端延長似紡錘形。生活群體呈褐、綠褐或灰褐色，珊瑚蟲頂端白或淡綠色。

相似種：疏指葉形軟珊瑚（見第136頁），但本種的分枝不規則。
地理分布：越南芽莊。東沙、台灣南部淺海。

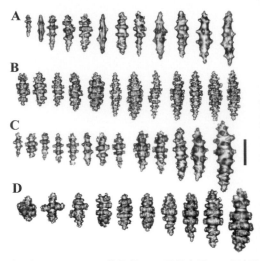

*Lobophytum ransoni*的骨針。A：冠部表層；B：冠部內層；C：柱部表層；D：柱部內層。(比例尺：A, C=0.1 mm；B, D=0.2 mm)

分枝相連呈稜脊狀 (南灣, -12 m)

珊瑚體有厚的柱部 (東沙, -8 m)

冠部分枝高度不一 (南灣, -12 m)

珊瑚體群集 (東沙, -10 m)

小型珊瑚體 (南灣, -12 m)

珊瑚蟲伸展的分枝

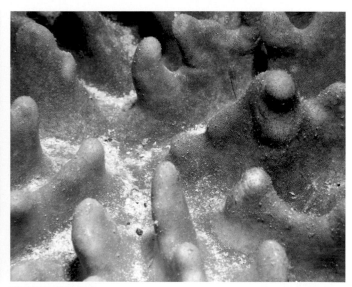

珊瑚蟲收縮的分枝

棲所：開放型淺海礁台或礁斜坡上段

Lobophytum sarcophytoides Moser, 1919

肉質葉形軟珊瑚

　　珊瑚體盤形，柱部厚，冠部表面有輻射狀稜脊，邊緣則為褶曲。珊瑚蟲雙型，獨立個蟲大而明顯，密集分布於冠部和稜脊表面，伸展時呈褐色，收縮時呈小突起狀；管狀個蟲較小，數量多，均勻分布於獨立個蟲之間。冠部表層含棒形骨針，長約0.06～0.25 mm；另有少數柱形及紡錘形骨針，表面突起呈環狀；冠部內層含柱形及紡錘形骨針，長約0.10～0.25 mm，表面具有突出且分叉突起；柱部表層含棒形骨針，長約0.08～0.25 mm，棒頭有較大突起；柱部內層含紡錘形骨針，長約0.15～0.25 mm，突起呈環狀或有分叉。生活群體大多呈褐或綠褐色。

相似種：肥厚肉質軟珊瑚（見第154頁），但本種珊瑚體較低矮，表面稜脊多而明顯，而且柱部內層無絞盤形骨針。

地理分布：廣泛分布於印度洋及西太平洋珊瑚礁區。東沙、澎湖及台灣南至東部海域。

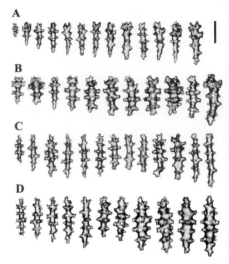

*Lobophytum sarcophytoides*的骨針。A：冠部表層；B：柱部表層；C：冠部內層；D：柱部內層。(比例尺：A, B, C, D=0.1 mm)

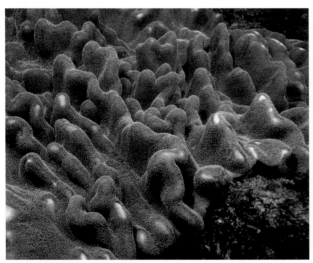

冠部的稜脊粗厚(南灣, -15 m)

珊瑚體的柱部厚(東沙, -10 m)

大型珊瑚體 (貓鼻頭, -10 m)

珊瑚體為厚的盤形 (東沙, -12 m)

深度 0 ～ 15 m

珊瑚蟲伸展的稜脊

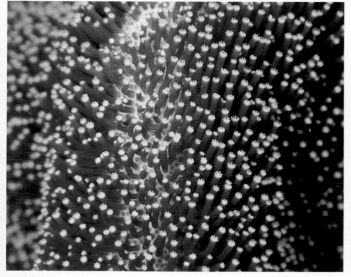

珊瑚蟲伸展

珊瑚蟲半收縮

棲所：亞熱帶淺海礁台或礁斜坡上段

Lobophytum schoedei Moser, 1919

柯氏葉形軟珊瑚

　　珊瑚體表覆形，柱部短，冠部表面有低矮的隔板狀稜脊，自中央至邊緣呈輻射狀排列。珊瑚蟲雙型，獨立個蟲較大，伸展時呈黃綠色，收縮時呈小突起，分布均勻；管狀個蟲小，分布於獨立個蟲之間，數量與獨立個蟲相近。冠部表層含棒形骨針，長約0.06～0.20 mm，棒頭明顯較大；冠部內層含紡錘形骨針，長約0.25～0.35 mm，另有少數柱形骨針；柱部表層骨針形態變異較大，主要為棒形骨針，長約0.10～0.25 mm，表面有大突起，少數有分叉，部分骨針近似紡錘形；柱部內層含紡錘形骨針，長約0.25～0.40 mm，表面的大突起呈環狀或有分叉。生活群體呈綠褐或黃褐色。

相似種： 謝氏葉形軟珊瑚（見第133頁）、風雅葉形軟珊瑚（見第146頁），但本種珊瑚體的稜脊較長而均勻，珊瑚蟲為黃綠色。

地理分布： 新喀里多尼亞、馬達加斯加。台灣南部海域。

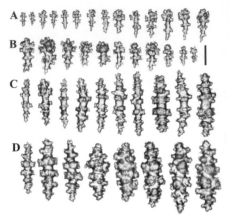

*Lobophytum schoedei*的骨針。A：冠部表層；B：柱部表層；C：冠部內層；D：柱部內層。(比例尺：A, B, C, D=0.1 mm)

珊瑚體表覆形 (龍坑, -12 m)

珊瑚體的稜脊明顯 (香蕉灣, -10 m)

小型珊瑚體 (南灣, -15 m)

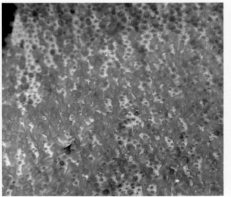

珊瑚蟲近照

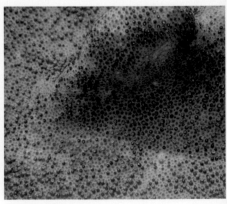

珊瑚蟲收縮的冠部

| 深度 5 ～ 15 m | 棲所：海流稍強的珊瑚礁平台或斜坡上段 |

Lobophytum solidum Tixier-Durivault, 1970

堅實葉形軟珊瑚

　　珊瑚體表覆形，柱部短，冠部延展呈盤形，表面有許多隔板形分枝，相連成稜脊，分枝末端有長短不一的小分枝，分枝及稜脊排列方向往往不一致。珊瑚蟲雙型，獨立個蟲較大而明顯，伸展時呈白色，收縮時為小突起；管狀個蟲較小，數量多，2獨立個蟲之間約有2～10管狀個蟲。冠部表層主要含棒形或紡錘形骨針，長約0.11～0.20 mm，突起呈環狀排列；柱部表層含梭形或棒形骨針，長約0.09～0.16 mm，突起也呈環狀排列；冠部內層主要含絞盤形骨針，長約0.15～0.25 mm，另有少數梭形骨針，長約0.20～0.35 mm；柱部內層大多為絞盤形骨針，長約0.1～0.2 mm，突起呈2環排列，中央腰部明顯凹入。生活群體呈黃褐或土黃色。

相似種：巴塔葉形軟珊瑚（見第124頁），但本種冠部稜脊密集，不規則，且含絞盤形骨針。

地理分布：新喀里多尼亞。台灣南、東部及澎湖、綠島淺海。

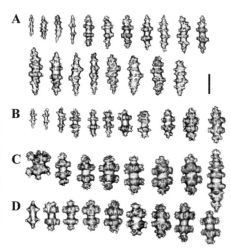

*Lobophytum solidum*的骨針。A：冠部表層；B：柱部表層；C：冠部內層；D：柱部內層。(比例尺：A, B, C, D=0.1 mm)

稜脊密集且不規則 (貓鼻頭, -12 m)

珊瑚蟲伸展的分枝

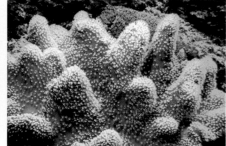

珊瑚蟲近照

珊瑚蟲收縮的分枝

珊瑚體分枝隔板形 (後壁湖, -10 m)

稜脊高度不一致 (南灣, -15 m)

深度 5～20 m　　　　　棲所：海流稍強的珊瑚礁平台或斜坡上段

Lobophytum venustum Tixier-Durivault, 1957

風雅葉形軟珊瑚

　　珊瑚體表覆形，柱部短，冠部表面有低矮隔板形稜脊，大致呈輻射狀排列；珊瑚蟲雙型，獨立個蟲短小，直徑約0.5 mm，密集分布，間隔約1 mm；2獨立個蟲之間有1～2管狀個蟲。冠部表層主要含棒形骨針，長約0.07～0.15 mm，突起大多呈環狀；柱部表層含相似較粗大的棒形骨針；冠部內層含紡錘形或梭形骨針，長約0.24～0.35 mm，突起大致呈環狀排列；柱部內層含延長絞盤形或梭形骨針，長約0.24～0.34 mm，突起在中央呈2～4環排列。生活群體的珊瑚蟲呈褐或黃褐色，肉質組織則為灰白色。

相似種：謝氏葉形軟珊瑚（見第133頁），但本種稜脊較長而明顯，柱部內層含絞盤形骨針。

地理分布：印度洋賽吉爾群島。台灣南部海域。

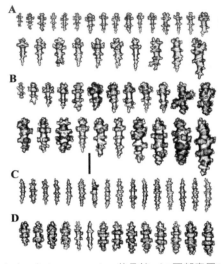

*Lobophytum venustum*的骨針。A：冠部表層；B：柱部表層；C：冠部內層；D：柱部內層。(比例尺：A, B=0.1 mm；C, D=0.2 mm)

小型珊瑚體(白砂, -10 m)

珊瑚體稜脊明顯 (佳樂水, -8 m)

珊瑚體表覆形 (南灣, -10 m)

珊瑚體稜脊呈輻射狀排列(眺石, -8 m)

珊瑚蟲部分伸展和收縮

珊瑚蟲近照

珊瑚蟲不完全收縮

深度 5 ～ 15 m　　　　棲所：珊瑚礁斜坡上至中段

Lohowia koosi Aldersladum, 2003

庫斯厚葉軟珊瑚

　　珊瑚體表覆形，扁平而低矮，表面平滑，少有突起，質地堅硬，邊緣稍有褶曲。珊瑚蟲雙型，獨立個蟲大而明顯，周圍有骨針環繞，故略顯突出，管狀個蟲小而數多，密集分布於表面。冠部表層組織含紡錘形骨針，長約0.2～0.8 mm；基部表層含紡錘形骨針，長約0.2～0.4 mm，寬度頗不一致，表面有許多大而明顯的突起。冠部和基部內層皆含粗大紡錘形骨針，長度變異大，約在0.5～4.0 mm之間。生活群體通常呈褐色。

相似種：歐氏厚葉軟珊瑚（見第148頁）、肥厚肉質軟珊瑚（見第154頁），但本種珊瑚蟲和骨針形態不同。

地理分布：澳洲東部、日本小笠原群島。東沙及台灣南部。

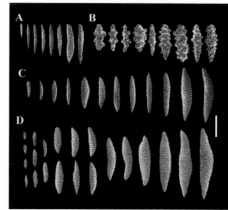

*Lohowia koosi*的骨針。A：冠部表層；B：基部表層；C：冠部內層；D：基部內層。(比例尺：A=0.5 mm；B= 0.2 mm；C, D=1.0 mm)

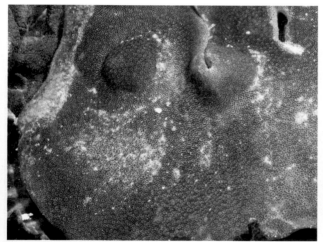

珊瑚體近照 (東沙, -15 m)

表覆形珊瑚體 (貓鼻頭, -12 m)

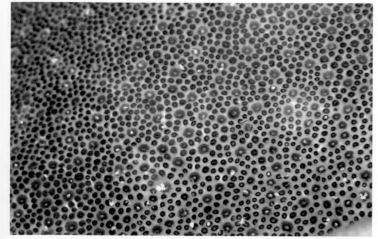

獨立個蟲與管狀個蟲近照

小型珊瑚體(南灣, -15 m)

深度 5 ～ 15 m　　　　棲所：開放型淺海礁台或礁岩頂部

Lohowia aldersladei sp. n.

歐氏厚葉軟珊瑚（新種）

珊瑚體表覆形，扁平而低伏，表面平滑，有少數突起，邊緣稍有褶曲，珊瑚體質地堅硬。珊瑚蟲雙型，獨立個蟲開口凹入，直徑約0.02～0.03 mm，通常在2獨立個蟲之間有1～3管狀個蟲，兩者交錯密集分布，管狀個蟲並不凹入。觸手含紡錘形或桿形骨針，長約0.06～0.10 mm，表面光滑；獨立個蟲含紡錘形或棒形骨針，長約0.1～0.4 mm，表面有少許低突起；冠部表層含細紡錘形骨針，長約0.30～0.85 mm，多數表面光滑，僅較大者有少許低突起；基部表層骨針含粗的棒形或紡錘形骨針，長約0.14～0.50 mm，表面有大而尖或複式突起；冠部內層主要含紡錘形骨針，少數似柱形或棒形，較短者長度在0.3～1.5 mm之間，表面有低突起；較長者在1.6～3.0 mm之間，常有不規則分叉，表面有密集的複式突起。基部內層骨針為粗大棒形或紡錘形，長約0.33～0.75 mm，通常一端較大，有不規則分叉，表面有粗大的複式突起。生活群體呈黃綠色。

相似種：庫斯厚葉軟珊瑚（見第147頁），但兩者珊瑚體顏色、珊瑚蟲結構及內層骨針皆不同。

地理分布：目前僅於台灣南部海域發現。

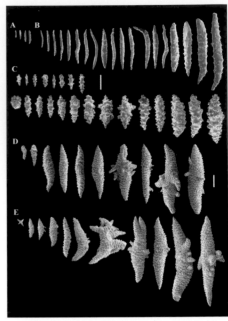

*Lohowia aldersladei*的骨針。A：觸手；B：冠部表層；C：基部表層；D：冠部內層；E：基部內層。(比例尺：A, B, C=0.2 mm；D, E=0.5 mm)

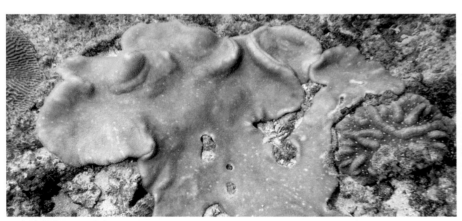

珊瑚體質地堅硬 (貓鼻頭, -10 m)

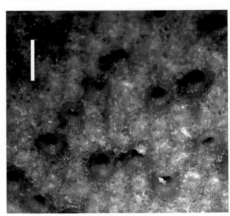

獨立個蟲開口凹入 (比例尺=1 mm)

表覆形珊瑚體 (貓鼻頭, -10 m)

珊瑚體近照 (貓鼻頭, -10 m)

深度 5～15 m　　　　棲所：開放型淺海礁台或礁岩頂部

Sarcophyton boettgeri Schenk, 1896

伯格肉質軟珊瑚

　　珊瑚體蕈形,柱部短小,冠部邊緣延展超過柱部,並於邊緣形成褶皺向下捲曲。珊瑚蟲雙型,獨立個蟲可完全收縮,開口直徑約0.5～0.6 mm,分布不均勻,管狀個蟲小,直徑約0.1～0.2 mm,2獨立個蟲之間的管狀個蟲數目不等。冠部表層含棒形或桿形骨針,長約0.08～0.25 mm,表面有大或尖突起;柱部表層含相似的棒形或桿形骨針;冠部內層含細長紡錘形或桿形骨針,部分稍彎曲,長約0.25～0.55 mm;柱部內層含較粗大,多突起的紡錘形骨針,多數長約0.35～0.80 mm,部分突起有分叉。生活群體珊瑚蟲伸展時呈褐或黃褐色,觸手收縮時呈灰褐或灰藍色。

相似種: 皺褶肉質軟珊瑚(見第162頁),但本種的皺褶向下捲曲,獨立個蟲分布不均勻。

地理分布: 印尼。澎湖、台灣南部淺海。

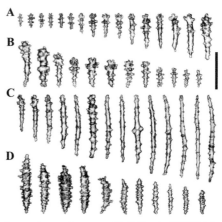

*Sarcophyton boettgeri*的骨針。A:冠部表層;B:冠部內層;C:柱部表層;D:柱部內層。(比例尺:A, B, C=0.2 mm;D=0.5 mm)

珊瑚體邊緣褶皺向下捲曲 (南灣, -15 m)

珊瑚體群集 (貓鼻頭, -12 m)

珊瑚體蕈形,柱部短小。(澎湖, -10 m)

珊瑚體邊緣多褶皺 (後壁湖, -16 m)

珊瑚體收縮態 (澎湖, -12 m)

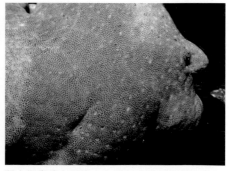

獨立個蟲分布不均

深度 10～25 m　　　　棲所:珊瑚礁斜坡鄰近沙地處

Sarcophyton buitendijki Verseveldt, 1982

圓弧肉質軟珊瑚

　　珊瑚體蕈形，柱部上寬下窄，冠部中央稍凹入，邊緣彎曲多褶皺。珊瑚蟲雙型，獨立個蟲直徑約0.8～0.9 mm，間隔約0.8～1.5 mm，不完全收縮；管狀個蟲小，兩者大致均勻分布。珊瑚蟲觸手含棒形或桿形骨針，長約0.05～0.10 mm，表面平滑少突起；冠部表層含棒形骨針，長約0.06～0.26 mm，棒頭突起成叢，下方則呈環狀；柱部表層含相似骨針，但部分棒頭突起較大或有分叉，少數似紡錘形；冠部內層含細長紡錘形骨針，長約0.20～0.46 mm；柱部內層含圓柱形和紡錘形骨針，長約0.33～0.60 mm，表面都有複式突起。生活群體呈黃褐或褐色，觸手顏色較深。

相似種：華麗肉質軟珊瑚（見第158頁），但本種冠部邊緣較薄，柱部內層骨針較粗。

地理分布：廣泛分布於印度洋及西太平洋珊瑚礁區。台灣南部及澎湖、綠島、蘭嶼淺海。

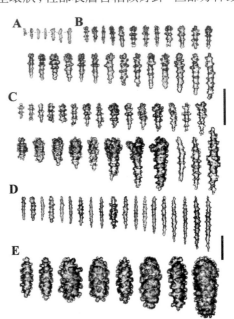

*Sarcophyton buitendijki*的骨針。A：珊瑚蟲觸手；B：冠部表層；C：柱部表層；D：冠部內層；E：柱部內層。(比例尺：A, B, C=0.2 mm；D, E=0.2 mm)

珊瑚體柱部上寬下窄 (合界, -15 m)

珊瑚體群集 (南灣, -15 m)

珊瑚體緣多褶皺 (南灣, -12 m)

珊瑚體緣彎曲多褶皺 (南灣, -15 m)

珊瑚蟲半收縮

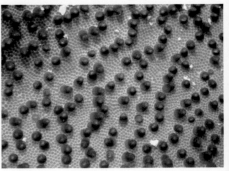

珊瑚蟲收縮

深度 5 ～ 20 m ｜ 棲所：珊瑚礁平台或斜坡中下段

Sarcophyton cherbonnieri Tixier-Durivault, 1958

協波肉質軟珊瑚

　　珊瑚體蕈形，柱部上寬下窄，冠部中央凹入，邊緣厚而向上延展，形成蜿蜒的褶皺。珊瑚蟲雙型，獨立個蟲均勻分布於冠部表面，充分伸展時長可達6 mm，間隔約1.5～3.0 mm，不完全收縮；管狀個蟲小，2獨立個蟲之間約有2～5管狀個蟲。珊瑚蟲含桿形骨針，長約0.03～0.08 mm；冠部表層含棒形、桿形和梭形骨針，長約0.10～0.27 mm，棒頭不明顯，表面有小突起；柱部表層含棒型和棍形骨針，長約0.05～0.33 mm，表面有許多尖突起。冠部內層含細長紡錘形骨針，長約0.3～0.7 mm，表面有低圓突起；柱部內層含多突起的紡錘形骨針，長約0.5～0.9 mm，表面多複式疣突，部分有不規則分叉。生活群體珊瑚蟲伸展時呈褐色，收縮時呈黃褐或黃綠色。

相似種：藍綠肉質軟珊瑚（見第160頁），但本種珊瑚蟲較小，柱部內層骨針較小。

地理分布：廣泛分布於印度洋及太平洋珊瑚礁區。台灣南部至東部海域。

小型珊瑚體 (南灣, -18 m)

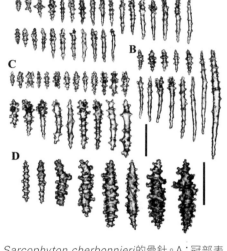

*Sarcophyton cherbonnieri*的骨針。A：冠部表層；B：冠部內層；C：柱部表層；D：柱部內層。(比例尺：A, B, C=0.2 mm；D=0.5 mm)

珊瑚體中央凹入，邊緣向上延展。

珊瑚蟲伸展

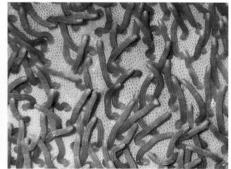

珊瑚蟲不完全收縮

珊瑚蟲伸展(右)及收縮(左)的小群體(南灣, -15 m)

珊瑚體邊緣多褶皺 (南灣, -12 m)

| 深度 8～25 m | 棲所：珊瑚礁斜坡中及下段 |

Sarcophyton cinereum Tixier-Durivault, 1946

青灰肉質軟珊瑚

　　珊瑚體蕈形或花朵形，柱部短，冠部中央下凹，邊緣向上延展形成許多褶皺。珊瑚蟲雙型，分布於冠部表面，獨立個蟲大而明顯，呈黃褐或黃綠色，間隔約1.5～2.5 mm，2獨立個蟲之間約有2～5管狀個蟲，分布相當均勻。冠部表層含延長的棒形或柱形骨針，長約0.12～0.25 mm，棒頭稍大，少數骨針可長達0.35 mm；柱部表層也含棒形或柱形骨針，但稍粗大，表面突起也較多；冠部內層主要含細長紡錘形骨針，部分稍彎曲，多數長約0.3～0.6 mm，少數可長達1.0 mm；柱部內層主要含長紡錘形骨針，多數骨針稍彎曲，長約1.0～1.5 mm，表面突起大而密集，少數骨針有分叉。生活群體呈黃褐、綠褐或暗褐色，觸手收縮時呈淡藍或灰褐色。

相似種：杯形肉質軟珊瑚（見第156頁），但本種冠部邊緣較厚，珊瑚蟲較大，且骨針不同。

地理分布：廣泛分布於印度洋及西太平洋珊瑚礁區。東沙、台灣南部及離島淺海。

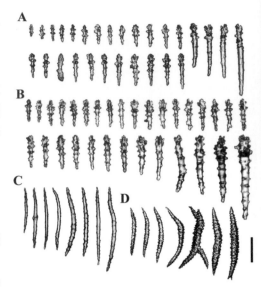

*Sarcophyton cinereum*的骨針。A：冠部表層；B：柱部表層；C：冠部內層；D：柱部內層。(比例尺：A，B=0.1 mm；C=0.2 mm；D=0.5 mm)

珊瑚蟲體半收縮態 (後壁湖, -10 m)

珊瑚體邊緣向上延展形成褶皺 (墾丁, -12 m)

珊瑚體冠部中央下凹 (南灣, -12 m)

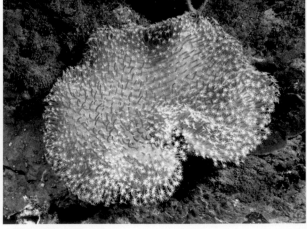

小型珊瑚體 (南灣, -15 m)

獨立個蟲伸展

獨立個蟲收縮

獨立個蟲觸手收縮

棲所：珊瑚礁平台和礁斜坡

Sarcophyton crassocaule Moser, 1919

肥厚肉質軟珊瑚 / 微厚肉芝軟珊瑚

　　珊瑚體為平舖盤形,柱部粗短,冠部肉質組織厚,中央略下凹,自此向邊緣延伸隔板狀稜脊。珊瑚蟲雙型,獨立個蟲細管狀,密集分布於盤部表面,伸展時長可達1 cm,通常呈黃褐色,觸手白色,間隔約1～2 mm,2獨立個蟲之間有約2～3管狀個蟲,分布大致均勻。冠部表層含棒形骨針,長約0.1～0.2 mm,少數可達0.25 mm,表面通常有2環錐形突起;柱部表層也含棒形骨針,長約0.06 ～0.15 mm;冠部內層含多刺紡錘形或柱形骨針,長約0.20～0.32 mm。柱部內層含絞盤形或圓柱形骨針,多數長約0.18～0.20 mm,寬約0.05～0.10 mm,中央有2環突起,兩端也有叢狀突起。生活群體呈黃褐、綠褐或灰藍色。

相似種:肉質葉形軟珊瑚(見第142頁),但本種冠部的稜脊較疏而短,柱部內層骨針大多為絞盤形。

地理分布:廣泛分布於西太平洋珊瑚礁海域。台灣南、東部及離島淺海。

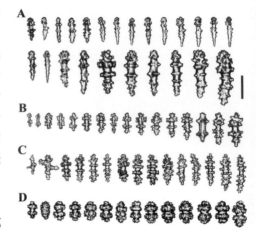

*Sarcophyton crassocaule*的骨針。A:冠部表層;B:柱部表層;C:冠部內層;D:柱部內層。(比例尺:A, B = 0.1 mm;C, D = 0.2 mm)

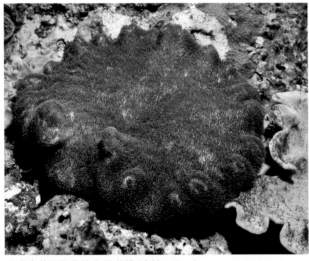

珊瑚蟲伸展及收縮之珊瑚體 (東沙, -15 m)

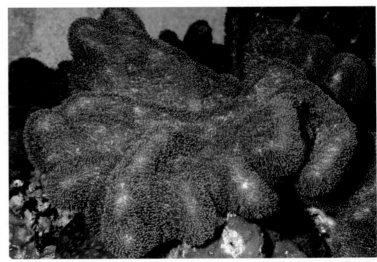

珊瑚體肉質組織厚(南灣, -12 m)

大型珊瑚體 (貓鼻頭, -10 m)

小型珊瑚體 (眺石, -10 m)

深度 8 ～ 25 m

珊瑚體冠部肉質組織厚 (東沙, -12 m)

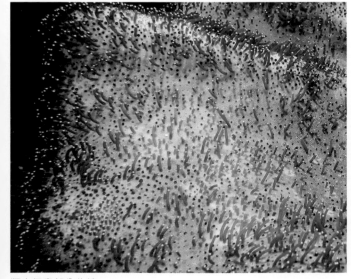

獨立個蟲部分收縮

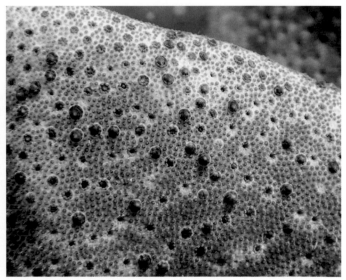

珊瑚體近照顯示獨立個蟲及管狀個蟲

棲所：珊瑚礁平台或斜坡上、中段

Sarcophyton ehrenbergi von Marenzeller, 1886

杯形肉質軟珊瑚／埃氏肉質軟珊瑚

　　珊瑚體蕈形，冠部水平延展，比柱部稍寬；冠部中央下凹而呈杯形，邊緣向上延伸形成褶皺。珊瑚蟲雙型，獨立個蟲密集分部於冠部表面，間隔約0.6～1.0 mm，延展時長度可達1 cm，2獨立個蟲之間約有0～4管狀個蟲。冠部表層含棒形骨針，長約0.10～0.22 mm，棒頭膨大多突起，柄部有1～2環鈍突起；冠部內層含扁平，半透明的針形骨針，長約0.10～0.25 mm，表面有突出且頂端呈角叉狀的突起，為本種之鑑別特徵；另有少數紡錘形骨針，長約0.20～0.25 mm，表面有錐形突起；柱部表層含棒形骨針，長約0.1～0.3 mm，棒頭多疣突；柱部內層骨針為紡錘形，長約0.2～0.4 mm，表面突起排列成環狀。生活群體常呈褐或綠褐色，珊瑚蟲收縮時則呈灰藍或黃綠色。

相似種：青灰肉質軟珊瑚（見第152頁），但本種冠部邊緣較薄，珊瑚蟲較小，且骨針不同。

地理分布：廣泛分布於西太平洋珊瑚礁海域。台灣周圍珊瑚礁及岩礁海域。

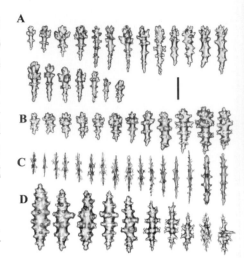

*Sarcophyton ehrenbergi*的骨針。A：冠部表層；B：柱部表層；C：冠部內層；D：柱部內層。(比例尺：A, B, C, D=0.1 mm)

珊瑚蟲部分收縮 (南灣, -12 m)

珊瑚蟲收縮之珊瑚體 (後壁湖, -12 m)

大型珊瑚體(南灣, -10 m)

邊緣向上延伸形成褶皺

珊瑚體冠部中央下凹 (東沙, -12 m)

珊瑚蟲伸展

獨立個蟲完全收縮

棲所：珊瑚礁平台或斜坡

Sarcophyton elegans Moser, 1919

華麗肉質軟珊瑚

　　珊瑚體呈花朵形，柱部上寬下窄，冠部中央稍下凹或呈杯狀，邊緣延展形成蜿蜒褶皺。珊瑚蟲雙型，獨立個蟲數量多，高約6～8 mm，密集分布於冠部表面，觸手為白或淡黃色，伸展時呈小星形，收縮時珊瑚孔直徑約0.8 mm。管狀個蟲小，分布於獨立個蟲之間。冠部表層含棒形骨針，長約0.06～0.23 mm，棒頭有較多大突起，棒柄突起較小且呈環狀排列；柱部表層含相似骨針，但稍大；冠部內層含桿形或紡錘形骨針，長約0.2～0.5 mm，表面有大小不一突起；柱部內層含紡錘形或一端鈍的圓柱形骨針，多數長約0.4～0.6 mm，少數可達0.9 mm，表面有複式疣突。生活群體呈淡黃或黃褐色，珊瑚蟲為白或淡黃色。

相似種：藍綠肉質軟珊瑚（見第160頁），但本種冠部邊緣較厚，珊瑚蟲較小，柱部內層骨針較小。

地理分布：廣泛分布於西太平洋珊瑚礁區。台灣南部及東沙、澎湖、綠島淺海。

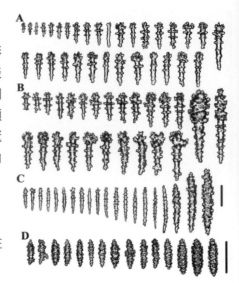

*Sarcophyton elegans*的骨針。A：冠部表層；B：柱部表層；C：冠部內層；D：柱部內層。(比例尺：A, B=0.1 mm；C=0.2 mm；D=0.5 mm)

珊瑚體邊緣多褶皺 (南灣, -15 m)

珊瑚蟲收縮之珊瑚體 (東沙, -12 m)

大型珊瑚體 (南灣, -12 m)

小型珊瑚體 (東沙, -10 m)

冠部中央稍下凹 (後壁湖, -10 m)

獨立個蟲伸展

獨立個蟲不完全收縮

棲所：海流稍強的礁石平台或斜坡

Sarcophyton glaucum Quoy & Gaimard, 1833

藍綠肉質軟珊瑚 / 乳白肉芝軟珊瑚

珊瑚體形態變異大；小型珊瑚體呈蕈形，冠部中央稍下凹，邊緣有波狀褶皺；大型珊瑚體直徑可達1 m以上，形態較不規則，邊緣可能有數組褶皺。珊瑚蟲雙型，獨立個蟲伸展時長度可達3 cm，在冠部邊緣分布較密，近中央處較疏。冠部表層含棒形骨針，長約0.1～0.5 mm，棒頭不突出，表面有圓或錐形突起，較長骨針近似紡錘形；柱部表層也含棒形骨針，長度相仿，較長骨針近似紡錘形；冠部內層含紡錘形骨針，長約0.5～1.0 mm，表面有大的複式疣突不規則分布或有分叉。柱部內層含粗大紡錘形骨針，長度可達2.3 mm，骨針大小和形態都有甚大變異。生活群體顏色多變異，常呈黃褐、綠褐或灰褐色。

相似種：華麗肉質軟珊瑚（見第158頁），但本種冠部邊緣較薄，珊瑚蟲較大，柱部內層骨針較大。

地理分布：廣泛分布於印度洋及西太平洋珊瑚礁區。台灣周圍及離島淺海。

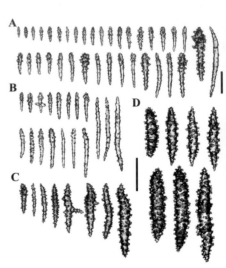

*Sarcophyton glaucum*的骨針。A：冠部表層；B：柱部表層；C：冠部內層；D：柱部內層。(比例尺：A, B=0.2 mm；C, D=0.5 mm)

珊瑚蟲收縮與伸展之珊瑚體 (澎湖, -10 m)

珊瑚體充分伸展 (南灣, -13 m)

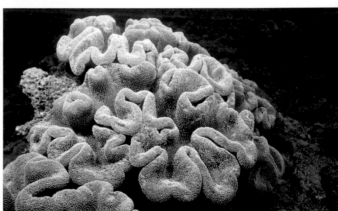

珊瑚體邊緣有波狀褶皺 (東沙, -15 m)

小型珊瑚體群集 (墾丁, -15 m)

獨立個蟲伸展

獨立個蟲半收縮

| 深度 5～20 m | 棲所：海流稍強的珊瑚礁平台或斜坡 |

Sarcophyton infundibuliforme Tixier-Durivault, 1958

漏斗肉質軟珊瑚

　　珊瑚體冠部花朵形，中央下凹，周圍延展向上形成褶皺蜿蜒分布，柱部短，呈V字形。珊瑚蟲雙型，獨立個蟲密集分布於冠部表面，邊緣較密，間隔約1.5～2.0 mm，中央較疏；2獨立個蟲之間通常有2～5管狀個蟲。冠部表層含棒形骨針，長約0.06～0.25 mm，多數棒頭有圓鈍的突起且頂端朝上；柱部表層含相似的棒形骨針，長約0.1～0.2 mm；冠部內層含細長紡錘形骨針，多數長約0.3～0.5 mm，少數達0.7 mm，另有少數棒形骨針，表面皆有小而低的突起。柱部內層含較粗大的紡錘形骨針，長度可達0.8 mm，表面有較多、較大的突起。生活群體的珊瑚蟲呈淡黃或黃褐色，珊瑚蟲收縮時共肉呈灰白色。

相似種：杯形肉質軟珊瑚（見第156頁），但兩者珊瑚蟲及骨針形態不同。
地理分布：馬達加斯加、斯里蘭卡、西沙。東沙、台灣南部海域皆有分布。

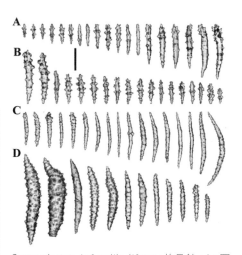

*Sarcophyton infundibuliforme*的骨針。A：冠部表層；B：柱部表層；C：冠部內層；D：柱部內層。(比例尺：A, B=0.1 mm；C, D=0.2 mm)

珊瑚體群集 (龍坑, -12 m)

珊瑚蟲收縮之珊瑚體 (東沙, -6 m)

珊瑚體柱部呈V字形 (南灣, -15 m)　珊瑚蟲伸展

珊瑚蟲半收縮

珊瑚體花朵形 (合界, - 10 m)

珊瑚體中央下凹 (東沙, -15 m)

深度 5～20 m　　　棲所：珊瑚礁平台或斜坡

Sarcophyton latum (Dana, 1846)

皺褶肉質軟珊瑚

　　珊瑚體蕈形，柱部短，冠部中央下凹，邊緣向上延展且多褶皺；小珊瑚體則邊緣平滑，褶皺少。珊瑚蟲雙型，獨立個蟲分布於冠部表面，頗不均勻，冠部邊緣較密，中央稍疏，2獨立個蟲之間約有1～4管狀個蟲。冠部表層含棒形骨針，長約0.06～0.25 mm，棒頭有扁的葉狀突起，棒柄則有小錐形突起；柱部表層也含棒形骨針，但突起較大而多。冠部內層含細長的桿形骨針，表面有錐狀小突起，另有稍大的紡錘形骨針，長約0.3～0.7 mm；柱部內層含粗大的紡錘形骨針，長可達1.5 mm，表面有許多大突起，少數骨針有分叉。生活群體呈淡黃或淡褐色。

相似種：伯格肉質軟珊瑚（見第149頁）、漏斗肉質軟珊瑚（見第161頁），但本種珊瑚體邊緣褶皺較多而蜿蜒，獨立個蟲較短且均勻分布。

地理分布：廣泛分布於印度洋及西太平洋珊瑚礁區。台灣南部及東沙、綠島海域。

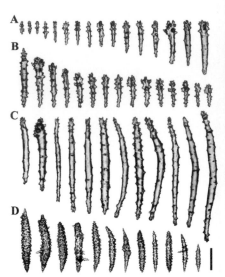

*Sarcophyton latum*的骨針。A：冠部表層；B：柱部表層；C：冠部內層；D：柱部表層。(比例尺：A, B, C=0.1 mm；D=0.5 mm)

小型珊瑚體 (綠島, -15 m)

大型珊瑚體群集 (澎湖, -10 m)

珊瑚蟲收縮 (澎湖, -12 m)

珊瑚體中央下凹 (綠島, -10 m)

深度 5 ～ 20 m

珊瑚體邊緣多褶皺 (南灣, -15 m)

獨立個蟲伸展

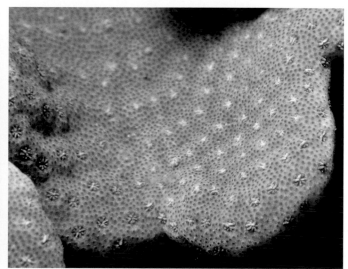

獨立個蟲收縮

棲所：開放型淺海礁台或斜坡中段

Sarcophyton nanwanensis Benayahu & Perkol-Finkel, 2004

南灣肉質軟珊瑚

　　珊瑚體呈蕈形，柱部寬短，冠部扁平，中央稍下凹，邊緣有少數褶皺，且明顯突出柱部。珊瑚蟲無骨針，獨立個蟲伸展時長可達6 mm，管狀個蟲小而清晰，2獨立個蟲之間約有2～5管狀個蟲。冠部表層含近似棒形骨針，長約0.06～0.35 mm，小型骨針的棒頭不明顯，較大骨針之棒頭稍明顯，柄部突起通常呈環狀；冠部內層含棒形或紡錘形骨針，長約0.1～0.3 mm，略彎曲，表面多突起。柱部表層含多突起的棒形骨針，長約0.08～0.23 mm，突起環狀排列，另有少數十字形骨針；柱部內層含桶形和絞盤形骨針，長約0.2～0.3 mm，表面突起在中央呈2環排列，另有少數紡錘形骨針，表面有錐形突起。

相似種：亮麗肉質軟珊瑚（見右頁），但本種之獨立個蟲較短小，骨針形態不同。

地理分布：台灣南部南灣海域及東沙環礁北部。

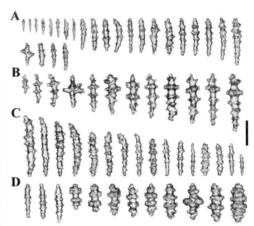

*Sarcophyton nanwanensis*的骨針。A：冠部表層；B：柱部表層；C：冠部內層；D：柱部內層。(比例尺：A, B, D=0.2 mm；C=0.1 mm)

珊瑚體群集 (南灣, -16 m)

小型珊瑚體 (東沙, -15 m)

珊瑚蟲伸展及收縮的珊瑚體 (南灣, -15 m)

珊瑚體冠部扁平 (南灣, -15 m)

獨立個蟲近照

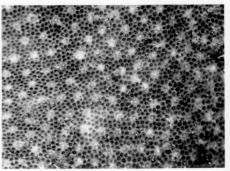

收縮的獨立個蟲與管狀個蟲

| 深度 10～20 m | 棲所：開放型淺海礁台或礁岩頂部 |

Sarcophyton pulchellum (Tixier-Durivault, 1957)

亮麗肉質軟珊瑚

　　珊瑚體蕈形，柱部高約3～5 cm，冠部延展完全覆蓋柱部，中央稍下凹，邊緣為一環蜿蜒褶皺。珊瑚蟲雙型，獨立個蟲圓柱形，伸展時高可達1 cm，密集分布於冠部，間隔約1～3 mm，不完全收縮，其基部有骨針架支持；管狀個蟲小，肉眼不易辨認。珊瑚蟲含細桿形或片形骨針，長約0.07～0.14 mm；冠部表層含棒形骨針，長約0.10～0.25 mm，棒頭有大突起，柄部突起較小且呈環狀；柱部表層含相似棒形骨針；冠部內層含狹長紡錘形骨針，長約0.2～0.4 mm，表面多尖銳突起。柱部內層含粗的桶形、棒形或紡錘形骨針，長約0.25～0.35 mm，表面密布複式突起。生活群體通常呈黃褐或褐色。

相似種：堅實肉質軟珊瑚（見第168頁），但本種冠部邊緣較薄，珊瑚蟲較短小，骨針亦不同。

地理分布：印尼爪哇。台灣南部海域。

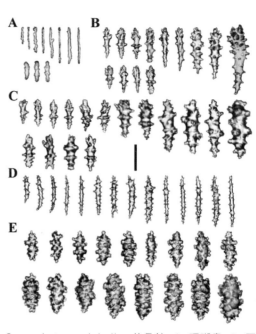

*Sarcophyton pulchellum*的骨針。A：珊瑚蟲；B：冠部表層；C：柱部表層；D：冠部內層；E：柱部內層。(比例尺：A, B, C=0.1 mm；D, E=0.2 mm)

珊瑚體顏色變異 (白砂, -16 m)

柱部上寬下窄 (萬里桐, -12 m)

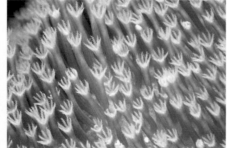

獨立個蟲伸展

珊瑚蟲半收縮

珊瑚體蕈形 (白砂, -12 m)

冠部邊緣褶皺蜿蜒 (南灣, -15 m)

深度 10 ～ 25 m | 棲所：珊瑚礁斜坡中、下段或礁塊邊緣。

Sarcophyton roseum Pratt, 1903

玫瑰肉質軟珊瑚

　　珊瑚體表覆形，質地柔軟，柱部極短，冠部水平延展，小型群體邊緣少有褶皺，大型群體有些褶皺。珊瑚蟲雙型，獨立個蟲褐色，小圓柱形，密集分布於冠部表面，伸展時高約3～5 mm，可完全收縮，開口約0.3～0.5 mm；管狀個蟲小，依稀可辨認。冠部表層主要含棒形骨針，長約0.08～0.22 mm，棒頭及柄的突起皆呈環狀排列；柱部表層含相似棒形骨針；冠部內層共肉含紡錘形骨針，多數長約0.20～0.30 mm，表面有許多高而圓鈍的突起，通常呈環狀；柱部內層含相似紡錘形骨針，長約0.20～0.35 mm，表面突起大而明顯，通常呈環狀。生活群體珊瑚蟲伸展時呈褐或黃褐色，珊瑚蟲收縮時呈灰白或淡黃色。

相似種：海綿肉質軟珊瑚（見第170頁），但本種珊瑚蟲較小，骨針形態不同。

地理分布：廣泛分布於印度洋及西太平洋珊瑚礁區。台灣南部海域偶見。

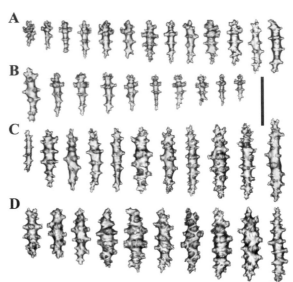

*Sarcophyton roseum*的骨針。A：冠部表層；B：柱部表層；C：冠部內層；D：柱部內層。(比例尺：A, B, C, D=0.2 mm)

珊瑚體表覆形 (白砂, - 20 m)

小型珊瑚體 (南灣, -15 m)

珊瑚蟲收縮(左)和伸展(右) (合界, -18 m)

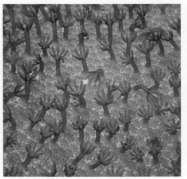

伸展的獨立個蟲及管狀個蟲

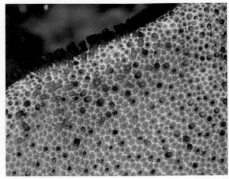

獨立個蟲收縮

| 深度 15～30 m | 棲所：礁斜坡下段或鄰近沙地處 |

Sarcophyton serenei Tixier-Durivault, 1958

明確肉質軟珊瑚

　　珊瑚體蕈形，冠部中央略下凹，邊緣明顯較薄，形成波狀褶皺，大群體往往不對稱，外形不規則。珊瑚蟲雙型，獨立個蟲伸展時長度達4 cm，在冠部邊緣分布較密，近中央處較疏。2獨立個蟲之間的管狀個蟲在邊緣處為1~2隻，中央處為5~7隻。冠部表層含棒形骨針，較短者長約0.06~0.10 mm，較長者約0.15~0.40 mm，二者棒頭及柄皆不突出，且皆有扁的錐狀突起；冠部內層含細長針形或柱形骨針，長約0.3~0.6 mm，有些稍彎曲，表面突起小而少。柱部表層含棒形骨針，長約0.08~0.30 mm，表面突起呈環狀，另有較長的紡錘形骨針，長可達0.45 mm；柱部內層含較粗的紡錘形骨針，長度可達1.7 mm，表面有大複式疣突。生活群體通常呈黃褐或綠褐色。

相似種：華麗肉質軟珊瑚（見第158頁）、藍綠肉質軟珊瑚（見第160頁），但本種形態不規則，珊瑚蟲較細小，骨針亦不同。

地理分布：越南。東沙、台灣南部南灣海域。

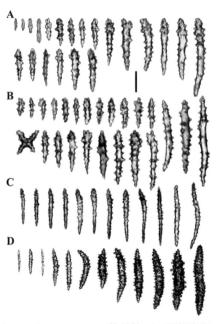

*Sarcophyton serenei*的骨針。A：冠部表層；B：柱部表層；C：冠部內層；D：柱部內層。（比例尺：A, B=0.1 mm；C=0.2 mm；D=0.5 mm）

珊瑚體形態不規則 (合界, -15 m)

珊瑚體邊緣多褶皺 (南灣, -15 m)

珊瑚體冠部不對稱 (南灣, -15 m)

珊瑚蟲完全伸展的群體 (後壁湖, -10 m)

大型珊瑚體 (貓鼻頭, -15 m)

伸展的獨立個蟲

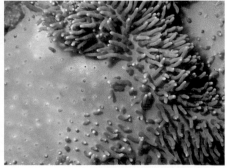

獨立個蟲部分伸展及收縮

深度 5～20 m　　　　　　　　棲所：珊瑚礁斜坡或鄰近沙地處

Sarcophyton solidum Tixier-Durivault, 1958

堅實肉質軟珊瑚

　　珊瑚體蕈形，柱部窄而高，冠部充分延展，包覆柱部，中央下凹，邊緣延展形成起伏的多重褶皺。珊瑚蟲雙型，獨立個蟲大而明顯，伸展時呈圓柱形，高可達3 cm，密集分布於冠部表面，間隔約2～3 mm，不完全收縮，其基部有骨針支持；管狀個蟲小而多，密集分布於獨立個蟲之間。珊瑚蟲含表面光滑的片形骨針，長約0.04～0.06 mm；冠部表層含棒形骨針，較短者長約0.08～0.12 mm，較長者約0.20～0.30 mm，二者棒頭皆不突出，柄部皆有小突起，呈環狀或不規則分布；柱部表層也含棒形骨針，長約0.09～0.25 mm，表面的突起較大；冠部內層含細針形或桿形骨針，長約0.28～0.60 mm，表面有小突起稀疏分布；柱部內層主要含紡錘形骨針，多數長約0.35～0.70 mm，少數長可達1 mm，表面有低的錐形突起稀疏分布。生活群體呈黃褐色。

相似種：亮麗肉質軟珊瑚（見第165頁），但本種之獨立個蟲大而明顯，骨針形態亦不同。

地理分布：馬達加斯加。台灣南部海域。

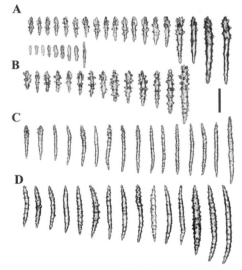

*Sarcophyton solidum*的骨針。A：珊瑚蟲及冠部表層；B：柱部表層；C：冠部內層；D：柱部內層。(比例尺：A, B=0.1 mm；C, D=0.2 mm)

珊瑚蟲收縮的珊瑚體 (石牛, -12 m)

珊瑚體群集 (香蕉灣, -10 m)

珊瑚體蕈形 (眺石, -12 m)

珊瑚體的形態變異 (砂島, -10 m)

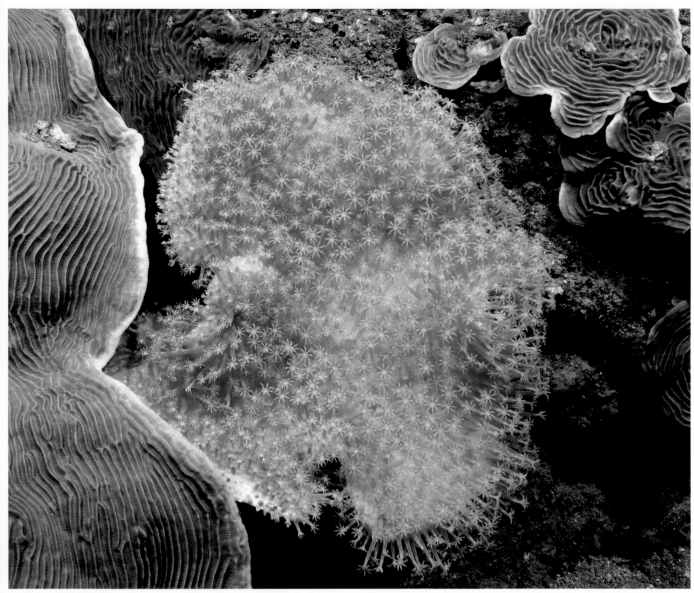

小型珊瑚體 (合界, -15 m)

伸展獨立個蟲近照

獨立個蟲部分收縮

棲所：珊瑚礁斜坡中、下段或礁塊邊緣

Sarcophyton spongiosum Thomson & Dean, 1931

海綿肉質軟珊瑚

　　珊瑚體表覆形，柱部短，冠部水平延展，共肉呈海綿狀，質地柔軟，群體邊緣有少數褶皺。生活群體珊瑚蟲呈深褐或褐色。珊瑚蟲雙型，獨立個蟲小圓柱形，深褐色，密集分布於冠部表面，可完全收縮，開口圓形，直徑約1.2～1.4 mm，呈蜂巢狀排列；管狀個蟲小，直徑約0.2 mm。冠部表層含棒形骨針，長約0.08～0.22 mm，棒頭不明顯，近似紡錘形，表面有低矮突起；柱部表層含相似棒形骨針，但突起較大而明顯，較長者似紡錘形；冠部內層共肉含細紡錘形或柱形骨針，長約0.25～0.45 mm，表面有少數低疣突。柱部內層含粗大的紡錘形骨針，長約0.20～0.35 mm，表面突起大，通常呈環狀排列。

相似種：玫瑰肉質軟珊瑚（見第166頁），但本種珊瑚蟲較大，骨針形態不同。
地理分布：印尼摩鹿加群島。台灣南部海域。

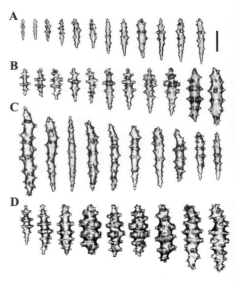

*Sarcophyton spongiosum*的骨針。A：冠部表層；B：柱部表層；C：冠部內層；D：柱部內層。(比例尺：A, B, C, D=0.1 mm)

正在分裂的珊瑚體 (合界, -20 m)

珊瑚體表覆形 (南灣, -18 m)

珊瑚體冠部水平延展 (南灣, -15 m)

小型珊瑚體 (南灣, -20 m)

深度 10～30 m

獨立個蟲半伸展(南灣, -20 m)

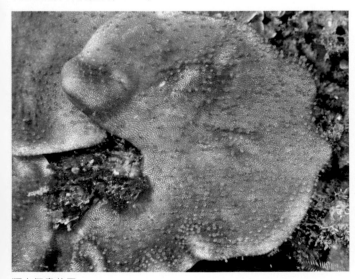

獨立個蟲伸展

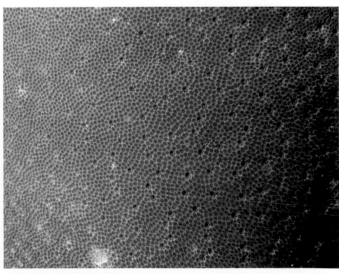

收縮的獨立個蟲呈蜂巢狀

棲所：珊瑚礁斜坡中、下段或鄰近沙地處

Sarcophyton stellatum Kükenthal, 1910

星形肉質軟珊瑚

　　珊瑚體蕈形，冠部大致扁平，邊緣的褶皺甚厚，形成葉狀下垂，柱部短，上寬下窄。珊瑚蟲雙型，獨立個蟲延展時可達5 mm，均勻且密集分布於冠部表面，間隔約1.0～1.5 mm，管狀個蟲小，獨立個蟲之間通常有1～3隻管狀個蟲。冠部表層骨針為棒形或棍形，長約0.07～0.15 mm，棒頭有扁平突起；另有紡錘形骨針，長約0.1～0.2 mm，表面有錐形突起；冠部內層骨針為紡錘形，長可達0.6 mm，表面有錐狀突起，有些骨針形狀不規則或有不規則分叉。柱部表層骨針為棒形或柱形，長約0.10～0.25 mm，表面多錐形突起；柱部內層骨針大多為紡錘形或柱形，長約0.2～0.4 mm，另有不規則分叉或多角形骨針，長度相似。生活群體呈綠褐或黃褐色，珊瑚蟲收縮時呈灰綠色或灰褐色。

相似種：藍綠肉質軟珊瑚（見第160頁）、杯形肉質軟珊瑚（見第156頁），但本種群珊瑚體邊緣較厚，骨針形態不同。

地理分布：印尼、南海。台灣南部及東沙、澎湖、綠島海域。

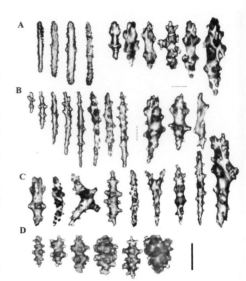

*Sarcophyton stellatum*的骨針。A：冠部表層；B：冠部內層；C：柱部表層；D：柱部內層。(比例尺：A, C=0.1 mm；B, D=0.2 mm)

珊瑚蟲部分收縮 (南灣, -12 m)

冠部邊緣褶皺厚 (東沙, -10 m)

珊瑚蟲收縮的珊瑚體 (東沙, -15 m)

珊瑚體邊緣下垂 (南灣, -12 m)

深度 5 ～ 20 m

珊瑚體群集 (東沙, -15 m)

獨立個蟲伸展的褶皺

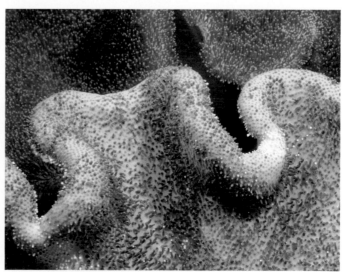

獨立個蟲收縮的褶皺

棲所：珊瑚礁平台或斜坡

Sarcophyton subviride Tixier-Durivault, 1958

淺綠肉質軟珊瑚

　　珊瑚體蕈形，柱部下窄上寬，冠部中央略下凹，邊緣向上延展形成褶皺，外形頗不規則，往往不對稱。珊瑚蟲雙型，獨立個蟲細長，密集分布於近邊緣處，間隔1～2 mm，中央則稀疏，其基部有骨針支持，通常不完全收縮，管狀個蟲小，不易辨認。珊瑚蟲含桿形骨針，長約0.08～0.15 mm；冠部表層含棒形骨針，長約0.12～0.30 mm，部分骨針棒頭尖削，近似紡錘形；柱部表層含粗短的棒形骨針，長約0.06～0.13 mm，小者近似卵圓形，另有較長棒形骨針，長約0.15～0.20 mm；冠部內層含細長紡錘形和桿形骨針，長約0.25～0.60 mm，表面有稀疏的低疣突；柱部內層含長寬皆不規則的紡錘形和圓柱形骨針，長約0.25～0.80 mm，表面有許多大而明顯疣突。生活群體通常呈淺綠或綠褐色。

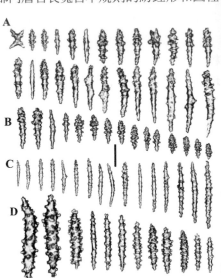

相似種：明確肉質軟珊瑚（見第167頁），但本種珊瑚蟲為綠色，且較細長，柱部骨針亦不同。

地理分布：馬達加斯加。台灣南部淺海。

*Sarcophyton subviride*的骨針。A：珊瑚蟲及冠部表層；B：柱部表層；C：冠部內層；D：柱部內層。(比例尺：A, B＝0.1 mm；C, D＝0.2 mm)

珊瑚體蕈形 (後壁湖, -12 m)

珊瑚體形態不對稱 (眺石, -12 m)

小型珊瑚體 (合界, -15 m)

珊瑚體邊緣褶皺與珊瑚蟲

獨立個蟲伸展

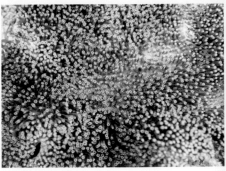

獨立個蟲半收縮的冠部

深度 8～25 m　　　　　　　　棲所：珊瑚礁斜坡中、下段

Sarcophyton tenuispiculatum (Thomson & Dean, 1931)

細骨肉質軟珊瑚

　　珊瑚體蕈形，柱部圓柱形，高約5 cm，冠部水平延展，中央略下凹，邊緣向下延展形成波形褶皺，完全包覆柱部。珊瑚蟲雙型，獨立個蟲細圓柱形，密集分布於冠部表面，間隔1～2 mm，可完全收縮入共肉中，開口下凹，管狀個蟲小，不易辨認。冠部表層含棒形骨針，長約0.10～0.30 mm，部分骨針的棒頭尖削，近似紡錘形，表面有低的錐形突起；冠部內層含許多細長針形或桿形骨針，長約0.25～0.55 mm，表面有稀疏低突起，通常不規則分布；柱部表層含棒形或桿形骨針，長約0.17～0.33 mm，表面有高而大的突起，通常呈環排列；柱部內層含圓柱形和紡錘形骨針，長約0.22～0.33 mm，表面有許多大而明顯的複式疣突，通常呈環狀排列。生活群體通常呈深褐至黃褐色。

相似種：堅實肉質軟珊瑚（見第168頁），但本種珊瑚蟲較短小，柱部骨針形態不同。
地理分布：印尼、新喀里多尼亞。台灣南部及離島淺海。

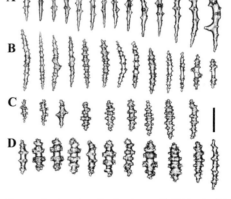

*Sarcophyton tenuispiculatum*的骨針。A：冠部表層；B：冠部內層；C：柱部表層；D：柱部內層。(比例尺：A=0.1 mm；B, C, D=0.2 mm)

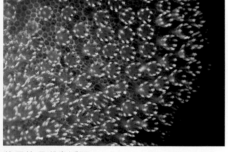

小型珊瑚體形態變異 (砂島, -12 m)

獨立個蟲密集分布

伸展的珊瑚蟲近照

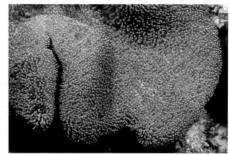

珊瑚蟲收縮態

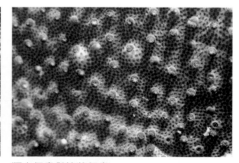

獨立個蟲與管狀個蟲

珊瑚體邊緣形成波形褶皺 (眺石, -10 m)

小型珊瑚體 (白砂, -10 m)

| 深度 5～25 m | 棲所：珊瑚礁斜坡中、下段或鄰近沙地處 |

Sarcophyton trocheliophorum von Marenzeller, 1886

花環肉質軟珊瑚 / 圓盤肉芝軟珊瑚

　　珊瑚體呈蕈形或花環形，冠部大致呈圓形，邊緣有波狀褶皺，柱部明顯。珊瑚蟲雙型，獨立個蟲大而明顯，延展時長度可達1 cm，均勻且密集分布於冠部表面，間隔約0.9～1.3 mm，管狀個蟲小，2獨立個蟲之間有2～3隻管狀個蟲。冠部表層含棒形骨針，長約0.08～0.24 mm，中間有明顯腰部，棒頭有葉狀突起，柄部則有1環錐形突起；冠部內層骨針為紡錘形，長約0.20～0.35 mm，表面有錐狀突起或小疣突。柱部表層骨針為棒形，長約0.09～0.15 mm；柱部內層骨針大多為絞盤形或圓柱形，長約0.24～0.30 mm，中間有2環狀疣突，頂端突起呈叢狀。生活群體呈金黃色、黃綠或黃褐色，珊瑚蟲收縮時呈灰藍或灰綠色。

相似種：星形肉質軟珊瑚（見第172頁）、藍綠肉質軟珊瑚（見第160頁），但本種冠部為圓形，且柱部內層含絞盤形骨針為鑑別特徵。

地理分布：廣泛分布於印度洋及西太平洋珊瑚礁。台灣南、東部及東沙、澎湖、綠島、蘭嶼淺海。

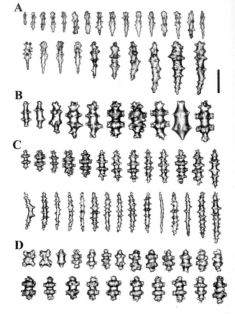

*Sarcophyton trocheliophorum*的骨針。A：冠部表；B：柱部表層；C：冠部內層；D：柱部內層。（比例尺：A, B=0.1 mm；C, D=0.2 mm）

珊瑚體邊緣波狀褶皺（後壁湖, -8 m）

珊瑚體花環形（南灣, -15 m）

珊瑚體群集（南灣, -10 m）

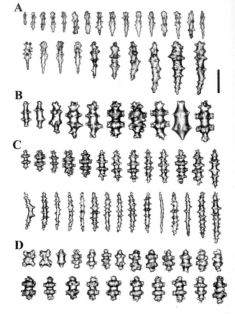

珊瑚體蕈形（東沙, -12 m）

珊瑚蟲收縮的珊瑚體（東沙, -10 m）

獨立個蟲伸展近照

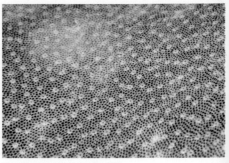

獨立個蟲和管狀個蟲近照

深度 5 ～ 25 m　　　　棲所：開放型淺海礁台或礁斜坡

Sarcophyton tumulosum Benayahu & van Ofwegen, 2009

小突肉質軟珊瑚

　　珊瑚體呈蕈形，冠部中央下凹，邊緣較高且有褶皺，柱部圓柱形。珊瑚蟲收縮時冠部表面有許多小突起，高和寬各約2～3 mm，小突起於群體中央較明顯，邊緣較小。珊瑚蟲雙型，小突起通常由1獨立個蟲和周圍之管狀個蟲構成，獨立個蟲大而明顯，間隔約1～10 mm，2獨立個蟲之間的管狀個蟲數不一。冠部表層含棒形骨針，長約0.08～0.20 mm，棒頭有疣突，另有較長的紡錘形骨針；冠部內層亦含紡錘形骨針，長約0.25～0.50 mm；柱部表層含棒形骨針，長約0.1～0.2 mm，突起大致呈環狀排列，另有少數梭形骨針；柱部內層含紡錘形骨針，長約0.2～0.4 mm，表面都有大突起，另外有一些不規則形骨針。生活群體呈灰褐色或綠褐色，珊瑚蟲收縮時呈褐或綠褐色。

相似種：明確肉質軟珊瑚（見第167頁），但本種珊瑚體冠部表面有小突起，珊瑚蟲也不同。

地理分布：香港。澎湖、東沙、台灣周圍珊瑚礁及岩礁海域。

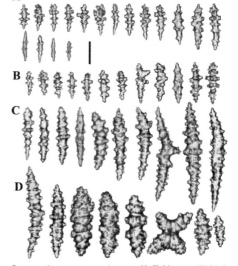

*Sarcophyton tumulosum*的骨針。A：冠部表層；B：柱部表層；C：冠部內層；D：柱部內層。（比例尺：A, B, C, D=0.1 mm）

珊瑚體群集 (南方澳, -8 m)

收縮的單一珊瑚體 (南方澳, -10 m)

珊瑚體表面有小突起 (南方澳, -8 m)

伸展之獨立個蟲近照

部分收縮之獨立個蟲

大型珊瑚體 (東沙, -12 m)

珊瑚體邊緣多褶皺 (東沙, -10 m)

深度 5～25 m　　　　棲所：淺海礁岩平台或礁斜坡鄰近沙地處

Sarcophyton kentingensis sp. n.

墾丁肉質軟珊瑚（新種）

　　珊瑚體蕈形，柱部短，圓柱形，冠部中央稍微下凹，邊緣延展覆蓋柱部形成許多褶皺，珊瑚體外形通常不對稱。珊瑚蟲雙型，獨立個蟲小圓柱形，伸展時高約1 cm，觸手直徑約5 mm，羽枝清晰可見，珊瑚蟲基部有骨針支持，通常不完全收縮；管狀個蟲小，數多。珊瑚蟲含片形骨針，長約0.03～0.08 mm；冠部表層含棒形骨針，長約0.1～0.3 mm，棒頭有疣突，另有較長的桿形骨針；柱部表層含棒形骨針，長約0.10～0.20 mm，突起通常呈環狀排列，另有少數梭形骨針；冠部和柱部內層都含粗大紡錘形骨針，長約0.65～1.50 mm，表面有複式疣突，部分骨針彎曲或有分叉。生活群體呈灰褐或淡褐色。

相似種：藍綠肉質軟珊瑚（見第160頁），但本種冠部邊緣較薄，珊瑚蟲較大，且骨針不同。

地理分布：目前僅在台灣南部恆春半島西岸的下水崛發現。

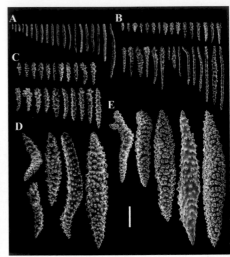

*Sarcophyton kentingensis*的骨針。A：觸手；B：冠部表層；C：柱部表層；D：冠部內層；E：柱部內層。(比例尺：A, B, C, D, E=0.1 mm)

墾丁肉質軟珊瑚 (左)及南灣肉質軟珊瑚(右) (下水崛, -15 m)

大形珊瑚體 (下水崛, -10 m)

珊瑚體冠部 (下水崛, -15 m)

收縮的珊瑚體群集 (下水崛, -12 m)

伸展的獨立個蟲近照

收縮的獨立個蟲與管狀個蟲

深度 5 ～ 20 m ｜ 棲所：沉積物稍高的珊瑚礁斜坡

Sinularia abrupta Tixier-Durivault, 1970

分隔指形軟珊瑚

　　珊瑚體表覆形，柱部寬而短。冠部表面有許多片狀、結節狀或指狀分枝，呈不規則分布，常形成大群體。珊瑚蟲單型，細小，不具骨針，密集分布於冠部及分枝表面。冠部表層含棒槌形骨針，長約0.08～0.15 mm，另有柱形骨針，長度在0.2 mm以內；柱部表層含稍寬大棒槌形骨針，長約 0.10～0.18 mm；冠部及柱部內層含紡錘形骨針，長度在3.5 mm以內，表面有粗糙的不規則突起密集覆蓋。生活群體珊瑚蟲伸展時呈黃褐色，收縮時呈灰白色。

相似種：短小指形軟珊瑚（見第197頁），但本種冠部表面分枝大多側扁，骨針亦不同。

地理分布：越南芽莊、夏威夷群島。台灣南、東、北部及離島淺海。

冠部表面分枝不規則 (南方澳, -10 m)

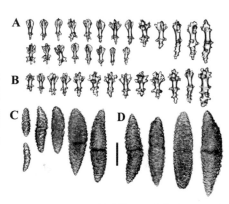

*Sinularia abrupta*的骨針。A：分枝表層；B：柱部表層；C：分枝內層；D：柱部內層。(比例尺：A, B=0.1 mm；C, D=0.5 mm)

冠部的側扁分枝 (東沙, -12 m)

冠部分枝變異

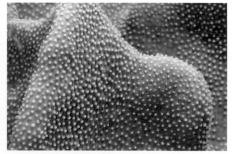

珊瑚蟲半收縮的分枝

珊瑚體表覆形 (貓鼻頭, -8 m)

大型珊瑚體 (南方澳, -10 m)

深度 2 ～ 20 m　　　　　　棲所：開放型淺海礁台或岩礁頂部

Sinularia acuta Manuputty & van Ofwegen, 2007

尖銳指形軟珊瑚

　　珊瑚體小分枝形，柱部短，冠部分枝脈狀，有次分枝，分枝末端漸尖，收縮時質地硬。珊瑚蟲短圓柱形，直徑約1～2mm，不均勻分布在主分枝與次分枝表面，以小分枝末端較密集。珊瑚蟲基部含細長紡錘形骨針，長可達0.25 mm；分枝表層含棒槌形骨針，多數長約0.05～0.08 mm，少數長達0.20 mm，另有一些紡錘形骨針，長可達0.35 mm，表面有突起稀疏分布；柱部表層含較大的棒槌形骨針，長約0.06～0.20 mm，表面有較多疣突；另有棒形或柱形骨針，長約0.20～0.25 mm；分枝及柱部內層含紡錘形骨針，長約1～4 mm。生活群體珊瑚蟲呈褐色，收縮時為灰白色。

相似種：澳洲指形軟珊瑚（見右頁），但本種分枝較小且末端漸尖。
地理分布：印尼摩鹿加群島、帛琉。台灣南部及東沙、澎湖、綠島海域。

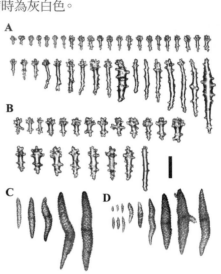

*Sinularia acuta*的骨針。A：分枝表層；B：柱部表層；C：分枝內層；D：柱部內層。(比例尺：A, B=0.1 mm；C, D=1.0 mm)

珊瑚體分枝形 (南灣, -15 m)

珊瑚體群集 (東沙, -18 m)

大型珊瑚體 (澎湖, -10 m)

分枝末端漸尖 (南灣, -15 m)

珊瑚蟲伸展的分枝

珊瑚蟲收縮的分枝

深度 8～20 m　　　　棲所：珊瑚礁斜坡中、下段

Sinularia australiensis van Ofwegen, Benayahu & McFadden, 2013

澳洲指形軟珊瑚

　　珊瑚體分枝形，柱部寬，冠部表面有許多脈狀分枝及次分枝，小分枝呈指形或結節形，分布不均勻。珊瑚蟲短小，密集而均勻分布於分枝表面，基部有八尖點，由紡錘形骨針構成，觸手無骨針。分枝表層含棒槌形骨針，多數長約0.08～0.12 mm，少數長可達0.25 mm，另有紡錘形骨針，長可達0.4 mm，表面有少數突起；柱部表層含多突起的棒形和紡錘形骨針，長約0.1～0.3 mm；分枝及柱部內層含紡錘形骨針，長約0.5～3.0 mm，表面有密集複式疣突。生活群體呈土黃或黃褐色。

相似種：尖銳指形軟珊瑚（見左頁）相似，但本種分枝較多而粗，末端圓鈍，骨針亦不同。

地理分布：廣泛分布於西太平洋珊瑚礁區。台灣南部及離島淺海。

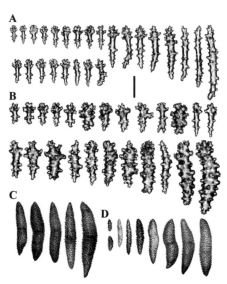

*Sinularia australiensis*的骨針。A：分枝表層；B：柱部表層；C：分枝內層；D：柱部內層。(比例尺：A, B=0.1 mm；C, D=1.0 mm)

珊瑚體伸展態 (綠島, -15 m)

冠部的脈狀分枝 (澎湖, -10 m)

珊瑚蟲伸展的分枝

珊瑚蟲收縮的分枝

珊瑚體分枝形 (南灣, -10 m)

珊瑚體收縮態 (貓鼻頭, -12 m)

深度 5～20 m　　　　　棲所：海流較強的珊瑚礁斜坡或礁岩頂部

Sinularia brassica May, 1898

卷曲指形軟珊瑚

　　珊瑚體通常為表覆形，柱部短，冠部形態有多種變異，包括脈狀、脊狀或指狀分枝。群體收縮時，表面的稜脊略顯彎曲，珊瑚體粗糙而堅硬。珊瑚蟲單型，大而突出，可能呈淡黃、黃綠或白色，不均勻分布於冠部表面，且在邊緣較多。冠部表層含有T字形棒形骨針，長約0.12～0.22 mm，棒頭寬約0.06～0.15 mm，表面有許多大突起；柱部表層含相似形態骨針，長寬大致相似。冠部和柱部內層含粗大紡錘形骨針，長可達4.0 mm，寬可達0.65 mm，大骨針於組織內清晰可見。生活群體呈黃褐或綠褐色。

相似種：無。本種形態特殊，骨針粗大，且質地堅硬，易於辨認，但形態變異非常大。

地理分布：廣泛分布於印度洋及西太平洋珊瑚礁區。台灣周圍及離島岩礁淺海。

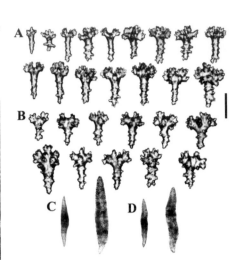

*Sinularia brassica*的骨針。A：分枝表層；B：柱部表層；C：分枝內層；D：柱部內層。(比例尺：A, B=0.1 mm；C, D=2.0 mm)

珊瑚體的形態變異 (南方澳, -8 m)

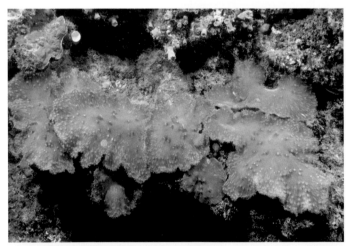

珊瑚體表覆形 (南灣, -18 m)

珊瑚體群集 (佳樂水, -10 m)

小型珊瑚體 (砂島, -10 m)

珊瑚蟲伸展的分枝

珊瑚蟲顏色變異

深度 0 ～ 25 m　　　棲所：各類型珊瑚礁及岩礁環境，常見於沉積物稍多的礁區

Sinularia capillosa Tixier-Durivault, 1970

毛指形軟珊瑚

　　珊瑚體分枝形，柱部明顯，冠部表面由細長柔軟分枝構成，兩者之間有明顯分界，常形成大群體。珊瑚蟲短小，呈淡黃色，密集分布於分枝表面，而於冠部表面較疏，柱部則無。分枝表層主要含棒形骨針，長約0.06～0.14 mm，棒頭多大突起，棒柄有1環小突起；另有紡錘形骨針，長約0.15～0.30 mm，表面有小而鈍突起；柱部表層含稍大的棍棒形骨針，多數長約0.08～0.12 mm。分枝內層含細長紡錘形骨針，長約0.13～0.32 mm；柱部內層含紡錘形骨針，長可達1.8 mm，表面有鈍圓的疣突。生活群體呈黃褐或褐色。

相似種：叢狀指形軟珊瑚（見第220頁），但本種的分枝較長，柱部骨針較短。
地理分布：廣泛分布於西太平洋珊瑚礁區。台灣南部及東沙、綠島、蘭嶼淺海。

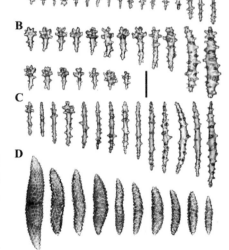

*Sinularia capillosa*的骨針。A：分枝表層；B：柱部表層；C：分枝內層；D：柱部內層。(比例尺：A, B, C=0.1 mm；D=0.5 mm)

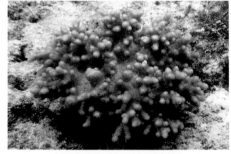

小型珊瑚體 (東沙, -10 m)

分枝細長柔軟 (南灣, -10 m)

分枝與柱部的分界明顯

珊瑚蟲伸展的分枝

珊瑚蟲收縮的分枝

珊瑚體分枝形 (南灣, -10 m)

珊瑚體收縮態 (後壁湖, -12 m)

深度 5～25 m　　　　棲所：開放型淺海礁台或礁斜坡上、中段

Sinularia ceramensis Verseveldt, 1977

光滑指形軟珊瑚

　　珊瑚體表覆形，柱部短，冠部延展，表面有許多直立而略側扁的分枝；分枝長短不一，長者可達4 cm，寬約15 mm，短者呈結節狀，少數較大分枝另有次分枝。珊瑚蟲短小，密集分布於冠部及分枝表面，可完全收縮，珊瑚孔小而不明顯。分枝表層主要含棒形骨針，長約0.06～0.10 mm，少數長可達0.14 mm，棒頭有不規則突起，棒柄突起呈環狀；另有紡錘形骨針，長約0.15～0.25 mm，表面有鈍突起。柱部表層含棒形骨針，長約0.06～0.10 mm，稍粗一些。分枝及柱部內層骨針皆為紡錘形，長可達3 mm，中央部位稍收縮，表面有圓鈍的疣突。生活群體呈灰白或灰藍色。

相似種：短小指形軟珊瑚（見第197頁），但本種的表面光滑，骨針形態亦不同。
地理分布：廣泛分布於西太平洋珊瑚礁區。台灣南、東部及離島海域。

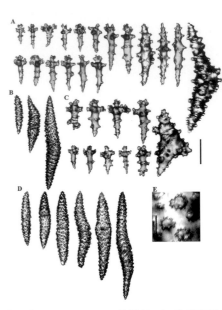

珊瑚體部分分枝染病 (澎湖, -12 m)

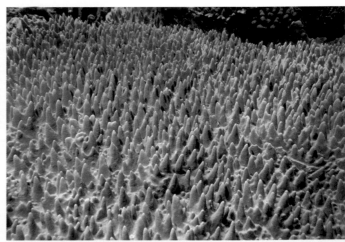

*Sinularia ceramensis*的骨針。A：分枝表層；B：分枝內層；C：柱部表層；D：柱部內層；E：疣突。(比例尺：A, C=0.1 mm；B,D=0.5 mm；E=0.05 mm)

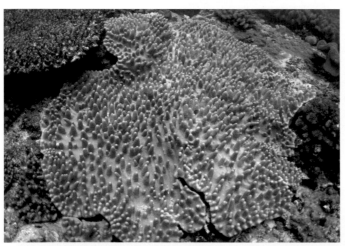

珊瑚體表覆形 (東沙, -8 m)

冠部表面的直立分枝密集 (東沙, -12 m)

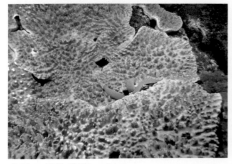

大型珊瑚體 (澎湖, -12 m)

珊瑚蟲伸展的分枝

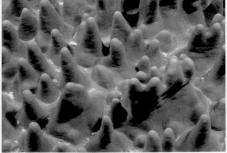

珊瑚蟲收縮的分枝

深度 3～25 m	棲所：開放型淺海礁台或礁岩頂部

Sinularia crassa Tixier-Durivault, 1945

肥厚指形軟珊瑚

　　珊瑚體表覆形，常形成大群體，冠部肉質組織肥厚，表面有圓或橢圓形的脈狀分枝，由此分出數個圓錐形或結節形小分枝，收縮時呈圓頂形。珊瑚蟲單型，分布於群體表面，於分枝處較多，共肉表面較疏，收縮時珊瑚孔稍凹入，直徑約1 mm。珊瑚蟲含桿形骨針，長約0.08～0.16 mm；冠部及分枝表層大多為棒形骨針，多數長約0.12～0.20 mm，少數長達0.35 mm，棒頭大，具有大突起尖端通常朝上，棒柄小突起呈環狀排列；柱部表層骨針形態與冠部相似，皆為棒形，但棒柄較粗短，突起較大。冠部與柱部內層皆含紡錘形骨針，長度多在1 mm以上，較長者可達5 mm，表面有疣突不規則分布。生活群體大多呈淡黃或淡藍色。

相似種：簡易指形軟珊瑚（見第198頁），但本種的分枝為圓或橢圓形，且聚集呈圓錐形。

地理分布：廣泛分布於印度洋及西太平洋珊瑚礁區。台灣南、東部及離島淺海。

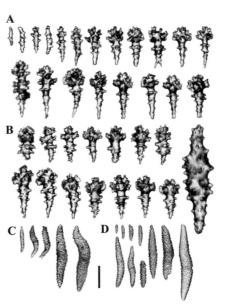

*Sinularia crassa*的骨針。A：珊瑚蟲及分枝表層；B：柱部表層；C：分枝內層；D：柱部內層。（比例尺：A, B=0.1 mm；C, D=1.0 mm）

小型珊瑚體 (南灣, -8 m)

分枝聚集呈圓錐形 (澎湖, -10 m)

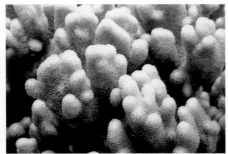

珊瑚蟲伸展的分枝

珊瑚蟲收縮的分枝

珊瑚體分枝圓錐形 (東沙, -12 m)

大型表覆形珊瑚體 (澎湖, -8 m)

深度 3 ～ 20 m　　　　棲所：海流較強的珊瑚礁平台或斜坡上段

Sinularia crebra van Ofwegen, 2008

頻繁指形軟珊瑚

珊瑚體為表覆形，柱部寬短，冠部表面有許多脈狀分枝，並有小分枝不均勻分布，於群體邊緣較密集，中央較疏。珊瑚蟲短小圓柱形，大致均勻分布於分枝及小分枝表面，冠部表面則較少。分枝表層主要含棒形骨針，長約0.08～0.22 mm，棒頭大且有中央環帶，突起大，有些呈葉狀；另有少數似紡錘形骨針，長可達0.3 mm，表面有大突起。柱部表層含相似棒形骨針，但較寬而稍短。分枝及柱部內層含粗大紡錘形骨針，長約0.2～2.5 mm，其中較小骨針近似棒形，表面有粗大的複式疣突密集分布。生活群體呈灰藍或灰白色。

相似種：戴氏指形軟珊瑚（見第189頁），但本種冠部之分枝較粗短，基因序列也不同。

地理分布：帛琉。台灣南部海域。

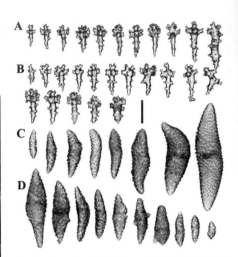

*Sinularia crebra*的骨針。A：分枝表層；B：柱部表層；C：分枝內層；D：柱部內層。(比例尺：A, B=0.1 mm；C, D=0.5 mm)

珊瑚體伸展態 (南灣, -12 m)

表覆形珊瑚體 (貓鼻頭, -10 m)

珊瑚體收縮態 (南灣, -15 m)

分枝不均勻分布

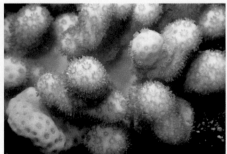

珊瑚蟲伸展的分枝

珊瑚蟲收縮的分枝

| 深度 5～20 m | 棲所：海流稍強的珊瑚礁平台或斜坡 |

Sinularia cruciata Tixier-Durivault, 1970

十字指形軟珊瑚

　　珊瑚體分枝形，柱部寬、厚度不一，冠部表面有許多脈狀分枝及小分枝，分布密集，常形成大群體。珊瑚蟲短小，密集分布於分枝及小分枝表面，可完全收縮，珊瑚孔呈小凹窩狀。分枝表層主要含棒形骨針，長約0.07～0.20 mm，棒頭突起呈環帶狀，外側較大且朝上，柄部細長，上有小突起；柱部表層含較寬的棒形骨針，長約0.06～0.22 mm；分枝及柱部內層含粗大紡錘形骨針，長約0.7～2.5 mm，部分骨針一端圓鈍，少數有分叉，表面皆有突出的複式疣突密集分布。生活群體呈灰褐或灰藍色。

相似種：毛指形軟珊瑚（見第183頁）、顆粒指形軟珊瑚（見第209頁）、叢狀指形軟珊瑚（見第220頁），但分枝及骨針形態可區別。

地理分布：越南芽莊、帛琉。台灣南部及離島淺海。

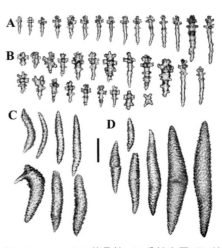

*Sinularia cruciata*的骨針。A：分枝表層；B：柱部表層；C：分枝內層；D：柱部內層。(比例尺：A, B=0.1 mm；C, D=0.5 mm)

大型珊瑚體 (南灣, -8 m)

小型珊瑚體 (南灣, -15 m)

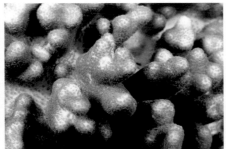

珊瑚蟲伸展的分枝

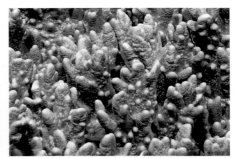

珊瑚體分枝及小分枝

珊瑚體分枝形 (南灣, -10 m)

冠部的脈狀分枝密集 (南灣, -12 m)

深度 5 ～ 20 m　　　　棲所：開放型淺海礁台或礁岩頂部

Sinularia curvata Manuputty & van Ofwegen, 2007

拱弧指形軟珊瑚

　　珊瑚體分枝形，柱部窄短，冠部較寬，表面有數個脈狀分枝及指形小分枝，分布密集。珊瑚蟲單型，伸展時呈絨毛狀，密布分枝表面；收縮時珊瑚孔稍突出。珊瑚蟲無骨針。分枝表層主要含棒形骨針，長約0.10～0.22 mm，棒頭有中央環帶，棒柄稍彎曲，上有小突起；另有較小的似絞盤型骨針，長約0.07～0.10 mm，以及較大的紡錘形骨針，長可達0.3 mm；柱部表層含相似骨針，但較寬且突起較多。分枝及柱部內層含大紡錘形骨針，長可達3.6 mm，多數略彎曲，表面皆有許多複式突起密集分布。生活群體呈黃褐或綠藍色。

相似種：脈指形軟珊瑚（見第207頁）、菊指形軟珊瑚（見第214頁），但本種的分枝較大而長，且珊瑚蟲無骨針。

地理分布：印尼摩鹿加群島。台灣南部海域。

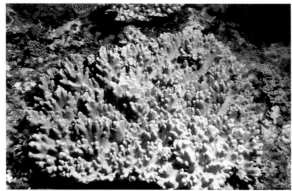

珊瑚體收縮態 (南灣, -12 m)

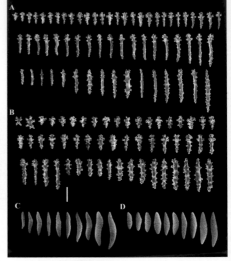

*Sinularia curvata*的骨針。A：分枝表層；B：柱部表層；C：分枝內層；D：柱部內層。(比例尺：A, B=0.1 mm；C, D=1.0 mm)

珊瑚體分枝形 (貓鼻頭, -10 m)

珊瑚體由脈狀分枝組成 (眺石, -10 m)

小分枝呈指形 (南灣, -12 m)

珊瑚蟲收縮的分枝

珊瑚孔稍突出

深度 5 ～ 20 m　　　　棲所：珊瑚礁平台或斜坡中、下段

Sinularia daii van Ofwegen & Benayahu, 2011

戴氏指形軟珊瑚

　　珊瑚體表覆形，其上有許多脈狀分枝及次生小分枝，並於珊瑚體邊緣較密集，中央則分枝較少，大多呈指形小分枝。珊瑚蟲呈短圓柱形，伸展時羽狀觸手明顯，密集覆蓋分枝表面，收縮時珊瑚孔稍突起。珊瑚蟲有骨針。珊瑚蟲含表面光滑的棒形骨針，多數長約0.08～0.12 mm；分枝表層主要含棒槌形骨針，長約0.10～0.22 mm，少數長達0.2 mm；另有較長的棒形骨針，長可達0.3 mm；柱部表層也含棒槌形骨針，但較寬短，突起較多，另有棒形骨針，表面突起較大而多，長約0.16～0.26 mm。分枝及柱部內層含粗大紡錘形骨針，長可達2.0 mm，表面皆有許多粗大的複式疣突密集分布。生活群體呈灰白或灰藍色。

相似種： 頻繁指形軟珊瑚（見第186頁），但本種的分枝較細而疏。本種係為紀念作者等與台灣大學戴昌鳳教授之合作而命名。

地理分布： 台灣南部及澎湖海域。

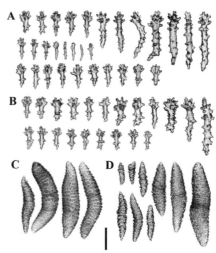

珊瑚蟲伸展之珊瑚體 (南灣, -15 m)

*Sinularia daii*的骨針。A：珊瑚蟲及分枝表層；B：柱部表層；C：分枝內層；D：柱部內層。(比例尺：A, B=0.1 mm；C, D=0.5 mm)

珊瑚蟲收縮之珊瑚體 (南灣, -12 m)

珊瑚蟲伸展的分枝

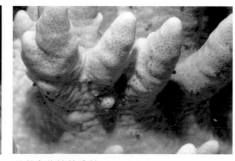

珊瑚蟲收縮的分枝

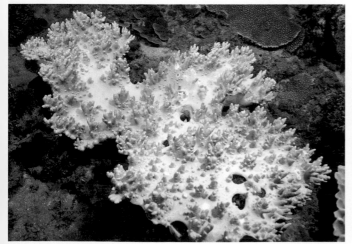

珊瑚體表覆形 (眺石, -12 m)

珊瑚體的形態變異 (南灣, -10 m)

深度 5～20 m　　　　棲所：珊瑚礁斜坡或鄰近沙地處

Sinularia deformis Tixier-Durivault, 1969

變形指形軟珊瑚

珊瑚體表覆形，柱部短，冠部表面有小指形分枝，單獨或相連呈脈狀，不規則分布。珊瑚蟲細小，白色，不均勻分布於冠部表面，於分枝較密集，共肉表面較分散。珊瑚孔開口下凹，直徑小於1 mm。冠部表層含棒形骨針，長約0.10～0.16 mm，棒頭形態多變異，寬度不一致，棒頭有中央環帶或含不規則突起，較大骨針的棒頭較小，近似紡錘形，長可達0.3 mm。柱部表層含較粗的棒形骨針，長約0.1～0.2 mm，形態變異更大，有些近似三輻或十字形骨針。分枝及柱部內層含紡錘形骨針，長可達3 mm，直或彎曲，或於一端有分叉，表面有結節狀疣突。生活群體呈淡黃或黃褐色，常形成大群體。

相似種：分離指形軟珊瑚（見第193頁），但本種之分枝密集且常相連呈脈狀。
地理分布：波里尼西亞。東沙、台灣南、東部及澎湖海域。

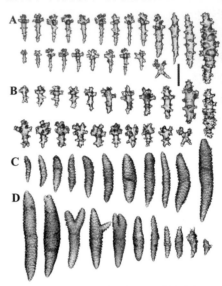

*Sinularia deformis*的骨針。A：分枝表層；B：柱部表層；C：分枝內層；D：柱部內層。(比例尺：A, B=0.1 mm；C, D=0.5 mm)

小型珊瑚體 (南灣, -12 m)

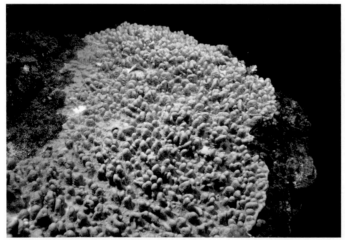

珊瑚體表覆形 (龍坑, -12 m)

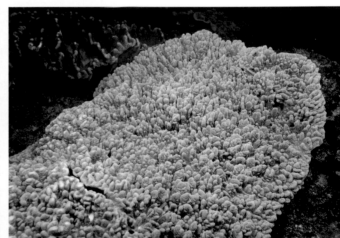

冠部的小指形分枝密集 (南灣, -10 m)

冠部分枝不規則分布 (龍坑, -12 m)

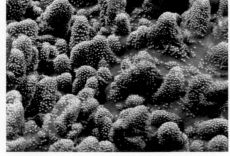

珊瑚蟲細小

珊瑚蟲開口下凹

深度 2～25 m

棲所：開放型淺海礁台或礁岩頂部

Sinularia densa (Whitelegge, 1897)

密集指形軟珊瑚

　　珊瑚體表覆形，柱部短，冠部水平延展，表面分布指形或脈狀分枝，少數有次生分枝，分枝圓錐形或側扁。珊瑚蟲單型，通常呈淡黃或黃綠色，密集分布於冠部及分枝表面，珊瑚孔呈小凹窩狀。冠部及分枝表層含棒槌形骨針，長約0.06～0.16 mm，棒頭大而略呈圓形，上有密集葉形突起，另有較大的似柱形骨針。柱部表層也含棒槌形骨針，其棒頭較大、突起較多。冠部及柱部內層皆含粗大的紡錘形骨針，長可達3.5 mm，表面有密集的複式疣突；部分骨針的一端圓鈍而近似棒形。生活群體呈褐色或黃褐色。

相似種：變形指形軟珊瑚（見左頁）、直立指形軟珊瑚（見第196頁），但本種之分枝較大且呈圓錐形，骨針形態亦不同。

地理分布：夏威夷、馬爾地夫。東沙及台灣南部海域。

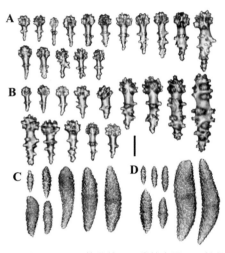

*Sinularia densa*的骨針。A：分枝表層；B：柱部表層；C：分枝內層；D：柱部內層。(比例尺：A, B=0.05 mm；C, D=0.5 mm)

珊瑚體群集 (東沙, -25 m)

珊瑚體伸展態 (南灣, -20 m)

珊瑚蟲伸展的分枝

珊瑚蟲收縮的分枝

小型珊瑚體 (南灣, -15 m)

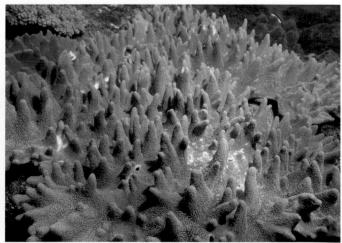

大型珊瑚體 (南灣, -12 m)

深度 5 ～ 25 m　　　　棲所：海流稍強的淺海礁台或礁岩頂部

Sinularia depressa Tixier-Durivault, 1970

矮小指形軟珊瑚

　　珊瑚體小分枝形,柱部短而似表覆形,冠部表面有脈狀分枝或單獨的指形分枝,不均勻分布。珊瑚蟲短小,均勻分布於分枝表面,而在冠部表面較疏,可完全收縮,珊瑚孔呈小凹窩。珊瑚蟲含桿形或棒形骨針,長約0.05～0.20 mm,棒頭及柄表面的錐形小突起稀疏;冠部及分枝表層含棒形骨針,長約0.09～0.25 mm,棒頭多突起,多數有中央環帶,柄部細長,有小突起稀疏分布。柱部表層含棒形骨針,棒頭和柄部都較粗,突起較多。冠部及柱部內層皆含粗大的紡錘形骨針,長可達4 mm,多數表面有圓或橢圓形疣突。生活群體呈褐色或灰褐色。

相似種:頻繁指形軟珊瑚(見第186頁),但本種之分枝較大而長,骨針亦不同。
地理分布:越南芽莊。台灣南部海域。

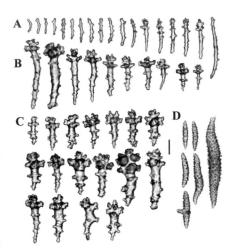

*Sinularia depressa*的骨針。A:珊瑚蟲;B:分枝表層;C:柱部表層;D:分枝及柱部內層。(比例尺:A, B, C=0.05 mm;D=0.5 mm)

珊瑚體的柱部短 (紅柴坑, -15 m)

珊瑚體小分枝形 (紅柴坑, -15 m)

冠部的脈狀分枝 (萬里桐, -12 m)

珊瑚體伸展態 (南灣, -18 m)

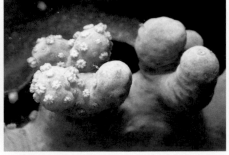

珊瑚蟲半收縮的分枝

分枝上的珊瑚孔

深度 5～25 m　　　　棲所:沉積物稍多的珊瑚礁斜坡下段或鄰近沙地處

Sinularia discrepens Tixier-Durivault, 1970

分離指形軟珊瑚

　　珊瑚體表覆形，厚約2 cm，表面有許多單獨的指形或側扁的分枝，分布密集。珊瑚蟲小，不含骨針，可完全收縮，珊瑚孔呈小凹窩狀。冠部分枝表層含棒形骨針，長約0.11～0.22 mm，多數的棒頭和柄部有矮小突起，另有較長的紡錘形骨針，長約0.25～0.30 mm。柱部表層也含棒形骨針，多數長約0.10～0.18 mm，其棒頭和柄都較粗，另有紡錘形骨針長約0.25 mm；冠部及柱部內層皆含大紡錘形骨針，長度可達2.3 mm，表面有形態不規則的疣突密集分布。生活群體呈灰白色。

相似種：短小指形軟珊瑚（見第197頁）、絲麗指形軟珊瑚（見第245頁），但本種之分枝通常單獨，且珊瑚蟲無骨針。
地理分布：新喀里多尼亞、關島。台灣南、東部及澎湖海域。

珊瑚體分枝指形或側扁 (南灣, -12 m)

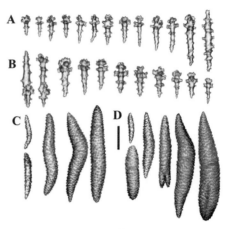

*Sinularia discrepens*的骨針。A：分枝表層；B：柱部表層；C：分枝內層；D：柱部內層。(比例尺：A, B=0.1 mm；C, D=0.5 mm)

大型珊瑚體 (澎湖, -8 m)

表覆形珊瑚體 (萬里桐, -8 m)

分枝近照顯示珊瑚蟲及小鰕虎魚

珊瑚體表覆形 (萬里桐, -8 m)

冠部的指形分枝密集 (南灣, -15 m)

深度 2～20 m ｜ 棲所：海流和波浪能量較強的礁石平台

Sinularia dissecta Tixier-Durivault, 1945

分解指形軟珊瑚

　　珊瑚體分枝形，柱部短，冠部表面有數個大脈狀分枝，並有許多次分枝及小分枝，分枝末端漸尖。珊瑚蟲短小，密集分布於分枝表面，伸展時為黃綠色，收縮時珊瑚孔開口稍突出。分枝表層含棒槌形骨針，長約0.06～0.10 mm之間，另有棒頭不明顯的棒形或柱形骨針，長約0.14～0.25 mm；柱部表層含相似的棒槌形和柱形骨針，棒頭稍大些；分枝及柱部內層含直或彎曲的紡錘形骨針，長度在0.7～3.0 mm之間，通常不分叉，表面有突出的複式疣突；分枝內層另有少數小紡錘形或柱形骨針，長約0.3 mm。生活群體呈灰褐或灰白色。

相似種：澳洲指形軟珊瑚（見第181頁），但本種分枝較大而長，且末端漸尖。
地理分布：紅海、新喀里多尼亞。台灣南部墾丁海域。

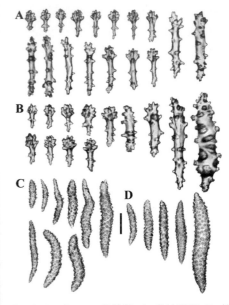

*Sinularia dissecta*的骨針。A：分枝表層；B：柱部表層；C：分枝內層；D：柱部內層。(比例尺：A, B=0.05 mm；C, D=0.5 mm)

珊瑚體脈狀分枝密集(南灣, -6 m)

珊瑚蟲伸展的珊瑚體 (南灣, -12 m)

珊瑚體分枝形(貓鼻頭, -10 m)

冠部脈狀分枝成叢 (南灣, -12 m)

珊瑚蟲收縮的珊瑚體

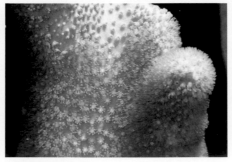

珊瑚蟲伸展的分枝

珊瑚蟲收縮的分枝

深度 5 ～ 20 m　　　　棲所：海流和波浪能量較強的礁石平台或斜坡

Sinularia elongata Tixier-Durivault, 1970

延長指形軟珊瑚

　　珊瑚體表覆形，柱部短，冠部水平延展，表面的脈狀和指形分枝密集，高度及大小不一致，外觀參差不齊。珊瑚蟲細小，密集分布於分枝表面，可完全收縮，收縮時珊瑚孔開口稍凹下。冠部及分枝表層含棒形骨針，長約0.14～0.25 mm，棒頭較大，柄部漸尖，自棒頭至棒柄通常呈倒三角形；柱部表層含相似的棒形骨針，多數長約0.14～0.22 mm，其棒頭和柄部都較粗，另有少數似紡錘形骨針，長約0.25～0.30 mm；冠部及柱部內層皆含粗大紡錘形骨針，通常彎曲，頂端稍鈍，長可達2.7 mm，表面有許多鑲邊的複式疣突密集分布，分枝內層另有少數較小的不規則形骨針。生活群體呈黃褐色，常形成大群體。

相似種：高氏指形軟珊瑚（見第206頁）、丘突指形軟珊瑚（見第249頁），但本種之脈狀分枝較長，骨針形態亦不同。

地理分布：新喀里多尼亞。台灣南部及離島海域。

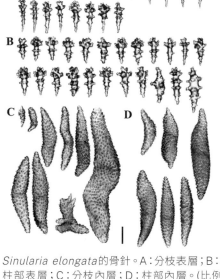

大型珊瑚體 (澎湖, -8 m)

*Sinularia elongata*的骨針。A：分枝表層；B：柱部表層；C：分枝內層；D：柱部內層。(比例尺：A, B=0.1 mm；C, D=0.5 mm)

珊瑚體分枝高度及大小不一 (南灣, -10 m)

珊瑚蟲部分伸展的分枝

珊瑚蟲收縮的分枝

珊瑚體表覆形 (貓鼻頭, -8 m)

冠部外觀參差不齊 (南灣, -12 m)

深度 3 ～ 20 m　　　　　棲所：開放型淺海礁台或礁岩頂部

Sinularia erecta Tixier-Durivault, 1945

直立指形軟珊瑚

　　珊瑚體低矮表覆形，柱部短，冠部表面有短指形分枝密集分布，部分分枝可能聯合呈脈狀。珊瑚蟲短小，密集分布於分枝及冠部表面，呈綠褐或黃褐色，可完全收縮，珊瑚孔呈小凹窩狀。分枝表層含棒槌形骨針，長約0.06～0.10 mm，棒頭有葉形突起，棒柄下方突起呈環狀排列；另有柱形骨針，長約0.13～0.15 mm；柱部表層也含棒槌形骨針，長約0.06～0.11 mm，棒頭稍大；另有較多柱形或分叉骨針，長約0.12～0.15 mm，以及較長的紡錘形骨針，長可達0.35 mm。分枝與柱部內層皆含紡錘形骨針，長度變異大，約0.2～2.0 mm，多數圓胖、頂端圓鈍並有腰環，表面密布複式疣突，少數柱部內層骨針有分叉。生活群體呈黃褐或灰褐色，常形成大群體。珊瑚體收縮時質地堅硬。

相似種：分離指形軟珊瑚（見第193頁）、短小指形軟珊瑚（見右頁），但冠部表層和柱部內層骨針皆有明顯差異。

地理分布：紅海、馬達加斯加。台灣南部、東沙及澎湖海域。

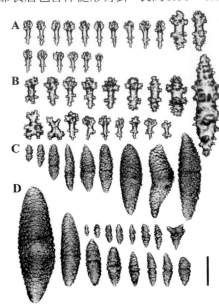

*Sinularia erecta*的骨針。A：分枝表層；B：柱部表層；C：分枝內層；D：柱部內層。(比例尺：A, B=0.1 mm；C, D=0.5 mm)

珊瑚體緊覆礁石 (南灣, -12 m)

珊瑚體低矮表覆形 (香蕉灣, -10 m)

冠部表面有密集的短指形分枝 (南灣, -12 m)

珊瑚體群集 (萬里桐, -8 m)

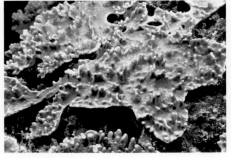

冠部分枝不規則

珊瑚體分枝近照

| 深度 2 ～ 20 m | 棲所：海流稍強的淺海礁台或礁岩頂部 |

Sinularia exilis Tixier-Durivault, 1970

短小指形軟珊瑚

　　珊瑚體低矮表覆形，柱部短，緊密覆蓋在礁石表面，常形成直徑1 m以上的大群體，冠部表面有許多短指形或結節形分枝間隔分布，少數相連成脈狀。珊瑚體質地堅硬。珊瑚蟲短小，密集分布於分枝及冠部表面，呈黃褐或綠褐色，可完全收縮。冠部表層含棒槌形骨針，長約0.06～0.10 mm，另有桿形和紡錘形骨針，長約0.16～0.35 mm；柱部表層含相似的棒槌形骨針，但棒頭較大、棒柄較粗短；冠部分枝及柱部內層都含直或彎曲的紡錘形骨針，兩端漸尖，長可達3 mm，表面有大而明顯的複式疣突，較長者中央有腰帶。生活群體呈灰褐色或灰白色。

相似種：直立指形軟珊瑚（見左頁）、簡易指形軟珊瑚（見第198頁），但本種的分枝較短小，通常單獨，且骨針形態不同。
地理分布：越南芽莊。東沙及台灣南部淺海。

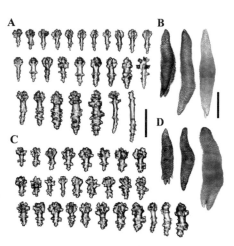

*Sinularia exilis*的骨針。A：分枝表層；B：分枝內層；C：柱部表層；D：柱部內層。(比例尺：A, C=0.1 mm；B, D=0.5 mm)

冠部的短指形分枝 (貓鼻頭, -12 m)

珊瑚體分枝間隔分布 (南灣, -10 m)

珊瑚蟲收縮的分枝

珊瑚蟲部分伸展的分枝

表覆形珊瑚體 (東沙, -10 m)

冠部的結節形分枝 (南灣, -15 m)

深度 2 ～ 20 m　　　　棲所：海流和波浪稍強的淺海礁區或礁岩頂部

Sinularia facile Tixier-Durivault, 1970

簡易指形軟珊瑚

　　珊瑚體表覆形，常形成大型盤狀群體，直徑可達1 m以上，邊緣游離或向上彎曲，冠部表面有許多短指形或結節形分枝，於近邊緣處常相連呈脈狀。珊瑚蟲短小，密集分布於分枝及冠部表面，可完全收縮，珊瑚孔呈小凹窩狀。冠部表層含棒槌形骨針，多數長約0.07～0.10 mm，另有柱形或棒形骨針，長約0.14～0.25 mm；柱部表層主要含棒形骨針，棒頭和柄部都有較大或不規則的疣突，長約0.10～0.18 mm，僅少數較小骨針(0.08～0.10 mm)的棒頭有葉狀突起，另有紡錘形骨針，長約0.18 mm；冠部及柱部內層都含直或彎曲的紡錘形骨針，長度可達2.6 mm，表面有大的複式疣突密集分布。生活群體呈黃褐或綠褐色。

相似種：分離指形軟珊瑚（見第193頁）、短小指形軟珊瑚（見第197頁）、絲麗指形軟珊瑚（見第245頁），但本種珊瑚體的邊緣游離，且柱部表層骨針不同。

地理分布：越南芽莊。台灣南部及澎湖、綠島淺海。

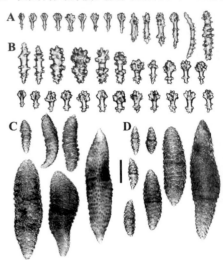

*Sinularia facile*的骨針。A：分枝表層；B：柱部表層；C：分枝內層；D：柱部內層。(比例尺：A, B=0.1 mm；C, D=0.5 mm)

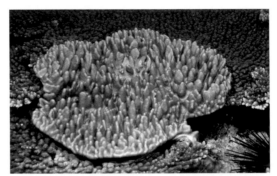

珊瑚體水平延展 (澎湖, -10 m)

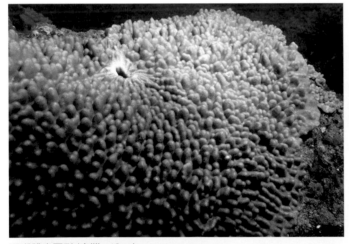

珊瑚體表覆形 (南灣, -12 m)

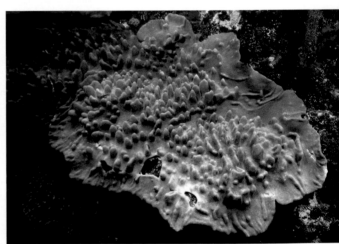

珊瑚體邊緣游離 (南灣, -10 m)

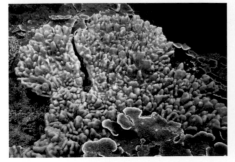

冠部的分枝密集 (南灣, -8 m)

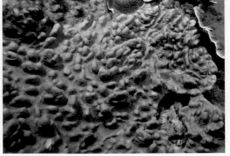

珊瑚體分枝不規則

珊瑚蟲半收縮的分枝

深度 2 ～ 20 m ｜ 棲所：海流稍強的淺海礁台或礁岩頂部

Sinularia finitima van Ofwegen, 2008

鄰近指形軟珊瑚

　　珊瑚體分枝形，柱部長約2～5 cm，冠部由數個脈狀分枝及次生小分枝構成，分枝柔軟，末端尖細。珊瑚蟲短小，褐色，密集而均勻地分布於冠部及分枝表面，可完全收縮，珊瑚孔呈小凹窩狀。冠部分枝表層含棒形骨針，長約0.1～0.3 mm，棒頭有大突起，多數有中央環；另有少數細長紡錘形骨針，長可達0.45 mm；柱部表層含相似棒形骨針，但棒柄較粗短，突起較大而多，或有不規則分叉；紡錘形骨針則較短，突起較多；分枝內層含少量紡錘形骨針，長約2.5 mm，表面有小疣突；柱部內層含紡錘形骨針，長度可達3.5 mm，表面有粗大齒狀疣突密集分布。生活群體呈褐色，通常形成小群體。

相似種：鬆弛指形軟珊瑚（見第201頁）、櫟葉指形軟珊瑚（見第238頁），但本種的分枝細而軟，珊瑚蟲及骨針形態亦不同。

地理分布：帛琉。台灣南部海域。

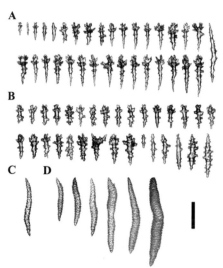

*Sinularia finitima*的骨針。A：分枝表層；B：柱部表層；C：分枝內層；D：柱部內層。（比例尺：A, B=0.1 mm；C, D=0.5 mm）

珊瑚體群集 (後壁湖, -10 m)

珊瑚體分枝細小 (後壁湖, -10 m)

珊瑚蟲收縮的分枝

珊瑚蟲伸展的分枝

珊瑚體分枝形 (後壁湖, -12 m)

珊瑚體分枝柔軟 (後壁湖, -10 m)

深度 5 ～ 15 m　　　　棲所：珊瑚礁淺海鄰近沙地處

Sinularia firma Tixier-Durivault, 1970

堅固指形軟珊瑚

　　珊瑚體分枝形，柱部明顯，冠部表面有許多脈狀分枝及小分枝，分枝末端呈指形或結節形。珊瑚蟲細小絨毛狀，密集分布於分枝及冠部表面，可完全收縮，珊瑚孔呈小凹窩狀。冠部分枝表層含棒形骨針，多數長約0.08～0.11 mm，棒頭突起似葉形，而近似棒槌形；另有較長的紡錘形骨針，長約0.12～0.32 mm；柱部表層含相似的棒形骨針，但棒頭和柄部都較粗大，長約0.09～0.21 mm，並有粗大的棒形骨針，長約0.20～0.25 mm。冠部分枝和柱部內層都含紡錘形骨針，長可達4 mm，直或彎曲，表面有大的複式疣突密集分布。生活群體呈土黃色或黃褐色。

相似種：鬆弛指形軟珊瑚（見右頁），但本種分枝較粗短，表層與內層骨針皆有差異。

地理分布：新喀里多尼亞、馬達加斯加。台灣南部及離島淺海。

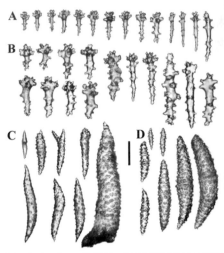

Sinularia firma 的骨針。A：分枝表層；B：柱部表層；C：分枝內層；D：柱部內層。(比例尺：A, B=0.1 mm；C, D=0.5 mm)

珊瑚體的分枝密集 (後壁湖, -10 m)

分枝末端呈指形 (白砂, -15 m)

珊瑚體群集 (南灣, -15 m)

珊瑚體分枝形 (合界, -10 m)

小型珊瑚體 (後壁湖, -10 m)

珊瑚蟲伸展的分枝

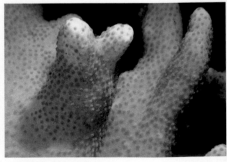

珊瑚蟲收縮的分枝

| 深度 5 ～ 20 m | 棲所：開放型淺海礁台或礁岩頂部 |

Sinularia flaccida van Ofwegen, 2008

鬆弛指形軟珊瑚

　　珊瑚體分枝形，柱部明顯，冠部有數個脈狀分枝及次生分枝，分枝細小。珊瑚蟲細小圓柱形，均勻分布於分枝表面，基部有紡錘形骨針組成的8尖點，長可達0.25 mm，觸手則有桿形骨針，長約0.1 mm。冠部分枝表層含棒形骨針，多數長約0.1～0.3 mm，棒頭有許多大突起，部分形成環帶；另有較長的紡錘形骨針，長可達0.3 mm，表面突起較小而少。柱部表層含相似的棒形骨針，但柄部較粗大，另有粗大紡錘形骨針，長約0.3～0.5 mm。冠部分枝和柱部內層都含直或彎曲的紡錘形骨針，長可達2.5 mm，表面有較小的疣突。生活群體呈淡黃色或黃褐色。

相似種：堅固指形軟珊瑚（見左頁），但本種分枝較細短，珊瑚蟲形態不同。

地理分布：帛琉。台灣南部海域。

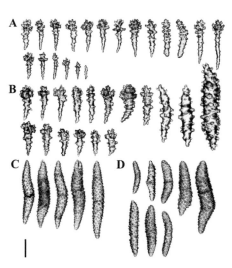

*Sinularia flaccida*的骨針。A：觸手及分枝表層；B：柱部表層；C：冠部內層；D：柱部內層。（比例尺：A, B=0.1 mm；C, D=0.5 mm）

珊瑚體群集 (南灣, -12 m)

收縮的珊瑚體 (貓鼻頭, -15 m)

珊瑚蟲伸展的分枝

珊瑚蟲收縮的分枝

小型珊瑚體群集 (眺石, -12 m)

伸展及收縮的珊瑚體 (香蕉灣, -10 m)

深度 5 ～ 25 m ｜ 棲所：珊瑚礁斜坡下段或礁塊側邊

Sinularia flexibilis (Quoy & Gaimard, 1833)

柔軟指形軟珊瑚

　　珊瑚體分枝形，冠部表面有許多脈狀分枝及次生小分枝，分枝細長而柔軟，冠部與柱部之間無明顯分界。珊瑚蟲為單型，密集分布在分枝表面，通常不完全收縮。小分枝末端不含骨針，愈靠近分枝基部的骨針愈多也愈大；分枝表層含棒形及絞盤形骨針，長約0.05～0.10 mm；柱部表層含棒形骨針，長約0.07～0.17 mm，棒頭大而柄部漸小，另有少數紡錘形骨針，長可達0.25 mm，表面有大突起；分枝內層含紡錘形骨針，長約0.3～0.7 mm；柱部內層骨針變異大，多數長約0.2～2.0 mm，近基部者長可達3 mm，常呈不規則彎曲，表面有圓的鋸齒狀突起。生活群體呈黃褐、淡黃或綠褐色，常形成大型群體。

相似種：砂島指形軟珊瑚（見第242頁）、毛指形軟珊瑚（見第183頁），但本種分枝頂端無骨針，珊瑚蟲形態亦有差異。

地理分布：廣泛分布於太平洋珊瑚礁區。台灣南、東部及離島淺海。

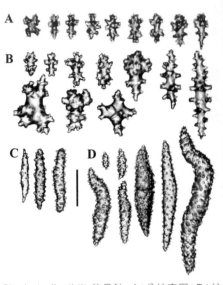

*Sinularia flexibilis*的骨針。A：分枝表層；B：柱部表層；C：分枝內層；D：柱部內層。(比例尺：A, B=0.1 mm；C, D=0.5 mm)

小型珊瑚體 (後壁湖, -8 m)

珊瑚體半收縮態 (南灣, -15 m)

珊瑚體分枝形 (東沙, -10 m)

珊瑚體分枝柔軟 (後壁湖, -12m)

珊瑚體收縮態 (東沙, -8 m)

珊瑚蟲伸展的分枝

珊瑚蟲半收縮的分枝

深度 5～20 m　　　棲所：海流稍強的礁石平台或礁岩頂部，常聚集生長

Sinularia flexuosa Tixier-Durivault, 1945

彎曲指形軟珊瑚

珊瑚體表覆形，常形成外形不規則的大群體，緊附礁石生長，表面有許多小隔板形、葉形或結節形分枝不規則分布，部分分枝相連呈稜脊狀，垂直於珊瑚體邊緣。珊瑚蟲短小，均勻分布於表面，可完全收縮，珊瑚孔呈小凹窩狀。冠部分枝表層含棒形骨針，多數長約0.10～0.16 mm，棒頭大且有尖突起，柄部頂端漸尖；較長的棒形骨針，長約0.16～0.26 mm，柄部粗大而鈍，部分棒頭不明顯；柱部表層含相似的棒形骨針，柄部較粗大；冠部分枝和柱部內層都含直或彎曲的紡錘形骨針，長可達2.7 mm，表面有大疣突，多數於中央有腰環。生活群體呈褐或黃褐色。

相似種： 短小指形軟珊瑚（見第197頁）、簡易指形軟珊瑚（見第198頁），但本種冠部分枝常相連呈隔板形，骨針亦有差異。

地理分布： 紅海、馬達加斯加。台灣南部及東部海域。

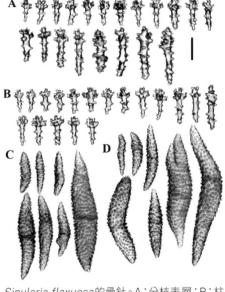

*Sinularia flexuosa*的骨針。A：分枝表層；B：柱部表層；C：分枝內層；D：柱部內層。(比例尺：A, B=0.1 mm；C, D=0.5 mm)

珊瑚體緊覆礁石 (貓鼻頭, -12 m)

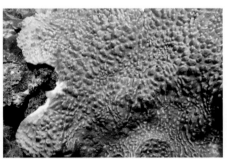

結節狀分枝不規則分布

珊瑚蟲收縮

小型珊瑚體 (萬里桐, -10 m)

珊瑚體表覆形 (貓鼻頭, -15 m)

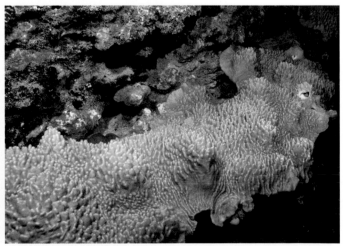

分枝相連呈稜脊狀 (貓鼻頭, -15 m)

深度 5～20 m　　　　　棲所：開放型淺海礁溝或礁塊邊緣

Sinularia fungoides Thomson & Henderson, 1906

蕈狀指形軟珊瑚

　　珊瑚體蕈形,柱部圓柱形,其上的冠部邊緣有數個脈狀分枝及次生分枝,分枝側扁片形或指形。珊瑚蟲細小圓柱形,均勻分布於分枝及冠部表面,可完全收縮,珊瑚孔稍突出呈黑點狀。冠部分枝表層含棒形骨針,多數長約0.08～0.22 mm,棒頭有不規則大突起,部分呈葉狀,柄部粗細不一,有小突起呈環狀排列;柱部表層含相似棒形骨針,長度也相近,較大骨針的棒頭不明顯。冠部分枝和柱部內層都含紡錘形骨針,長約0.7～2.6 mm,表面有中型齒狀疣突,少數於一端有分叉。生活群體呈黃褐色或褐色。

相似種:堅固指形軟珊瑚(見第200頁),但本種之分枝分布在珊瑚體邊緣。
地理分布:帛琉。台灣南部海域。

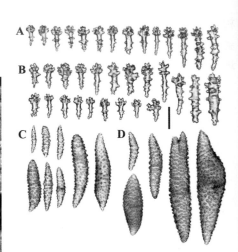

*Sinularia fungoides*的骨針。A:分枝表層;B:柱部表層;C:分枝內層;D:柱部內層。(比例尺:A, B=0.1 mm;C, D=0.5 mm)

珊瑚體指形分枝 (南灣, -12 m)

珊瑚體蕈形 (貓鼻頭, -15 m)

小型珊瑚體 (南灣, -20 m)

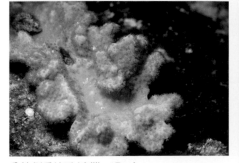

分枝側扁片形 (南灣, -15 m)

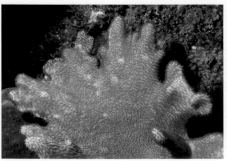

珊瑚蟲伸展

珊瑚蟲收縮

深度 8 ～ 30 m　　　　　棲所:珊瑚礁斜坡下段或礁塊側邊

Sinularia gardineri (Pratt, 1903)

賈氏指形軟珊瑚

　　珊瑚體分枝形，柱部短，冠部由數個脈狀分枝及次生分枝組成，分枝末端漸尖。珊瑚蟲小圓柱形，觸手伸展時直徑約2 mm，小花狀，收縮時珊瑚孔稍隆起，部分珊瑚蟲不完全收縮。分枝表面含棒形骨針，長約0.08～0.20 mm，棒頭大，有密集突起，棒柄有小突起；柱部表層含相似棒形骨針，長約0.08～0.26 mm，棒頭和柄部都較粗大，另有少數粗大柱形骨針，長約0.3 mm。冠部分枝和柱部內層都含紡錘形骨針，長可達3.0 mm，多數彎曲而兩端尖，少數一端較鈍，表面皆有圓頂形大疣突。生活群體呈灰褐或灰色，通常形成小群體。

相似種：澎湖指形軟珊瑚（見第235頁）、望安指形軟珊瑚（見第252頁），但珊瑚蟲及骨針形態有明顯差異。

地理分布：廣泛分布於印度洋及西太平洋珊瑚礁區。台灣南部及離島淺海。

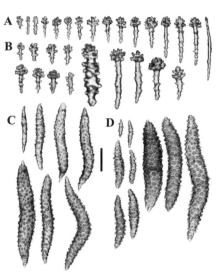

*Sinularia gardineri*的骨針。A：分枝表層；B：柱部表層；C：分枝內層；D：柱部內層。(比例尺：A, B=0.1 mm；C, D=0.5 mm)

珊瑚體的柱部短 (合界, -15 m)

小型珊瑚體 (南灣, -15 m)

充分伸展的珊瑚體 (龍坑, -12 m)

珊瑚蟲伸展的分枝

珊瑚體分枝形 (合界, -15 m)

冠部表面有少數分枝 (紅柴坑, -13 m)

深度 8～30 m ｜ 棲所：海流稍強的珊瑚礁平台或斜坡中、下段

Sinularia gaweli Verseveldt, 1978

高氏指形軟珊瑚

　　珊瑚體表覆形，柱部短，冠部由許多較粗的脈形分枝和較小的結節形分枝組成，分枝不規則分布。珊瑚蟲小型，不規則分布於分枝及冠部表面，可完全收縮，珊瑚孔為小孔狀。冠部分枝表層主要含棒形骨針，長約0.10～0.22 mm，棒頭有大突起，柄部突起少，頂端漸尖；另有少數紡錘形骨針，長達0.3 mm；柱部表層含相似棒形骨針，棒頭及柄部皆較粗大，且有大突起，少數近似絞盤形。冠部分枝和柱部內層都含紡錘形骨針，長可達2.2 mm，表面有小齒狀疣突，不規則分布，少數骨針有分叉。生活群體呈褐或黃褐色。

相似種：小葉指形軟珊瑚（見第228頁），但其冠部脈狀分枝較大，且表層骨針不同。
地理分布：關島。台灣南部海域。

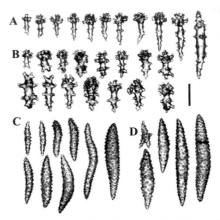

*Sinularia gaweli*的骨針。A：分枝表層；B：柱部表層；C：分枝內層；D：柱部內層。(比例尺：A, B=0.1 mm；C, D=0.5 mm)

冠部分枝不規則分布 (南灣, -10 m)

表覆形珊瑚體 (萬里桐, -10 m)

珊瑚體的分枝成簇 (南灣, -12 m)

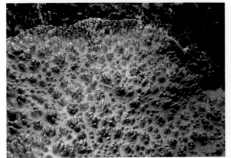

脈狀分枝與結節分枝 (後壁湖, -15 m)

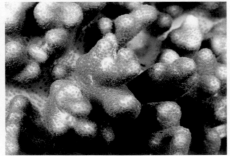

珊瑚蟲伸展的分枝

珊瑚蟲收縮的分枝

| 深度 5 ～ 25 m | 棲所：沉積物稍多的珊瑚礁區 |

Sinularia gibberosa Tixier-Durivault, 1970

脈指形軟珊瑚

　　珊瑚體叢狀分枝形，柱部厚，冠部由數個脈狀分枝及許多次分枝構成，分枝呈指形或結節形，末端圓鈍。珊瑚體質地軟，收縮時呈團塊形，分枝縮小，聚集成團。珊瑚蟲單型，密集分布在脈狀分枝和小分枝表面，伸展時觸手長，呈絨毛狀，可完全收縮，收縮後分枝表面平滑。分枝表層主要含棒形骨針，長約0.08～0.15 mm，棒頭有不規則突起，多數有中央環帶，另有少數紡錘形骨針；柱部表面含粗短的棒形骨針，多數長約0.10～0.14 mm，形似倒三角形。分枝及柱部內層皆含紡錘形骨針，長可達2 mm，部分有分叉，表面多複式疣突，中央有腰帶。生活群體呈黃褐色或褐色。

相似種：毛指形軟珊瑚（見第183頁），但本種的分枝較粗短，骨針形態亦不同。
地理分布：廣泛分布於印度洋及西太平洋珊瑚礁區。台灣南、東部及東沙、澎湖海域。

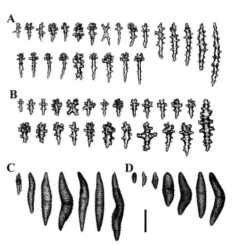

分枝收縮的珊瑚體 (南灣, -12 m)

*Sinularia gibberosa*的骨針。A：分枝表層；B：柱部表層；C：分枝內層；D：柱部內層。(比例尺：A, B=0.1 mm；C, D=0.5 mm)

分枝伸展的珊瑚體 (澎湖, -8 m)

珊瑚蟲伸展的分枝

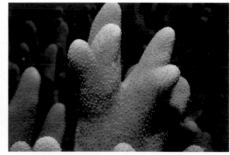

珊瑚蟲收縮的分枝

珊瑚體叢狀分枝形 (貓鼻頭, -8 m)

珊瑚體由脈狀分枝構成 (南灣, -12 m)

深度 5 ～ 20 m　　　　棲所：海流稍強的礁石平台或礁斜坡鄰近沙地處

Sinularia grandilobata Verseveldt, 1980

巨葉指形軟珊瑚

　　珊瑚體叢狀分枝形，柱部寬厚，冠部有數個大脈狀分枝及一系列的指形分枝，分枝直徑大多在1 cm以上。珊瑚體柱部質地堅硬，脈狀分枝柔軟，常形成大群體。珊瑚蟲細小，密集分布於分枝表面，脈狀分枝基部及冠部較稀疏，可完全收縮，珊瑚孔呈小凹窩狀。分枝表層含棒形骨針，長約0.08～0.16 mm，棒頭通常有中央環，柄有鈍突起，少數骨針有不規則分叉，另有紡錘形骨針，長約0.25～0.32 mm；柱部表層含相似的棒形和紡錘形骨針，但棒頭及柄部都較粗，突起也較大；分枝及柱部內層皆含紡錘形骨針，長可達2.2 mm，頂端稍鈍，通常無分叉，表面有大疣突密集分布。生活群體珊瑚蟲伸展時呈褐色，收縮時呈灰白或灰藍色。

相似種：巨大指形軟珊瑚（見第224頁），但本種分枝較短小，骨針形態亦有差異。

地理分布：廣泛分布於西太平洋珊瑚礁區。台灣南部及綠島海域。

珊瑚蟲收縮的珊瑚體 (南灣, -10 m)

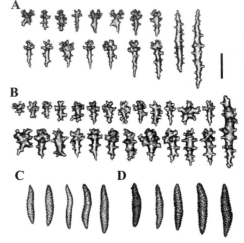

*Sinularia grandilobata*的骨針。A：分枝表層；B：柱部表層；C：分枝內層；D：柱部內層。(比例尺：A, B=0.1 mm；C, D=1.0 mm

珊瑚體叢狀分枝形 (南灣, -12 m)

珊瑚體分枝粗大 (南灣, -10 m)

脈狀分枝粗大 (南灣, -10 m)

珊瑚蟲伸展的分枝

珊瑚蟲半收縮的分枝

深度 5 ～ 20 m ｜ 棲所：海流稍強的礁石平台或礁斜坡

Sinularia granosa Tixier-Durivault, 1970

顆粒指形軟珊瑚

　　珊瑚體叢狀分枝形，柱部寬厚，冠部由數個脈狀分枝及密集的小指形分枝組成，末端分枝直徑通常小於5 mm，相當柔軟；常形成大群體。珊瑚蟲細小，絨毛狀，密集分布於小分枝表面，而在主分枝及冠部較稀疏，可完全收縮，珊瑚孔稍突出。分枝表層含棒形骨針，長約0.09～0.12 mm，少數長達0.2 mm，棒頭有少數鈍的突起或疣突，棒柄細長，突起稀疏分布。柱部表層含相似棒形骨針，但棒柄較粗，突起較大，長約0.08～0.28 mm，另有較粗的柱形或棒形骨針，長約0.26 mm，表面有大突起；分枝及柱部內層皆含紡錘形骨針，長可達3.2 mm，通常不規則彎曲，頂端尖或稍鈍，表面有中或大型齒狀疣突間隔分布。生活群體珊瑚蟲伸展時呈黃褐色，收縮時呈淡黃或灰色。

相似種：毛指形軟珊瑚（見第183頁），但本種分枝較短小，骨針形態不同。
地理分布：越南芽莊。台灣南部及綠島海域。

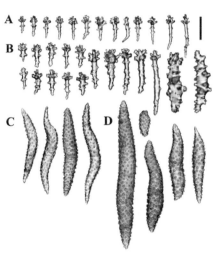

*Sinularia granosa*的骨針。A：分枝表層；B：柱部表層；C：分枝內層；D：柱部內層。(比例尺：A, B=0.1 mm；C, D=0.5 mm)

末端分枝小指形 (後壁湖, -10 m)

珊瑚體伸展態 (後壁湖, -12 m)

珊瑚蟲伸展的分枝

珊瑚蟲收縮的分枝

珊瑚體叢狀分枝形 (南灣, -12 m)

冠部由數個大脈狀分枝組成(南灣, -12 m)

深度 5 ～ 20 m　　　　棲所：海流稍強的礁石平台或斜坡上段

Sinularia grayi Tixier-Durivault, 1945

葛氏指形軟珊瑚

　　珊瑚體低矮叢形，通常為小群體，柱部短，冠部有末端圓鈍的指形或結節形分枝密集分布。珊瑚蟲小圓柱形，半透明，密集分布於分枝表面，可完全收縮，珊瑚孔稍突出。分枝表層主要含棒形骨針，多數長約0.08～0.12 mm，棒頭明顯較大，柄部漸尖或有大的突起，少數長約0.16～0.40 mm，棒頭較不明顯，柄部較粗，部分骨針似紡錘形；柱部表層含相似的棒形骨針，大小也相近，但大型骨針更粗大，表面有大突起；分枝內層含紡錘形骨針，長度和形態皆有甚大變異，長約0.5～2.5 mm，通常不規則彎曲，一端常有分叉；柱部內層也含紡錘形骨針，但形態較規則，表面有中型疣突。生活群體呈灰白或淡黃色。

相似種：鱗指形軟珊瑚（見第243頁），但本種分枝較大，末端圓鈍，表層骨針無中央環。

地理分布：紅海、馬達加斯加、法屬波里尼西亞。台灣南部海域。

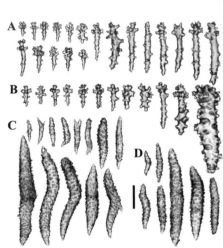

*Sinularia grayi*的骨針。A：分枝表層；B：柱部表層；C：分枝內層；D：柱部內層。(比例尺：A, B=0.1 mm；C, D=0.5 mm)

珊瑚體群集 (萬里桐, -12 m)

珊瑚體低矮叢形 (貓鼻頭, -10 m)

大型珊瑚體 (合界, -15 m)

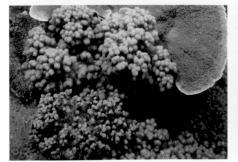

收縮及伸展的珊瑚體 (南灣, -10 m)

珊瑚蟲伸展的分枝

珊瑚蟲收縮的分枝

深度 8～20 m ｜ 棲所：珊瑚礁斜坡下段或鄰近沙地處

Sinularia gyrosa (Klunzinger, 1877)

迴旋指形軟珊瑚

　　珊瑚體表覆形，柱部短，緊附底質，冠部有許多脈狀或片狀分枝，密集分布，呈現彎曲起伏的稜脊或紋路。珊瑚蟲小型，密集分布於分枝表面，可完全收縮，珊瑚孔呈小凹窩狀，直徑約 0.4～0.6 mm。冠部表層含棒形骨針，長約0.09～0.22 mm，多數長約0.12～0.17 mm，棒頭有大突起，排列不規則或呈環帶；另有少數似紡錘形骨針，長約0.2～0.3 mm；柱部表層含相似但稍大的棒形骨針，少數有不規則分枝或突起而呈十字形、柱形、雙頭形等。冠部及柱部內層皆含兩端圓鈍的紡錘形骨針，外觀似長橢圓形或菱形，其中多數有腰帶環，長可達2.3 mm，表面有複式突起密集分布；柱部內層另有較小、形態不規則或有分叉的骨針。生活群體呈黃褐色或褐色。

相似種：無，本種的片狀分枝，形態獨特，易分辨。

地理分布：廣泛分布於西太平洋珊瑚礁區及紅海。東沙及台灣南部皆可發現。

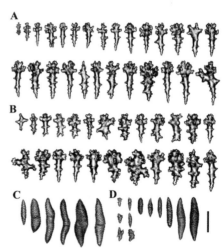

*Sinularia gyrosa*的骨針。A：分枝表層；B：柱部表層；C：分枝內層；D：柱部內層。(比例尺：A, B=0.1 mm；C, D=1.0 mm)

小型珊瑚體 (東沙, -8 m)

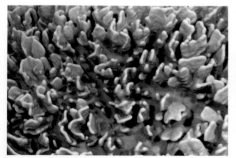

片狀分枝近照

珊瑚蟲伸展的分枝

珊瑚蟲收縮的分枝

珊瑚體表覆形 (南灣, -10 m)

冠部片狀分枝密集 (貓鼻頭, -12 m)

深度 5 ～ 20 m　　　　棲所：海流稍強的珊瑚礁平台或斜坡

Sinularia halversoni Verseveldt, 1974

哈氏指形軟珊瑚

　　珊瑚體分枝形，柱部明顯，冠部由脈狀分枝及次生分枝構成，分枝長指形，伸展時非常柔軟，收縮則縮短而變硬。珊瑚蟲灰白色，密集分布於分枝及冠部表面，伸展時高度和直徑約1 mm，收縮時開口略突起，通常不完全收縮。珊瑚蟲含棒形或桿形骨針，長約0.08～0.18 mm；分枝表層含棒形骨針，多數長約0.12～0.16 mm，棒頭有大突起，尖端大多朝上，另有少數細長紡錘形骨針，長約0.3 mm；柱部表層含較粗大且多突起的棒形骨針，長約0.10～0.28 mm；多數有不規則形突起或分枝；冠部及柱部內層皆含紡錘形骨針，長度及大小差異大，長約0.3～2.5 mm，較小者常有不規則大突起或分叉。生活群體呈褐或黃褐色，常形成大群體。

相似種：賈氏指形軟珊瑚（見第205頁），但本種之分枝細長柔軟，且骨針形態有差異。

地理分布：新喀里多尼亞。台灣南部及離島淺海。

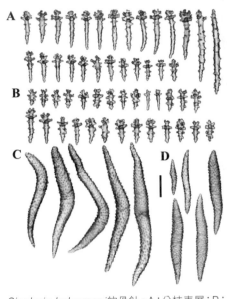

*Sinularia halversoni*的骨針。A：分枝表層；B：柱部表層；C：分枝內層；D：柱部內層。(比例尺：A, B=0.1 mm；C, D=0.5 mm)

分枝長指形 (南灣, -12 m)

珊瑚體分枝形 (後壁湖, -12 m)

珊瑚體分枝密集 (後壁湖, -12 m)

珊瑚蟲收縮的分枝 (南灣, -12 m)

珊瑚蟲伸展的分枝

珊瑚蟲半收縮的分枝

深度 8～20 m　　　　　棲所：珊瑚礁鄰近沙地處

Sinularia heterospiculata Verseveldt, 1970

異骨指形軟珊瑚

　　珊瑚體分枝形，柱部厚實，冠部有數個脈狀分枝及一系列的次生指形分枝，末端圓鈍。珊瑚蟲大型，基部有平滑的棒形骨針支持，觸手伸展時直徑約3～5 mm，通常不完全收縮，珊瑚孔稍隆起。分枝表層骨針不規則分佈，頂端甚少骨針，愈近基部則愈密集，主要含柱形或桿形骨針，長約0.06～0.12 mm，表面光滑，僅有小突起稀疏分布。柱部表層含棒形骨針，長約0.11～0.17 mm，棒頭寬大，表面粗糙，由大而不規則的疣突構成，另有紡錘形骨針，長約0.25～0.50 mm，表面有不規則大突起；內層骨針為紡錘形，長可達3.6 mm，不規則彎曲，一端分叉或不規則分枝，表面有圓疣突密集分佈。生活珊瑚體表面多黏液，呈黃褐或褐色，柱部為灰或白色。

相似種：大足指形軟珊瑚（見第221頁），但本種分枝表層不含或很少棒形骨針。兩者可能是同種的形態變異。

地理分布：廣泛分布於印度洋及西太平洋珊瑚礁區。台灣南部及東沙、澎湖、綠島、蘭嶼淺海。

*Sinularia heterospiculata*的骨針。A：分枝表層；B：柱部表層；C：分枝內層；D：柱部內層。（比例尺：A=0.05 mm；B1=0.1 mm；B2=0.2 mm；C, D=1.0 mm）

小型珊瑚體 (南灣, - 12 m)

珊瑚體收縮態 (貓鼻頭, -10 m)　　珊瑚蟲伸展的分枝　　珊瑚蟲收縮的分枝

珊瑚體分枝形 (跳石, -12 m)

珊瑚體頂面觀 (南灣, - 15 m)

深度 5 ～ 20 m　　　　棲所：開放型淺海礁台或礁斜坡

Sinularia hirta (Pratt, 1903)

菊指形軟珊瑚

珊瑚體分枝叢形，柱部短，冠部有許多細長指形分枝，部分聚合成脈狀，分枝基部較寬，末端漸尖。珊瑚體柱部質地堅硬，分枝則相當柔軟。珊瑚蟲突出於分枝表面，延展時高約2 mm，分布密集，分枝基部及冠部較稀疏，不完全收縮。珊瑚蟲含小棒形骨針，長約0.07～0.12 mm，表面突起少；分枝表層含棒形骨針，長度變異大，約0.08～0.30 mm，小骨針棒頭有許多小突起，柄部細長少突起，大骨針的棒頭不明顯，稍彎曲。柱部表層含相似棒形骨針，但棒頭較大，突起較多，棒柄亦較粗；分枝及柱部內層骨針為紡錘形，長可達3.5 mm，大者通常彎曲，無分叉，表面有圓或錐形疣突。生活群體呈黃褐色或綠褐色。

相似種：鬆弛指形軟珊瑚（見第201頁），但本種的分枝較短小，表層含細長棒形骨針。

地理分布：馬爾地夫、菲律賓。台灣南部及各離島淺海。

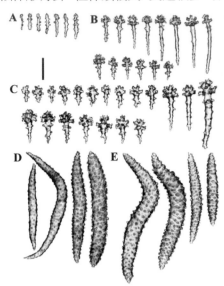

*Sinularia hirta*的骨針。A：珊瑚蟲；B：分枝表層；C：柱部表層；D：分枝內層；E：柱部內層。（比例尺：A, B, C=0.1 mm；D, E=0.5 mm）

分枝細長指形 (東沙, - 12 m)

小型珊瑚體 (眺石, -12 m)

珊瑚體分枝叢形 (後壁湖, -8 m)

小型珊瑚體形態變異 (南灣, -15 m)

珊瑚蟲伸展的分枝

珊瑚蟲收縮的分枝

深度 3 ～ 25 m	棲所：隱蔽型礁石平台或珊瑚礁邊緣鄰近沙地處

Sinularia humesi Verseveldt, 1968

胡氏指形軟珊瑚

　　珊瑚體叢狀分枝形，柱部短而硬，冠部含許多扁平的脈狀分枝，每一分枝又有許多小分枝，小分枝呈扁平指形或結節形，分枝及小分枝皆相當柔軟。珊瑚蟲單型，密集分布於分枝表面，間隔約 1～1.5 mm，但在冠部表面較疏，柱部無珊瑚蟲。分枝表層含小棒形骨針，長約0.12～0.16 mm，也有較大棒形骨針，長約0.18～0.31 mm，其柄部平滑；柱部表層也含棒形骨針，長約0.12～0.21 mm，另有似紡錘形骨針，長約0.24～0.38 mm；分枝及柱部內層皆含紡錘形骨針，長可達3 mm，表面有圓疣突，分枝內層骨針稍小。生活群體通常呈暗褐、黃褐或紅褐色。

相似種： 無，本種珊瑚體的扁平分枝形態獨特。
地理分布： 馬達加斯加、帛琉。台灣南部及東沙淺海。

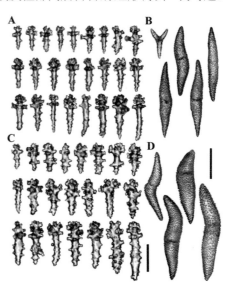

*Sinularia humesi*的骨針。A：分枝表層；B：分枝內層；C：柱部表層；D：柱部內層。(比例尺：A, C=0.1 mm；B, D=1.0 mm)

扁平的葉狀分枝 (南灣, -15 m)

小型珊瑚體 (南灣, -10 m)

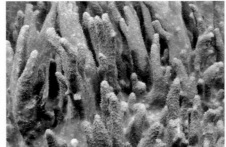

珊瑚蟲伸展的分枝

珊瑚蟲收縮的分枝

珊瑚體叢狀分枝形 (東沙, - 10 m)

冠部的扁平脈狀分枝 (南灣, -10 m)

| 深度 5～20 m | 棲所：開放型珊瑚礁斜坡中、下段 |

Sinularia humilis van Ofwegen, 2008

短指形軟珊瑚

　　珊瑚體表覆形，柱部短，冠部含許多粗短指形分枝及脈狀分枝，小指形分枝環繞大分枝排列，使表面呈小丘或稜脊狀起伏。珊瑚蟲單型，密集分布於分枝表面，間隔約 1 mm，在冠部表面較疏，柱部無珊瑚蟲。珊瑚蟲含桿形骨針，長約0.09～0.15 mm；分枝表層含棒形骨針，長約0.09～0.26 mm，多數棒頭有中央環帶，另有紡錘形骨針，長可達0.35 mm，表面有簡單或低伏突起；柱部表層含相似骨針，但棒頭較大，突起較多，另有少數不規則形骨針。分枝及柱部內層皆含紡錘形骨針，長度可達2.8 mm，表面有小疣突，有些彎曲或有側向分枝。生活群體通常呈土黃或黃褐色。

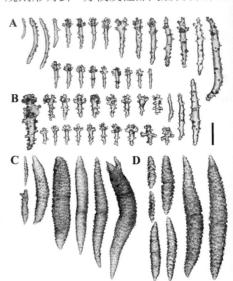

相似種：丘突指形軟珊瑚（見第249頁），但本種分枝較密集，珊瑚蟲黃褐色。
地理分布：帛琉。東沙、澎湖、綠島及台灣南部海域。

珊瑚體分枝聚集呈小丘 (東沙, -10 m)

*Sinularia humilis*的骨針。A：珊瑚蟲及分枝表層；B：柱部表層；C：分枝內層；D：柱部內層。(比例尺：A, B=0.1 mm；C, D=0.5 mm)

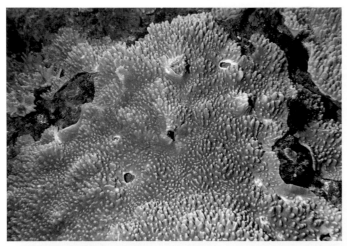

珊瑚體表覆形 (貓鼻頭, -8 m)

珊瑚蟲伸展的珊瑚體 (南灣, -10 m)

大小分枝聚集成簇 (南灣, -15 m)

珊瑚蟲伸展的分枝

珊瑚蟲收縮的分枝

| 深度 2～20 m | 棲所：海流或波浪能量較大的礁區表面 |

Sinularia inelegans Tixier-Durivault, 1970

粗放指形軟珊瑚

　　珊瑚體分枝形，柱部短，冠部由數個粗放的脈狀分枝及次生分枝構成，分枝大多側扁，末端圓鈍。珊瑚蟲黃綠色，小圓柱形，均勻分布於分枝及冠部表面，伸展時呈絨毛狀，收縮時開口略突出。分枝表層含棒槌形骨針，長約0.05～0.15 mm，多數長0.07～0.10 mm，棒頭有葉狀突起，柄部突起呈環狀，另有柱形骨針，長約0.12～0.25 mm，表面有簡單圓突起；柱部表層含相似的棒槌形骨針，棒頭較大，突起較多，少數骨針有不規則分叉。分枝及柱部內層皆含紡錘形骨針，大多不規則彎曲，長可達3 mm，表面有粗大的齒狀疣突，少數有分叉。生活群體呈淡黃或黃綠色。

相似種：巨大指形軟珊瑚（見第224頁），但本種的分枝末端為鈍，且有小分枝。
地理分布：越南芽莊。台灣南部南灣海域。

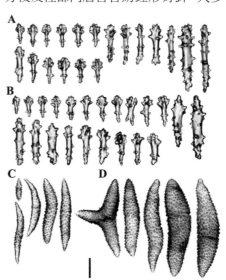

*Sinularia inelegans*的骨針。A：分枝表層；B：柱部表層；C：分枝內層；D：柱部內層。(比例尺：A, B=0.05 mm；C, D=0.5 mm)

珊瑚體形態變異 (南灣, -12 m)

珊瑚體分枝粗短 (南灣, -12 m)

珊瑚體伸展的分枝

珊瑚蟲收縮的分枝

珊瑚體分枝形 (南灣, -15 m)

珊瑚體的分枝粗放 (南灣, -15 m)

深度 8～20 m　　　　棲所：海流較強的珊瑚礁斜坡

Sinularia inexplicita Tixier-Durivault, 1970

混淆指形軟珊瑚

　　珊瑚體叢狀分枝形，柱部寬而硬，長可達5 cm以上，冠部含數個脈狀分枝及許多次生分枝，小分枝呈小指形或結節形。珊瑚蟲單型，密集分布於分枝表面，收縮時呈小突起狀，間隔約1 mm。分枝表層含粗大棒形骨針，長約0.17～0.25 mm，棒頭有突出或簡單的突起，有些突起呈葉形；柱部表層含相似骨針，稍短而寬；分枝及柱部內層皆含紡錘形骨針，長可達3 mm，有些呈彎曲或有分叉，表面有小火山形疣突或圓的齒狀疣突。生活群體通常呈黃褐或灰褐色。

相似種：毛指形軟珊瑚（見第183頁）、叢狀指形軟珊瑚（見第220頁），但本種的小分枝較疏，表層骨針較大。

地理分布：越南芽莊、澳洲大堡礁。台灣南部及東沙、澎湖、綠島淺海。

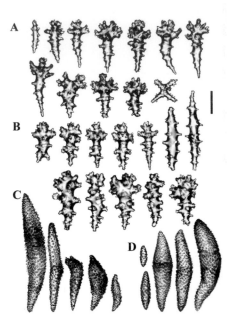

*Sinularia inexplicita*的骨針。A：分枝表層；B：柱部表層；C：分枝內層；D：柱部內層。(比例尺：A, B–0.1 mm；C, D=1.0 mm)

珊瑚體分枝收縮 (東沙, -10 m)

珊瑚體叢狀分枝形 (南灣, -12 m)

珊瑚體收縮態 (東沙, -8 m)

伸展的分枝 (南灣, -12 m)

珊瑚蟲伸展的分枝

珊瑚蟲收縮的分枝

深度 5 ～ 15 m ｜ 棲所：珊瑚礁斜坡或礁邊緣鄰近沙底處

Sinularia larsonae Verseveldt & Alderslade, 1982

拉氏指形軟珊瑚

　　珊瑚體小叢分枝形，直徑通常不超過15 cm，基部短小，高度通常在5 cm以內；冠部由少數脈狀分枝組成，並有小分枝，分枝末端漸尖或圓鈍。珊瑚蟲短小而透明，直徑約1～2 mm，分布不均勻，於分枝末端較密集；可完全收縮。分枝表層含棒形骨針，長約0.10～0.26 mm，棒頭有鈍突起，多數有中央環，柄部大多為直圓柱形，少數彎曲；柱部表層含相似骨針，但棒頭和柄部皆較粗，突起較大；分枝內層含紡錘形骨針，長約1.0～6.0 mm，多數彎曲，少數有分叉；柱部內層也含紡錘形骨針，多數彎曲且較粗大，長可達8 mm，大骨針中央常有腰環。生活群體為黃或黃褐色，保存於酒精中為褐色，甚堅硬。

相似種： 澎湖指形軟珊瑚（見第235頁），但本種分枝較疏且通常漸尖，骨針形態不同。

地理分布： 澳洲。台灣南部淺海。

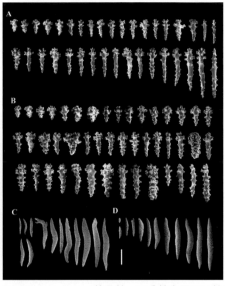

*Sinularia larsonae*的骨針。A：分枝表層；B：柱部表層；C：分枝內層；D：柱部內層。(比例尺：A, B=0.1 mm；C, D=1.0 mm

珊瑚體伸展 (南灣, -18 m)

珊瑚體部分收縮 (南灣, -18 m)

珊瑚蟲伸展的分枝

珊瑚蟲近照

珊瑚體小叢分枝形 (石牛, -15 m)

珊瑚體的形態變異 (萬里桐, -15 m)

| 深度 10～30 m | 棲所：沉積物稍多的珊瑚礁斜坡或礁壁 |

Sinularia lochmodes Kolonko, 1926

叢狀指形軟珊瑚

　　珊瑚體叢狀分枝形，柱部厚，冠部由許多脈狀分枝及次生小分枝組成，分枝大多為指形，小分枝結節狀。珊瑚蟲突出於分枝表面，延展時高約1～2 mm，分枝表面較密，脈狀分枝基部及盤部較稀疏，不完全收縮。分枝表層含棒形骨針，長約0.08～0.11 mm，棒頭有鈍突起，傾斜向上，柄部較細，有少數鈍突起。柱部表層也含棒形骨針，棒頭及柄部較粗；分枝及柱部內層皆含紡錘形骨針，長度可達4 mm，多數呈不規則彎曲，少數有分叉，表面有密集的圓形疣突。生活群體呈黃褐色或灰褐色，常形成大群體，分枝柔軟，柱部質地堅硬。

相似種： 菊指形軟珊瑚（見第214頁）、混淆指形軟珊瑚（見第218頁），本種的分枝較小、較密集，且骨針形態不同。

地理分布： 廣泛分布於西太平洋珊瑚礁區。台灣南部及東沙、澎湖、綠島淺海。

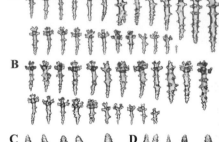

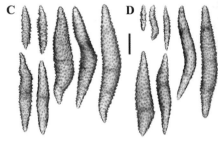

珊瑚體分枝收縮 (南灣, -12 m)

Sinularia lochmodes 的骨針。A：分枝表層；B：柱部表層；C：分枝內層；D：柱部內層。(比例尺：A, B=0.1 mm；C, D=0.5 mm)

珊瑚體叢狀分枝形 (南灣, -12 m)

脈狀分枝及次生小分枝 (後壁湖, -8 m)

珊瑚體的形態變異(後壁湖, -10 m)

珊瑚蟲伸展的分枝

珊瑚蟲收縮的分枝

深度 5 ～ 25 m　　　　　棲所：海流稍強的礁石平台或在珊瑚礁鄰近沙底處

Sinularia macropodia (Hickson & Hill, 1900)

大足指形軟珊瑚

　　珊瑚體分枝形，柱部明顯，冠部有許多分枝與次生分枝，末端分枝為小指形或結節形。珊瑚蟲單型，密集分布於分枝表面，不完全收縮，珊瑚孔呈小突起狀。珊瑚蟲含棒形骨針，長約0.12～0.24 mm，但棒頭不膨大，突起少，觸手則含小柱形骨針。分枝末端附近幾乎無骨針，分枝基部及柱部表層大多為棒形骨針，長約0.10～0.15 mm，少數為梭形骨針，長約0.17～0.40 mm，表面皆有大突起；分枝基部內層含大紡錘形骨針，不規則彎曲或有分叉，長可達6 mm；柱部內層含相似的大紡錘形骨針，但形態較規則，另有梭形骨針，長約1.0～2.0 mm。生活群體通常呈黃褐色。

相似種：異骨指形軟珊瑚（見第213頁），但本種分枝表層含棒形骨針，且內層骨針規則。

地理分布：馬達加斯加、帛琉。台灣南部及東沙、綠島、蘭嶼淺海。

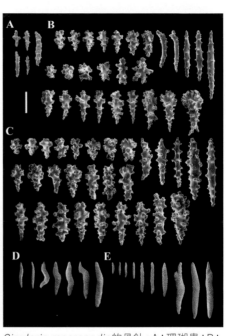

Sinularia macropodia 的骨針。A：珊瑚蟲；B：分枝表層；C：柱部表層；D：分枝內層；E：柱部內層。(比例尺：A, B, C=0.1 mm；D, E=2.0 mm)

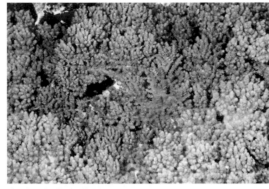

大型珊瑚體 (後壁湖, -10 m)

珊瑚蟲收縮之珊瑚體 (東沙, -15 m)

珊瑚蟲伸展的分枝

珊瑚體收縮態 (佳樂水, -10 m)

珊瑚體群集 (佳樂水, -10 m)

珊瑚體分枝形 (南灣, -12 m)

深度 5～20 m　　　　　棲所：沉積物稍多的珊瑚礁區

Sinularia manaarensis Verseveldt, 1980

馬氏指形軟珊瑚

　　珊瑚體小分枝形，柱部短，冠部有數個指形或結節形短分枝。珊瑚蟲短圓柱形，不均勻分布於分枝及冠部表面，伸展時呈絨毛狀，收縮時珊瑚孔略突出。分枝表層含棒形骨針，長約0.13～0.24 mm，棒頭突起集中，較小者柄部漸尖，較大者柄部呈桿形或柱形，表面有突起；柱部表層主要含棒形骨針，長約0.10～0.19 mm，棒頭較大而多突起，多數有中央環，棒柄粗短，表面有突起，另有紡錘形或柱形骨針，長約0.22～0.25 mm；分枝和柱部內層都含紡錘形骨針，其中較小者表面平滑，突起小而少，較大者表面有大而突出的齒狀疣突，尤以柱部內層骨針較大，長可達3.0 mm。生活群體通常呈淡黃或黃褐色，常形成小群體。

相似種：澎湖指形軟珊瑚（見第235頁）、望安指形軟珊瑚（見第252頁），但本種分枝較大，珊瑚蟲和骨針形態皆有差異。

地理分布：斯里蘭卡。台灣南部海域。

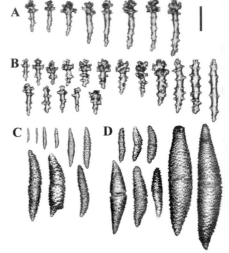

珊瑚體群集 (萬里桐, -15 m)

*Sinularia manaarensis*的骨針。A：分枝表層；B：柱部表層；C：分枝內層；D：柱部內層。(比例尺：A, B=0.1 mm；C, D=0.5 mm)

珊瑚體小分枝形 (合界, -20 m)

珊瑚體收縮態 (萬里桐, -15 m)

珊瑚體的形態變異 (合界, -18 m)

珊瑚蟲伸展的分枝

珊瑚蟲近照

| 深度 8～25 m | 棲所：珊瑚礁斜坡中、下段或鄰近沙地處 |

Sinularia marenzelleri (Wright & Studer, 1889)

馬倫指形軟珊瑚

　　珊瑚體表覆形，柱部高約3～5 cm，冠部有許多脈狀分枝及指形或結節形小分枝，分枝的大小和高度頗不一致。珊瑚蟲細小，密集分布於冠部表面，可完全收縮，珊瑚孔呈小凹窩狀。冠部表層含棒形骨針，長約0.09～0.25 mm，多數棒頭有不規則突起，少數有中央環，柄部表面有突起呈環狀分布；柱部表層含相似的棒形骨針，長約0.12～0.23 mm，棒頭和柄部皆較大、有較多突起，另有紡錘形或柱形骨針，長約0.25～0.38 mm，表面皆有明顯突起；分枝和柱部內層都含紡錘形骨針，直或彎曲，頂端尖或稍鈍，長可達3 mm，較大者中央有腰環。生活群體通常呈土黃或黃褐色，常形成大群體。

相似種： 變形指形軟珊瑚（見第190頁）、短小指形軟珊瑚（見第197頁），但本種分枝較長而疏，骨針形態也有差異。

地理分布： 廣泛分布於印度洋及西太平洋珊瑚礁區。台灣南部及東沙、澎湖淺海。

大型珊瑚體 (南灣, -15 m)

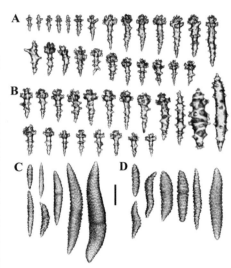

Sinularia marenzelleri 的骨針。A：分枝表層；B：柱部表層；C：分枝內層；D：柱部內層。(比例尺：A, B=0.1 mm；C, D=0.5 mm)

小型珊瑚體 (佳樂水, -13 m)

珊瑚體分枝近照

珊瑚蟲收縮的分枝及珊瑚孔

珊瑚體表覆形 (東沙, -15 m)

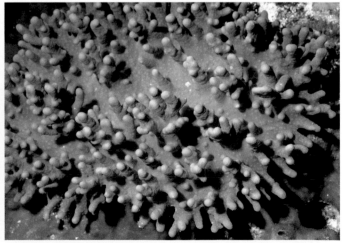

指形分枝長短不一 (東沙, -10 m)

深度 8～25 m　　棲所：沉積物稍多的珊瑚礁區或鄰近沙地處

Sinularia maxima Verseveldt, 1971

巨大指形軟珊瑚

　　珊瑚體大分枝形,柱部高而厚,冠部由數個大脈狀分枝及一系列次生分枝組成,小分枝長約2～5 cm,末端圓鈍。柱部與冠部之間的分界不明顯。珊瑚蟲細小,密集分布於分枝表面,間隔約1.0～1.4 mm,部分不完全收縮,觸手基部有小柱形骨針支持,稍突出。觸手含稍彎曲的小柱形骨針,長約0.10 mm;分枝表層含棒槌形骨針,長約0.08～0.15 mm,棒頭有葉狀突起,另有較長的棒形和桿形骨針,長約0.20～0.35 mm,表面有錐形突起;柱部表層也含相似的棒槌形和桿形骨針;分枝內層及柱部內層皆含紡錘形骨針,直或稍彎曲,長度變異大,可達3.3 mm,較大者兩端圓鈍,表面密布大而突出的齒狀疣突。生活群體通常呈黃褐或綠褐色,常形成大群體。

相似種:巨葉指形軟珊瑚(見第208頁),但兩者分枝和骨針形態皆有差異。
地理分布:廣泛分布於印度洋及西太平洋珊瑚礁區。台灣南部及東沙、綠島淺海。

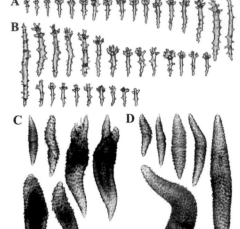

*Sinularia maxima*的骨針。A:分枝表層;B:柱部表層;C:分枝內層;D:柱部內層。(比例尺:A, B=0.1 mm;C, D=0.5 mm)

珊瑚體分枝粗大 (後壁湖, -10 m)

珊瑚體收縮態 (南灣, -10 m)

珊瑚體大分枝形 (東沙, -12 m)

珊瑚體分枝近照 (後壁湖, -12 m)

珊瑚蟲伸展的分枝

珊瑚蟲收縮的分枝

深度 5 ～ 20 m　　　　　棲所:開放型珊瑚礁平台和礁斜坡

Sinularia minima Verseveldt, 1971

小指形軟珊瑚

　　珊瑚體團塊形，柱部厚實堅硬，高約5 cm，冠部有粗短的脈狀分枝成簇分布，其上有密集的短小分枝，分枝末端圓鈍或呈結節狀。珊瑚蟲單型，大致均勻分布於分枝表面，間隔約1 mm，可完全收縮，珊瑚孔呈小點狀。分枝表層含棒形骨針，長約0.10～0.25 mm，多數棒頭有中央環，較長者則不明顯，且多大突起，另有少數較長的紡錘形骨針，長達0.35 mm，為內層的過渡型骨針；柱部表層含相似棒形骨針，但較粗短，長約0.09～0.20 mm，多數約0.10～0.12 mm，棒柄有較大突起；分枝內層及柱部內層皆含紡錘形骨針，直或稍彎曲，長可達3.4 mm，較大者兩端稍圓鈍，表面有中型齒狀疣突。生活群體呈灰白或灰藍色。

相似種： 戴氏指形軟珊瑚（見第189頁），但本種的分枝較小，珊瑚蟲和骨針形態亦不同。

地理分布： 馬達加斯加、關島。台灣南部及離島淺海。

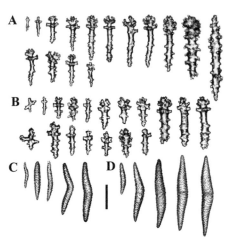

*Sinularia minima*的骨針。A：珊瑚蟲及分枝表層；B：柱部表層；C：分枝內層；D：柱部內層。（比例尺：A, B=0.1 mm；C, D=1.0 mm）

分枝分布不均勻 (南灣, -15 m)

珊瑚體群集 (南灣, -15 m)

珊瑚蟲伸展的分枝

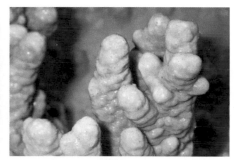

珊瑚蟲收縮的分枝及珊瑚孔

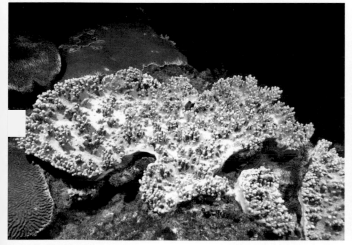

珊瑚體團塊形 (南灣, -15 m)

冠部分枝成簇 (貓鼻頭, -15 m)

深度 5 ～ 20 m ｜ 棲所：開放型淺海礁台或礁岩頂部

Sinularia mira Tixier-Durivault, 1970

米氏指形軟珊瑚

　　珊瑚體分枝形，柱部厚實，冠部有密集的脈狀分枝和次生小分枝，小分枝指形，末端圓鈍。珊瑚蟲細小，密集分布於分枝表面，可完全收縮，珊瑚孔呈小凹窩狀。分枝表層含棒形骨針，長約0.08～0.24 mm，多數棒頭有中央環，較長者則不明顯；柱部表層含相似棒形骨針，長度也相近，但棒柄稍粗，棒頭中央環不明顯。分枝內層及柱部內層皆含紡錘形骨針，直或稍彎曲，柱部內層者較長，可達3.5 mm，較長者一端稍圓鈍，表面有中型齒狀疣突，大多呈橫向帶狀分布，少數骨針有分叉。生活群體呈綠褐或黃褐色。

相似種：顆粒指形軟珊瑚（見第209頁），但本種分枝稍大而長，骨針明顯不同。

地理分布：越南芽莊。台灣南部海域。

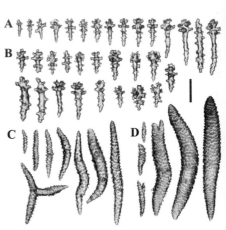

*Sinularia mira*的骨針。A：分枝表層；B：柱部表層；C：分枝內層；D：柱部內層。(比例尺：A, B=0.1 mm；C, D=0.5 mm)

珊瑚蟲半收縮的分枝

珊瑚體分枝形 (南灣, -8 m)

珊瑚體群集 (南灣, -12 m)

珊瑚體伸展態 (南灣, -15 m)

珊瑚蟲伸展的分枝

深度 5～20 m　　　　　棲所：海流稍強的淺海礁台或礁岩頂部

Sinularia molesta Tixier-Durivault, 1970

摩氏指形軟珊瑚

　　珊瑚體小分枝形，柱部短，冠部有脈狀分枝及次分枝，分枝末端圓鈍，收縮時質地甚硬。珊瑚蟲短圓柱形，不均勻分布在主分枝與次分枝表面，以小分枝末端較密集，可完全收縮，珊瑚孔萼部稍突出呈小點狀。分枝表層含棒槌形骨針，多數長約0.06～0.08 mm，少數長達0.20 mm，另有少數桿形骨針，長可達0.35 mm，表面突起少；柱部表層含相似的棒槌形骨針，但棒頭和柄部皆較大，多數長約0.07～0.10 mm，表面有較多疣突；另有棒形或柱形骨針，長約0.20～0.25 mm。分枝及柱部內層都含紡錘形骨針，長約1.0～4.0 mm之間，表面有粗大的複式疣突密集分布。生活群體通常呈褐或灰藍色。

相似種：尖銳指形軟珊瑚（見第180頁），但本種分枝末端圓鈍，骨針亦不同。
地理分布：新喀里多尼亞。台灣南部及澎湖、綠島淺海。

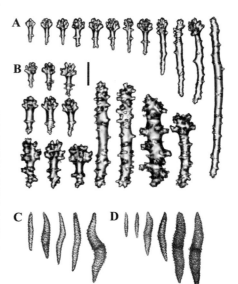

分枝末端圓鈍 (香蕉灣, -20 m)

*Sinularia molesta*的骨針。A：分枝表層；B：柱部表層；C：分枝內層；D：柱部內層。(比例尺：A, B=0.05 mm；C, D=1.0 mm)

小型珊瑚體 (南灣, -15 m)

珊瑚蟲伸展的分枝

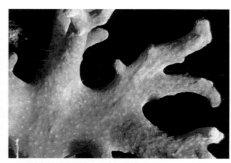

珊瑚蟲收縮的分枝及珊瑚孔

珊瑚體分枝形 (貓鼻頭, -15 m)

珊瑚體群集 (萬里桐, -15 m)

深度 10～30 m　　　　棲所：珊瑚礁斜坡下段

Sinularia nanolobata Verseveldt, 1977

小葉指形軟珊瑚

　　珊瑚體表覆形，柱部短，冠部由成簇的脈狀分枝組成，分枝略側扁，末端圓鈍或不規則彎曲。珊瑚蟲短小，白或淡黃色，密集分布於分枝表面，可完全收縮，開口稍下凹。分枝表層骨針主要為棒形，長約0.08～0.20 mm，棒頭有不規則突起及中央環，較長骨針的中央環不明顯；柱部表面含相似骨針，但棒柄較寬厚，且中央環較不明顯；分枝與柱部內層骨針皆為紡錘形，略彎曲且頂端稍鈍，偶有分叉，柱部內層骨針長可達3.6 mm，分枝內層骨針長達3.0 mm，骨針表面有許多小型疣突，通常呈橫向排列。生活群體通常呈綠褐或黃褐色，常形成大群體。

相似種： 眾多指形軟珊瑚（見右頁），但本種分枝較短小，骨針形態亦有差異。

地理分布： 廣泛分布於印度洋及西太平洋珊瑚礁區。台灣南、東部及各離島淺海。

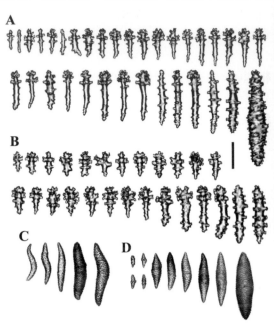

*Sinularia nanolobata*的骨針。A：分枝表層；B：柱部表層；C：分枝內層；D：柱部內層。(比例尺：A, B=0.1 mm；C, D=1.0 mm)

小型珊瑚體 (南灣, -12 m)

珊瑚體表覆形 (南灣, -15 m)

大型珊瑚體 (東沙, -10 m)

冠部分枝成簇 (南灣, -12 m)

珊瑚蟲伸展的分枝

珊瑚蟲收縮的分枝

深度 3～20 m　　　　棲所：海流及波浪較強的淺海礁台或礁岩頂部

Sinularia numerosa Tixier-Durivault, 1970

眾多指形軟珊瑚

　　珊瑚體表覆形，柱部短而堅硬，冠部有許多脈狀或指形分枝，並有次生分枝成簇分布。珊瑚蟲單型，密集分布於分枝表面，於共肉表面較疏，收縮時珊瑚孔呈小突起狀，間隔約1 mm。分枝表層含細長棒形骨針，長約0.09～0.18 mm，棒頭有中央環帶，較大骨針的環帶不明顯；柱部表層也含棒形骨針，長約0.10～0.22 mm，較分枝表層者稍寬；分枝及柱部內層含紡錘形骨針，長可達3.5 mm，直或彎曲，表面疣突通常呈橫向排列。生活群體為灰褐或黃褐色。

相似種：小葉指形軟珊瑚（見左頁），但本種冠部分枝較大而長，骨針形態亦有差異。

地理分布：馬達加斯加、關島。台灣南部及離島淺海。

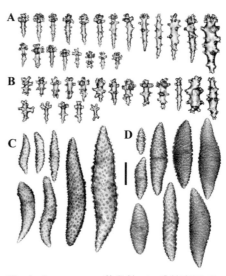

*Sinularia numerosa*的骨針。A：分枝表層；B：柱部表層；C：分枝內層；D：柱部內層。(比例尺：A, B=0.1 mm；C, D=0.5 mm)

珊瑚體部分被泥沙覆蓋 (眺石, -12 m)

分枝成簇分布 (澎湖, -12 m)

小型珊瑚體 (南灣, -12 m)

珊瑚蟲伸展的分枝

珊瑚體表覆形 (貓鼻頭, -10 m)

冠部分枝脈狀或指形 (東沙, -12 m)

深度 5 ～ 25 m　　　　　棲所：開放型淺海礁台或礁斜坡中段

Sinularia ornata Tixier-Durivault, 1970

絢麗指形軟珊瑚

　　珊瑚體分枝形，柱部基底厚實，冠部由許多脈狀分枝及次生分枝組成，分枝呈指形或結節形，末端圓鈍，分布密集。珊瑚蟲單型，短小而密集分布在分枝及冠部表面，間隔約1 mm，相當均勻。分枝表層含棍棒形骨針，長約0.08～0.32 mm，棒頭有不規則突起，較小者棒頭有中央環；柱部表層也含棍棒形骨針，長約0.08～0.18 mm，棒頭不規則突起較大，柄部也較寬厚；分枝及柱部內層皆含紡錘形骨針，直或稍微彎曲，頂端不分叉，長可達3.20 mm，表面有小刺狀或鋸齒狀疣突。生活群體為淡褐或淡綠色。

相似種：脈指形軟珊瑚（見第207頁），但本種珊瑚蟲較短小，骨針形態亦不同。

地理分布：新喀里多尼亞、波里尼西亞群島。台灣南部及東沙。

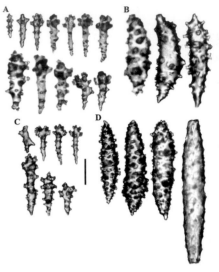

*Sinularia ornata*的骨針。A：分枝表層；B：分枝內層；C：柱部表層；D：柱部內層。(比例尺：A, C=0.1 mm；B, D=0.5 mm)

分枝末端圓鈍 (東沙, -8 m)

珊瑚體分枝形 (東沙, -8 m)

珊瑚體群集 (東沙, -10 m)

珊瑚體分枝密集 (東沙, -15 m)

結節狀分枝及珊瑚蟲

珊瑚蟲收縮的分枝

深度 5 ～ 25 m　　　　　棲所：開放型淺海礁台或礁岩頂部

Sinularia ovispiculata Tixier-Durivault, 1970

圓骨指形軟珊瑚

　　珊瑚體表覆形，柱部短，冠部由許多短小指形或結節形分枝組成，分枝外觀圓柱形。珊瑚蟲單型，密集分布於分枝表面，伸展時呈絨毛狀，收縮時於開口呈小凹窩狀。分枝表層含細長棒形骨針，長約0.09～0.25 mm，棒頭有大突起，柄部突起較少，頂端尖或略鈍，另有少數紡錘形骨針，長可達0.3 mm；柱部表層也含棒形骨針，長約0.09～0.16 mm，棒頭較大，有大突起，柄較短；分枝內層含紡錘形骨針，長可達2.7 mm，表面有中型疣突，通常呈橫向排列，中央有腰環；柱部內層含橢圓形骨針，長可達1.7 mm，中央也有腰環。生活群體為灰白或淡褐色，質地堅硬。

相似種： 短小指形軟珊瑚（見第197頁）、彎曲指形軟珊瑚（見第203頁），但本種分枝圓柱形，柱部內層含卵圓形骨針。

地理分布： 越南芽莊。台灣南部海域。

*Sinularia ovispiculata*的骨針。A：分枝表層；B：柱部表層；C：分枝內層；D：柱部內層。(比例尺：A, B=0.1 mm；C, D=0.5 mm)

珊瑚體伸展態 (南灣, -12 m)

分枝圓柱形 (南灣, -12 m)　　珊瑚蟲伸展的分枝

珊瑚蟲收縮的分枝

珊瑚體表覆形 (貓鼻頭, -6 m)

珊瑚體收縮態 (貓鼻頭, -10 m)

深度 2～20 m　　　棲所：海流稍強的珊瑚礁平台或斜坡上段

Sinularia pavida Tixier-Durivault, 1970

冠指形軟珊瑚

　　珊瑚體分枝形，柱部厚實，冠部由許多脈狀分枝及次生分枝組成，分枝呈結節狀或指形，略側扁，分布不均勻。珊瑚蟲短小圓柱形，密集分布在分枝及冠部表面，在分枝上較密集，分枝基部及冠部表面較疏。分枝表層含棍棒形骨針，長約0.08～0.16 mm，棒頭突起不規則，多數有中央環，棒柄頂端漸尖，表面有錐形突起，另有少數似紡錘形骨針，長約0.25 mm，表面有不規則大突起；柱部表層含相似骨針，但棒頭稍大，棒柄較粗短；分枝及柱部內層皆含紡錘形骨針，長可達2.5 mm，直或彎曲，兩端尖或圓鈍，通常不分叉，表面有齒形或半錐形疣突。生活群體為黃褐色或灰褐色。

相似種：澎湖指形軟珊瑚（見第235頁），但本種珊瑚體較大，柱部厚，骨針形態亦不同。

地理分布：越南。東沙、台灣南部海域。

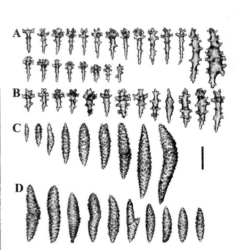

*Sinularia pavida*的骨針。A：分枝表層；B：柱部表層；C：分枝內層；D：柱部內層。（比例尺：A, B=0.1 mm；C, D=0.5 mm）

冠部脈狀分枝及次分枝 (東沙, -12 m)

珊瑚體分枝形 (東沙, -8 m)

冠部分枝指形或結節形 (貓鼻頭, -12 m)

珊瑚體柱部厚實 (南灣, -10 m)

珊瑚蟲伸展的分枝

珊瑚蟲收縮的分枝

| 深度 5 ～ 25 m | 棲所：海流稍強的珊瑚礁斜坡 |

Sinularia peculiaris Tixier-Durivault, 1970

奇特指形軟珊瑚

　　珊瑚體分枝形，柱部短，冠部有脈狀分枝及指形小分枝，珊瑚蟲短小，褐色，密集而均勻分布於冠部及分枝表面，可完全收縮，珊瑚孔呈小凹窩狀，珊瑚蟲無骨針。分枝表層含棒形骨針，長約0.10～0.25 mm，棒頭大而突起多；另有紡錘形骨針，長可達0.3 mm；柱部表層含相似棒形骨針，但棒頭和柄都較大，外觀似倒三角形，長約0.10～0.20 mm；冠部分枝及柱部內層都含直或彎曲的紡錘形骨針，長可達2 mm，表面有複式疣突密集分布，柱部內層骨針常有分叉。生活群體呈褐或黃褐色。

相似種：小型珊瑚體與韋氏指形軟珊瑚（見第251頁）相似，但珊瑚蟲及骨針形態不同。

地理分布：新喀里多尼亞、關島。台灣南部海域。

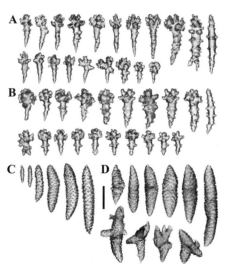

*Sinularia peculiaris*的骨針。A：分枝表層；B：柱部表層；C：分枝內層；D：柱部內層。(比例尺：A, B=0.1 mm；C, D=0.5 mm)

大型珊瑚體 (南灣, -8 m)

珊瑚體群集 (南灣, -15 m)

珊瑚蟲伸展的分枝

珊瑚蟲收縮的分枝

珊瑚體收縮態 (萬里桐, -12 m)

小型珊瑚體 (萬里桐, -15 m)

深度 5～25 m ｜ 棲所：海流較平靜或沉積物稍多的珊瑚礁區

Sinularia pedunculata Tixier-Durivault, 1945

足柄指形軟珊瑚

　　珊瑚體分枝形，柱部短，白色肉質，冠部由脈狀分枝與次生分枝組成，分枝末端結節形或小指形。珊瑚蟲小圓柱形，密集分布於分枝表面，觸手基部有骨針，不完全收縮，珊瑚孔呈小突起。分枝表層含棒形骨針，長約0.08～0.22 mm，棒頭有少數大突起，部分有中央環；觸手則有小棒形骨針，長約0.06～0.07 mm；柱部表層主要含棒形骨針，長約0.09～0.28 mm，長度和形態變異都大，棒頭有大突起呈扁平片形，柄部亦含不規則大突起或有分叉；分枝和柱部內層皆含紡錘形骨針，長度變異大，約0.5～3.0 mm，直或彎曲，部分有分叉，多數表面有大而突出的齒狀疣突不規則分布，少數則有簡單的錐形或圓形疣突。生活群體通常呈黃褐色。

相似種：異骨指形軟珊瑚（見第213頁），但本種珊瑚蟲較小，骨針形態亦不同。
地理分布：廣泛分布於印度洋及太平洋珊瑚礁區。台灣南部及綠島、蘭嶼海域。

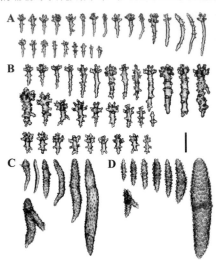

*Sinularia pedunculata*的骨針。A：分枝表層；B：柱部表層；C：分枝內層；D：柱部內層。(比例尺：A, B=0.1 mm；C, D=0.5 mm)

冠部分枝密集(貓鼻頭, -12 m)

珊瑚體分枝形 (貓鼻頭, -12 m)

分枝末端結節形 (南灣, -10 m)

大型珊瑚體 (南灣, -10 m)

珊瑚蟲伸展的分枝

珊瑚蟲收縮的分枝

| 深度 5～25 m | 棲所：珊瑚礁斜坡中、下段 |

Sinularia penghuensis van Ofwegen & Benayahu, 2012

澎湖指形軟珊瑚

　　珊瑚體分枝形，柱部小而薄，冠部表面有許多脈狀分枝及次生小分枝，分枝為細指形或結節形，珊瑚體質地堅硬。珊瑚蟲由小桿形骨針支持，收縮時8尖點呈環狀；於指形分枝上較密集，其他表面較稀疏，可完全收縮。珊瑚蟲周圍骨針為小桿形，長約0.09～0.21 mm；分枝表層含棒形骨針，多數長約0.10～0.20 mm，棒頭有不規則突起或葉形突起，較長者約0.30 mm，棒頭不明顯，另有柱形或紡錘形骨針，長可達0.4 mm；柱部表層含相似棒形和紡錘形骨針，但棒頭突起較大，少數棒柄有分叉；分枝及柱部內層皆含紡錘形骨針，長度可達3.0 mm，表面有中型疣突，大致呈橫向排列，少數骨針在一端有分叉。生活群體伸展時呈黃褐色，收縮時呈灰色。

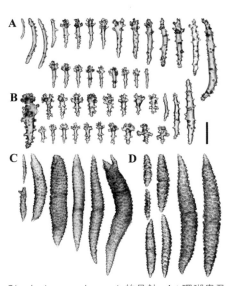

相似種：鱗指形軟珊瑚（見第243頁），但本種分枝較大而疏，珊瑚蟲有骨針。
地理分布：澎湖、東沙、台灣南部及離島淺海。

Sinularia penghuensis 的骨針。A：珊瑚蟲及分枝表層；B：柱部表層；C：分枝內層；D：柱部內層。(比例尺：A, B=0.1 mm；C, D=0.5 mm)

珊瑚體收縮態 (東沙, -15 m)

珊瑚體伸展態 (東沙, -10 m)

珊瑚蟲伸展的分枝

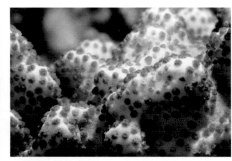
珊瑚蟲收縮的分枝

珊瑚體群集 (南灣, -15 m)

珊瑚體小分枝形 (萬里桐, -10 m)

深度 5 ～ 25 m　　　　　棲所：珊瑚礁區與沙底交界處

Sinularia pocilloporaeformis (Alderslade, 1983)

多疣指形軟珊瑚

　　珊瑚體團塊形，質地堅硬，柱部粗短，冠部有數個厚而不規則的稜脊，表面粗糙。珊瑚蟲單型，基部由紡錘形骨針構成萼部，收縮時表面呈疣突，突出冠部表面約2～3 mm。珊瑚蟲萼部含紡錘形骨針，長約0.1 mm；冠部及柱部表層皆含棒形骨針，長約0.08～0.15 mm，多數長約0.10～0.12 mm，棒頭大，柄部漸尖，大致呈倒三角形；冠部及柱部內層皆含粗大紡錘形骨針，長可達5 mm，表面有密集突起。生活群體通常呈黃褐或綠褐色。

相似種：無，本種之形態獨特，易辨別。
地理分布：澳洲西部、斯里蘭卡。東沙、台灣南部淺海。

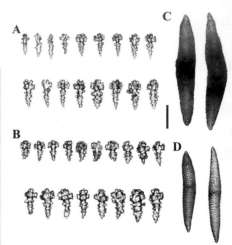

*Sinularia pocilloporaeformis*的骨針。A：冠部表層；B：柱部表層；C：冠部內層；D：柱部內層。(比例尺：A, B=0.1 mm；C, D=1.0 mm)

珊瑚體與石珊瑚競爭空間 (南灣, -18 m)

珊瑚體分枝形 (貓鼻頭, -12 m)

小型珊瑚體 (南灣, -15 m)

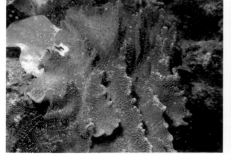

珊瑚體稜脊突出 (南灣, -15 m)

珊瑚體表面疣突密布

疣突大而粗糙

深度 5～20 m　　　　　棲所：珊瑚礁斜坡中、下段或鄰近沙地處

Sinularia polydactyla (Ehrenberg, 1834)

多指指形軟珊瑚

　　珊瑚體分枝形，柱部寬，覆蓋基質表面，冠部由密集脈狀分枝和次生分枝組成，分枝長指形，略側扁，末端漸尖，收縮時變粗短，質地堅硬。珊瑚蟲小圓柱形，密布於分枝表面，間隔約1.0～1.5 mm，可完全收縮，珊瑚孔呈小凹窩狀。分枝表層含棒形骨針，多數長約0.08～0.12 mm，較小骨針的棒頭和柄皆有大突起或分叉，較大骨針的棒頭下方有中央環，另有紡錘形骨針，長達0.25 mm，表面有許多突起；柱部表層含相似棒形和紡錘形骨針，但棒頭突起不規則，柄較粗短，較長（>0.2 mm）棒形骨針的柄部呈圓柱形；分枝及柱部內層皆含紡錘形骨針，長可達5.0 mm，直或彎曲，表面有許多中型疣突。生活群體伸展時呈深褐色或綠褐色，收縮時呈灰白色，珊瑚體形態變異甚大。

相似種：眾多指形軟珊瑚（見第229頁），但本種分枝較大且末端漸尖，表層骨針亦不同。

地理分布：廣泛分布於印度洋及西太平洋珊瑚礁區。台灣南、東部及離島淺海。

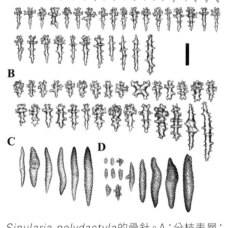

*Sinularia polydactyla*的骨針。A：分枝表層；B：柱部表層；C：分枝內層；D：柱部內層。(比例尺：A, B=0.1 mm；C, D=1.0 mm)

珊瑚體收縮態 (貓鼻頭, -15 m)

脈狀分枝近照 (南灣, -15 m)

珊瑚蟲伸展的分枝

珊瑚蟲收縮的分枝

珊瑚體脈狀分枝 (南灣, -12 m)

珊瑚蟲收縮的珊瑚體 (南灣, -10 m)

深度 5～25 m　　　　棲所：海流稍強的珊瑚礁斜坡

Sinularia querciformis (Pratt, 1903)

櫟葉指形軟珊瑚

　　珊瑚體分枝形，柱部短，冠部由脈狀分枝及指形分枝組成，小分枝伸展時呈細長指形，十分柔軟，收縮時呈結節狀，末端圓鈍。珊瑚蟲單型，大而突出，密集分布在分枝及冠部表面，間隔約1.5〜2.0 mm，觸手呈深褐或淡褐色。分枝表層含棍棒形骨針，長約0.15〜0.25 mm，棒頭有扁平或葉狀突起不規則分布，頂端以銳角朝上，通常有中央環，棒柄突起少，漸尖；柱部表層含相似的棒形骨針，但棒頭突起較大，棒柄較粗短，而呈倒三角形；分枝與柱部內層都含紡錘形骨針，多數稍彎曲，長可達4.0 mm，表面含簡單或複式疣突。生活群體呈淡褐或黃褐色，通常為小群體，常聚集生長。

相似種：鄰近指形軟珊瑚（見第199頁），但本種分枝較細而短，骨針形態亦不同。

地理分布：馬爾地夫、馬來群島、新喀里多尼亞。台灣南部及綠島海域。

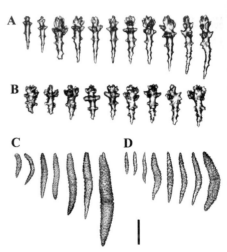

珊瑚體顏色變異 (眺石, -15 m)

*Sinularia querciformis*的骨針。A：分枝表層；B：基部表層；C：分枝內層；D：基部內層。(比例尺：A, B=0.1 mm；C, D=1.0 mm)

珊瑚體群集 (合界, -20 m)

珊瑚體分枝形 (南灣, -18 m)

珊瑚體收縮態 (南灣, -15 m)

珊瑚蟲伸展(中)與收縮的分枝

珊瑚蟲收縮的分枝

深度 5 〜 25 m　　　　　棲所：珊瑚礁斜坡下段或與沙地交界處

Sinularia ramosa Tixier-Durivault, 1945

散枝指形軟珊瑚

珊瑚體低矮分枝形，柱部短，冠部由數個脈狀分枝和次生分枝構成，分枝指形，末端圓鈍。珊瑚蟲單型，密集而均勻分布於分枝表面，觸手伸展時長達3～5 mm，收縮時呈小突起狀，通常不完全收縮。分枝表層含棒形骨針，長約0.09～0.17 mm，棒頭有不規則大突起，柄部漸尖；柱部表層含相似骨針，長約0.07～0.17 mm，棒頭較寬，突起較大，柄亦較大，另有一些不規則形骨針；分枝及柱部內層皆含紡錘形骨針，長約0.3～2.8 m，骨針表面有小疣突或複式齒狀疣突密集分布。生活群體呈黃褐或綠褐色。

相似種：脈指形軟珊瑚（見第207頁），但本種柱部較短，骨針形態不同。
地理分布：塞席爾、新喀里多尼亞、越南芽莊。台灣南部及東沙海域。

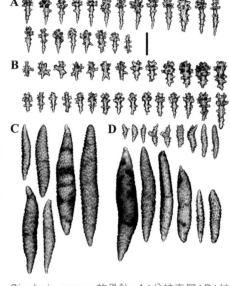

*Sinularia ramosa*的骨針。A：分枝表層；B：柱部表層；C：分枝內層；D：柱部內層。(比例尺：A, B=0.1 mm；C, D=0.5 mm)

珊瑚體伸展態 (東沙, -15 m)

珊瑚蟲伸展的脈狀分枝

珊瑚蟲伸展的分枝

珊瑚蟲收縮的分枝

珊瑚體群集 (東沙, -10 m)

珊瑚體分枝形 (眺石, -12 m)

深度 5～25 m　　　　棲所：開放型珊瑚礁平台或斜坡

Sinularia rigida (Dana, 1846)

硬指形軟珊瑚

　　珊瑚體分枝形，柱部短圓柱形，冠部由脈狀分枝和次生分枝構成，分枝指形，長約1～2 cm，寬約0.5 cm，末端圓鈍。珊瑚蟲小圓柱形，觸手伸展時呈絨毛狀，可完全收縮，珊瑚孔平滑。分枝表層主要含棒形骨針，長約0.07～0.20 mm，棒頭有大突起，多數有中央環，柄部漸尖，表面有少數錐形突起，另有少數紡錘形骨針，長可達0.3 mm；柱部表層含粗短棒形骨針，長約0.07～0.15 mm，棒頭寬，柄部粗短，且有許多不規則大突起，另有不規則形或十字形骨針；分枝內層含紡錘形骨針，頂端圓鈍，長度大多在1 mm之內；柱部內層含紡錘形骨針，長約0.4～1.5 mm，部分有不規則分叉，較大骨針有腰環，骨針表面有小疣突或複式齒狀疣突密集分布。珊瑚蟲伸展時呈褐或黃褐色，收縮時呈灰白色。

相似種：柔軟指形軟珊瑚（見第202頁）、砂島指形軟珊瑚（見第242頁），但本種珊瑚蟲收縮時表面平滑，骨針形態亦不同。

地理分布：廣泛分布於印度洋及太平洋珊瑚礁區。台灣南部淺海。

珊瑚體收縮態 (眺石, -10 m)

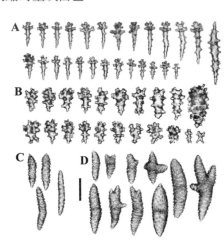

*Sinularia rigida*的骨針。A：分枝表層；B：柱部表層；C：分枝內層；D：柱部內層。(比例尺：A, B=0.1 mm；C, D=0.5 mm)

珊瑚體分枝形 (貓鼻頭, -15 m)

珊瑚體分枝指形 (南灣, -12 m)

小型珊瑚體伸展態 (南灣, -12 m)

珊瑚蟲伸展的分枝

珊瑚蟲收縮的分枝

深度 5～25 m　　　　棲所：珊瑚礁斜坡下段或鄰近沙地處

Sinularia rotundata Tixier-Durivault, 1970

圓指形軟珊瑚

　　珊瑚體小分枝形，柱部短，冠部邊緣有數個短分枝，中央下凹，分枝短指形或結節形，略呈扁平，末端膨大而圓鈍。珊瑚蟲短小，均勻分布於分枝表面，觸手短，不完全收縮，珊瑚孔稍隆起。分枝表層含棒槌形骨針，長約0.07～0.09 mm，棒頭有葉形突起；較長的棒形骨針，長可達0.23 mm，棒頭較小，有錐形突起，柄部彎曲；柱部表層含相似骨針，小骨針長約0.08～0.09 mm，較大骨針(>0.1 mm)為棒形，棒頭有不規則的大突起，柄部粗短，另有細紡錘形骨針，長約0.34～0.38 mm；分枝和柱部內層含紡錘形骨針，大多不規則彎曲且有腰環，長可達4.7 mm，表面有密集的中型齒狀疣突。生活群體呈褐色或黃褐色。

相似種：鱗指形軟珊瑚（見第243頁），但本種分枝較短而扁，末端膨大，骨針形態亦有差異。
地理分布：新喀里多尼亞。台灣南部海域。

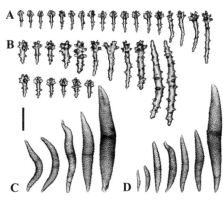

*Sinularia rotundata*的骨針。A：分枝表層；B：基部表層；C：分枝內層；D：基部內層。(比例尺：A, B=0.1 mm；C, D=1.0 mm)

分枝末端膨大而圓鈍 (萬里桐, -20 m)

珊瑚體收縮態 (合界, -25 m)

珊瑚蟲伸展與收縮的珊瑚體

珊瑚蟲收縮的分枝

珊瑚體小分枝形 (南灣, -25 m)

珊瑚體群集 (南灣, -20 m)

深度 8 ～ 30 m　　　　棲所：珊瑚礁斜坡下段鄰近沙地處

Sinularia sandensis Verseveldt, 1977

砂島指形軟珊瑚

　　珊瑚體分枝形，柱部高約2～4 cm，冠部有密集的脈狀分枝及次分枝，分枝細長柔軟，伸展時完全覆蓋柱部，收縮時變短，呈指形。珊瑚蟲短圓柱形，密集分布在分枝表面，於末端較密，往基部漸疏，伸展時呈絨毛狀，收縮後珊瑚孔萼部稍突出。分枝表層及內層無骨針，珊瑚蟲有稀疏的桿形骨針，長約0.04～0.10 mm，表面僅有稀疏的小突起；柱部表層含棒形骨針，多數長度在0.14～0.20 mm之間，棒頭及柄皆有許多大突起，柄部粗而漸尖，少數骨針似紡錘形；柱部內層含長紡錘形骨針，長度變異大，最長者可達5 mm，兩端都尖，中央有腰環，表面有不規則的小疣突。生活群體呈黃褐或綠褐色。

相似種：柔軟指形軟珊瑚（見第202頁），但本種的分枝較短，柱部骨針亦明顯不同。
地理分布：廣泛分布於西太平洋珊瑚礁區。台灣南部及離島淺海。

大型珊瑚體 (貓鼻頭, -15 m)

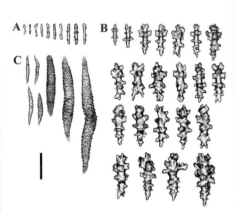

*Sinularia sandensis*的骨針。A：珊瑚蟲；B：柱部表層；C：柱部內層。(比例尺：A, B=0.1 mm；C=1.0 mm)

珊瑚體群集 (南灣, -12 m)

珊瑚體分枝柔軟 (後壁湖, -10 m)

分枝細長柔軟 (南灣, -12 m)

珊瑚蟲收縮的分枝

珊瑚蟲伸展的分枝

深度 5～20 m | 棲所：海流稍強的珊瑚礁區或鄰近沙地處

Sinularia scabra Tixier-Durivault, 1970

鱗指形軟珊瑚

　　珊瑚體小分枝形，直徑很少超過20 cm，柱部短，冠部由數個脈狀分枝、密集的小分枝和突起構成。珊瑚蟲單型，觸手與珊瑚體同色，灰白或半透明狀，密集分布在冠部分枝表面。冠部分枝表層含棒形骨針，長約0.10～0.26 mm，棒頭多不規則突起，部分較長骨針有中央環，更長者的棒頭突起少，另有紡錘形骨針，長約0.26 mm；柱部表層含相似的棒形骨針，但棒頭稍大，柄部較粗，有較多大突起；分枝內層含紡錘形骨針，長可達3 mm，表面有低矮錐形突起或中型疣突，少數於一端有分叉；柱部內層也含紡錘形骨針，長可達3.5 mm，表面有中型疣突。生活群體呈黃褐或綠褐色。

相似種：澎湖指形軟珊瑚（見第235頁），但珊瑚體的分枝較小，珊瑚蟲和骨針形態皆有差異。

地理分布：越南芽莊。台灣南部及東沙、澎湖海域。

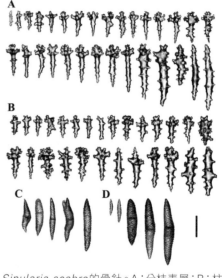

Sinularia scabra 的骨針。A：分枝表層；B：柱部表層；C：分枝內層；D：柱部內層。(比例尺：A, B=0.1 mm；C, D=1.0 mm)

珊瑚體伸展與收縮態 (南灣, -18 m)

珊瑚體收縮的群集(貓鼻頭, -15 m)　　珊瑚蟲伸展和收縮的群體　　珊瑚蟲收縮的群體

珊瑚體小分枝形 (東沙, -15 m)

珊瑚體群集 (東沙, -15 m)

深度 5～30 m　　　　棲所：海流稍強的珊瑚礁斜坡

Sinularia siaesensis van Ofwegen, 2008

夏仙指形軟珊瑚

　　珊瑚體表覆形，柱部短，冠部有多樣的脈狀分枝，包括結節形、指形或扁平指形，分枝可能相連呈稜脊狀。珊瑚體質地堅硬。珊瑚蟲單型，密集分布於冠部表面，不含骨針，可完全收縮，珊瑚孔呈小凹窩狀。分枝及冠部表層含棒形骨針，長約0.07～0.12 mm，較長者可達0.23 mm，棒頭有大突起，外形不規則；較長骨針的棒頭不明顯而似紡錘形；柱部表層含相似骨針，但棒頭和柄皆較粗，柄部且有較多大突起；分枝及柱部內層皆含紡錘形骨針，長可達2.6 mm，多數不規則彎曲，頂端稍鈍，表面有密集的複式突起。生活群體呈灰褐色或黃褐色。

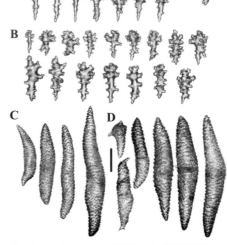

相似種：短小指形軟珊瑚（見第197頁）、丘突指形軟珊瑚（見第249頁），但本種的分枝多樣且不規則，表層骨針形態不同。

地理分布：帛琉。台灣南部及東沙淺海。

*Sinularia siaesensis*的骨針。A：分枝表層；B：柱部表層；C：分枝內層；D：柱部內層。(比例尺：A, B=0.1 mm；C, D=0.5 mm)

珊瑚體的分枝不規則 (南灣, -15 m)

珊瑚體表覆形 (南灣, -10 m)

珊瑚體脈狀分枝密集 (東沙, -8 m)

珊瑚體形態變異 (龍坑, -15 m)

珊瑚蟲伸展的小珊瑚體

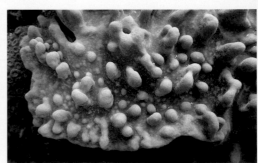

珊瑚蟲收縮的分枝

深度 3 ～ 20 m　　　　棲所：開放型淺海礁台或礁岩頂部

Sinularia slieringsi van Ofwegen & Vennam, 1994

絲麗指形軟珊瑚

　　珊瑚體表覆形，柱部短，常形成大群體，直徑可達1 m以上，冠部有許多短的結節形或小丘形分枝，有些分枝聚集成簇。珊瑚體質地堅硬。珊瑚蟲單型，短小，密集分布於冠部表面，珊瑚蟲由小棒形骨針支持。分枝表層含棒形骨針，多數長約0.09～0.15 mm，棒頭有不規則突起或中央環，另有紡錘形骨針，長可達0.25 mm；柱部表層也含棒形骨針，棒頭較大且多不規則突起，棒柄較粗且多大突起；分枝及柱部內層皆含紡錘形骨針，多數長約0.6～2.5 mm，表面有大而粗糙的齒突或小疣突，少數骨針有側向分枝。生活群體呈黃褐色或灰褐色。

相似種：短小指形軟珊瑚（見第197頁）、夏仙指形軟珊瑚（見左頁），但本種分枝結節狀，表層骨針不同。

地理分布：印尼、帛琉。台灣南部及澎湖、東沙海域。

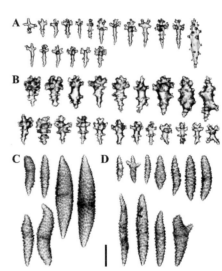

*Sinularia slieringsi*的骨針。A：分枝表層；B：柱部表層；C：分枝內層；D：柱部內層。(比例尺：A, B=0.1 mm；C, D=0.5 mm)

分枝結節形或小丘形 (東沙, -12 m)

珊瑚體緊覆礁石生長 (南灣, -20 m)

珊瑚蟲半收縮的分枝

珊瑚蟲伸展的分枝

珊瑚體表覆形 (東沙, -12 m)

珊瑚體冠部分枝短 (貓鼻頭, -8 m)

深度 3 ～ 25 m　　　　棲所：海流或波浪較強的珊瑚礁平台或斜坡上段

Sinularia soongi van Ofwegen & Benayahu, 2012

宋氏指形軟珊瑚

　　珊瑚體分枝叢形，柱部短而明顯，冠部由數個脈狀分枝及許多次生分枝組成，分枝末端圓鈍，呈小圓球形或稍側扁。珊瑚蟲單型，密集分布於分枝表面，各珊瑚蟲周圍8尖點呈環狀，由小紡錘形骨針支持；觸手含小柱形骨針。分枝表層含棒形骨針，長約0.10～0.25 mm，多數棒頭有中央環帶；柱部表層含小柱形、絞盤形和十字形骨針，長約0.07～0.12 mm，以及棒形骨針，長約0.15～0.23 mm，棒頭有中央環；另有紡錘形骨針，長約0.3～0.4 mm；分枝及柱部內層皆含紡錘形骨針，長可達3 mm，表面有密集疣突。生活群體呈土黃色或黃褐色。

相似種： 絢麗指形軟珊瑚（見第230頁）、散枝指形軟珊瑚（見第239頁），但本種分枝末端圓鈍，骨針形態有差異。本種為表彰中山大學宋克義教授之貢獻而命名。

地理分布： 琉球群島。台灣南部及澎湖、東沙淺海。

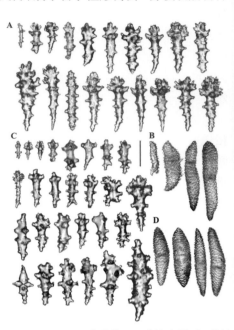

*Sinularia soongi*的骨針。A：分枝表層；B：分枝內層；C：柱部表層；D：柱部內層。(比例尺：A, C=0.1 mm；B, D=1.0 mm)

小型珊瑚體群集 (東沙, -12 m)

珊瑚體分枝叢形 (東沙, -15 m)

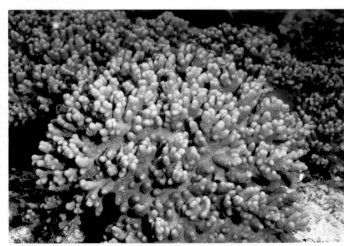

珊瑚體冠部的脈狀分枝 (東沙, -15 m)

分枝末端圓鈍 (東沙, -12 m)

珊瑚蟲伸展的分枝

珊瑚蟲半收縮的分枝

深度 5 ～ 25 m ｜ 棲所：開放型珊瑚礁平台或斜坡中、下段

Sinularia sublimis van Ofwegen, 2008

高突指形軟珊瑚

　　珊瑚體表覆形，柱部短，冠部有脈狀分枝及次生分枝，分枝呈指形或結節形，長度及大小不一致。珊瑚蟲單型，短小，白色或半透明，不規則分布於分枝及冠部表面，珊瑚蟲基部有小棒形骨針支持，可完全收縮，珊瑚孔稍突出。分枝表層含棒形骨針，長約0.11～0.25 mm，較短骨針的棒頭有中央環，較長者不明顯，另有細長紡錘形骨針，長可達0.4 mm；柱部表層含相似棒形骨針，但棒頭稍大，棒柄較粗短，紡錘形骨針則較短，表面多刺狀突起。分枝及柱部內層皆含紡錘形骨針，前者長可達2.5 mm，後者則達3.1 mm，表面都有許多大而粗糙的齒狀疣突，少數骨針有側向分枝。生活群體呈黃褐色或灰褐色，通常形成小群體。

相似種：菊指形軟珊瑚（見第214頁），但本種珊瑚體較小，分枝較疏，質地較硬。

地理分布：帛琉。台灣南部海域。

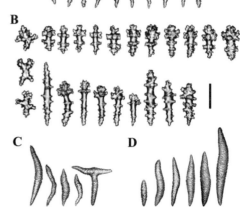

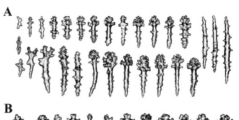

*Sinularia sublimis*的骨針。A：分枝表層；B：柱部表層；C：分枝內層；D：柱部內層。(比例尺：A, B=0.1 mm；C, D=1.0 mm)

珊瑚體脈狀分枝 (貓鼻頭, -20 m)

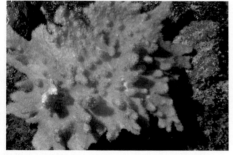

小型珊瑚體 (南灣, -15 m)

珊瑚蟲伸展的分枝

珊瑚蟲收縮的分枝

珊瑚體表覆形 (南灣, -18 m)

珊瑚體分枝不整齊 (合界, -18 m)

深度 5 ～ 25 m　　　　棲所：珊瑚礁斜坡下段或鄰近沙地處

Sinularia triangula Tixier-Durivault, 1970

三角指形軟珊瑚

　　珊瑚體表覆形，柱部短，緊覆礁石表面生長，冠部厚實，由許多角錐形脈狀分枝或結節形小分枝組成，分枝略側扁。珊瑚蟲細小，分枝上較密集，冠部較疏，可完全收縮，珊瑚孔稍突出。分枝及柱部表層都含棒形骨針，長約0.08～0.20 mm，棒頭大，棒柄粗而漸尖，外觀呈倒三角形，另有少數紡錘形骨針，長可達0.26 mm；柱部表層的棒形骨針稍短，但棒柄較粗。分枝及柱部內層皆含紡錘形骨針，多數長約0.8～2.8 mm，少數有側向分枝，表面有中型齒狀疣突。生活群體呈黃褐色或褐色，常形成大群體。

相似種：多指指形軟珊瑚（見第237頁），但本種分枝角錐形，表層骨針亦不同。

地理分布：新喀里多尼亞、關島。台灣南部海域。

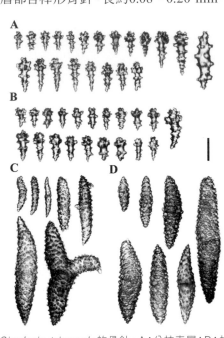

珊瑚體表覆形 (南灣, -15 m)

*Sinularia triangula*的骨針。A：分枝表層；B：柱部表層；C：分枝內層；D：柱部內層。(比例尺：A，B=0.1 mm；C, D=0.5 mm)

大型珊瑚體 (後壁湖, -12 m)

珊瑚體分枝角錐形 (後壁湖, -12 m)

珊瑚體分枝略側扁 (南灣, -12 m)

珊瑚蟲伸展的分枝

珊瑚蟲收縮的分枝

深度 5～25 m ｜ 棲所：開放型珊瑚礁平台或斜坡中、下段

Sinularia tumulosa van Ofwegen, 2008

丘突指形軟珊瑚

　　珊瑚體表覆形，柱部短，冠部有許多直立的指形分枝，少數較長分枝有次生小分枝，有些短小分枝呈結節形。珊瑚蟲密集分布於珊瑚體表面，伸展時呈白色，可完全收縮。珊瑚蟲含小桿形骨針，長約0.08～0.09 mm；分枝表層含棒形骨針，長約0.09～0.25 mm，棒頭較粗且多突起，另有紡錘形骨針，長可達0.36 mm；柱部表層也含棒形骨針，長可達0.22 mm；分枝內層含紡錘形骨針，長可達2.5 mm，表面有中型疣突；柱部內層也含紡錘形骨針，長約0.5～3.5 mm，較短 (<1 mm) 骨針表面有不規則大疣突或分枝。珊瑚體質地堅硬，生活群體呈黃褐色或灰褐色。

相似種：短指形軟珊瑚（見第216頁）、絲麗指形軟珊瑚（見第245頁），但本種分枝大多直立，珊瑚蟲及骨針形態也有差異。

地理分布：帛琉。台灣南部及澎湖、東沙海域。

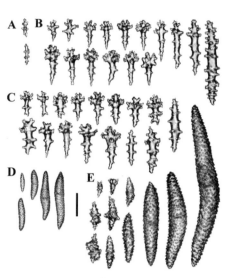

*Sinularia tumulosa*的骨針。A：珊瑚蟲；B：分枝表層；C：柱部表層；D：分枝內層；E：柱部內層。(比例尺：A, B, C=0.1 mm；D, E=0.5 mm)

珊瑚體分枝直立 (後壁湖, -10 m)

珊瑚體收縮態 (南灣, -10 m)

珊瑚蟲伸展的分枝

珊瑚蟲收縮的分枝

珊瑚蟲伸展(左)與收縮(右)的珊瑚體 (南灣, -12 m)

珊瑚體表覆形 (南灣, -15 m)

深度 3～20 m ｜ 棲所：海流稍強的珊瑚礁平台或斜坡上段

Sinularia variabilis Tixier-Durivault, 1945

變異指形軟珊瑚

　　珊瑚體分枝形，柱部圓柱形，冠部有許多脈狀分枝及密集的次生分枝，小分枝呈短指形或結節形。珊瑚蟲單型，密集分布於分枝表面，共肉表面則較疏，可完全收縮，珊瑚孔稍隆起。珊瑚蟲含桿形骨針，長約0.10～0.13 mm；分枝表層含棒形骨針，長約為0.12～0.28 mm，棒頭有不規則的尖銳突起，部分呈葉形，柄部突起呈環狀；柱部表層含相似棒形骨針，但稍粗短，柄部突起較大；分枝與柱部內層皆含紡錘形骨針，長可達3.2 mm，多數略為彎曲，一端偶有分枝，表面有大疣突，邊緣呈鋸齒狀。生活群體呈綠褐或黃褐色。

相似種：脈指形軟珊瑚（見第207頁）、菊指形軟珊瑚（見第214頁），但本種分枝較短小，珊瑚蟲及骨針形態不同。

地理分布：廣泛分布於西太平洋珊瑚礁區。台灣南部及東沙、綠島海域。

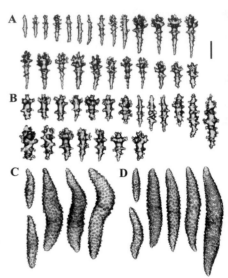

*Sinularia variabilis*的骨針。A：珊瑚蟲及分枝表層；B：柱部表層；C：分枝內層；D：柱部內層。(比例尺：A, B=0.1 mm；C, D=0.5 mm)

珊瑚體收縮態 (南灣, -18 m)

珊瑚體分枝形 (眺石, -15 m)

珊瑚體伸展態 (南灣, -15 m)

脈狀分枝近照

珊瑚蟲伸展的分枝

珊瑚蟲收縮的分枝

深度 10～30 m　　　　　　　　　棲所：珊瑚礁斜坡中、下段

Sinularia venusta Tixier-Durivault, 1970

韋氏指形軟珊瑚

　　珊瑚體柱部短，小型珊瑚體為表覆形，大型珊瑚體冠部由許多脈狀分枝及指形分枝組成，小分枝圓球形或結節形。珊瑚蟲細小，密集分布於小分枝表面，冠部表面則較疏，可完全收縮，珊瑚孔稍隆起。分枝表層含棒形骨針，長約0.10～0.33 mm，棒頭有形態不規則大突起，柄部有小錐形突起，部分較小骨針有分叉或呈十字形，較大骨針的柄部粗大；柱部表層含相似棒形骨針，但棒頭較大，柄部較粗，且有較大突起；分枝與柱部內層皆含紡錘形骨針，長可達2.5 mm，多數粗短，兩端略鈍，表面有密集的鋸齒狀疣突。生活群體呈黃褐或綠褐色，本種珊瑚體和骨針形態都有甚大變異。

相似種：奇特指形軟珊瑚（見第233頁），但本種大型珊瑚體的分枝呈脈狀，骨針也有差異。

地理分布：新喀里多尼亞、留尼旺群島、馬紹爾群島。台灣南部海域。

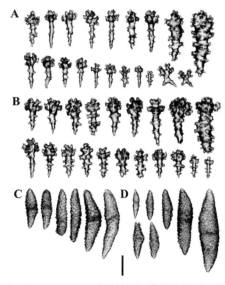

*Sinularia venusta*的骨針。A：分枝表層；B：柱部表層；C：分枝內層；D：柱部內層。(比例尺：A, B=0.1 mm；C, D=0.5 mm)

珊瑚體分枝密集 (後壁湖, -12 m)

脈狀分枝近照

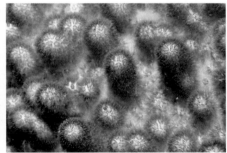

珊瑚蟲伸展態

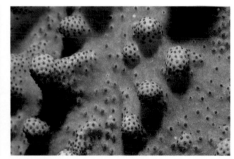

珊瑚蟲收縮態

大型珊瑚體 (後壁湖, -12 m)

小型珊瑚體形態變異 (眺石, -10 m)

深度 5～20 m　　　　棲所：海流平緩或鄰近沙地的珊瑚礁區

Sinularia wanannensis van Ofwegen & Benayahu, 2012

望安指形軟珊瑚

　　珊瑚體小分枝形，柱部窄小，高約1～2 cm，冠部由脈狀分枝及許多次生小分枝組成，小分枝呈結節形。珊瑚蟲細小，周圍有小桿形骨針支持，通常不完全收縮，珊瑚孔略突出，小桿形骨針長約0.07～0.10 mm。分枝表層含棒槌形骨針，多數長約0.07～0.15 mm，棒頭有葉形突起，少數長達0.25 mm，棒頭較不明顯，另有紡錘形骨針，長可達0.40 mm；柱部表層含相似棒槌形骨針，但部分骨針較粗大，紡錘形骨針可達0.35 mm；分枝及柱部內層皆含大紡錘形骨針，長可達6.0 mm，表面有大齒狀疣突。生活群體伸展時呈淡黃或黃褐色，收縮時呈灰色，質地堅硬。

相似種：澎湖指形軟珊瑚（見第235頁），但本種的分枝及柱部表層含棒槌形骨針。
地理分布：澎湖、東沙、台灣南部海域。

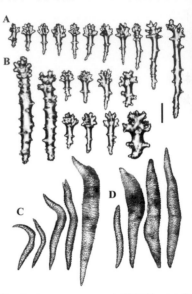

*Sinularia wanannensis*的骨針。A：分枝表層；B：柱部表層；C：分枝內層；D：柱部內層。(比例尺：A, B=0.05 mm；C, D=1.0 mm)

伸展及收縮的珊瑚體 (東沙, -12 m)

珊瑚體群集 (南灣, -15 m)

珊瑚體分枝形 (南灣, -15 m)

珊瑚蟲伸展的珊瑚體 (南灣, -18 m)

珊瑚蟲伸展及收縮的分枝

珊瑚蟲半收縮的分枝

深度 10～30 m　　　　　棲所：海流稍強的珊瑚礁斜坡

Sinularia yamazatoi Benayahu, 1995

山里指形軟珊瑚

　　珊瑚體小分枝形，基部短，冠部有少數分枝，並有次生小分枝，分枝大多呈圓柱形，質地柔軟。珊瑚蟲直徑約1～2 mm，分布於冠部分枝表面，並於分枝末端較密集，伸展時絨毛狀，收縮時稍突出。分枝表層含棒形骨針，長約0.05～0.37 mm，大多數在0.12～0.20 mm之間，棒頭不明顯或有短鈍突起，少數棒頭稍大或有分叉，較長骨針的棒頭更不明顯，而近似紡錘形；柄部通常漸尖，並有少數突起；柱部表層含相似骨針。分枝和基部內層骨針皆為紡錘形，直或稍彎曲，少數有分叉，兩端尖或稍鈍，長約0.5～2.0 mm，表面突起明顯突出，直徑約0.05 mm。生活群體呈乳白或淡黃色。

相似種：厚實菴葵軟珊瑚（見第108頁），但骨針形態完全不同。

地理分布：琉球群島。台灣南部海域。

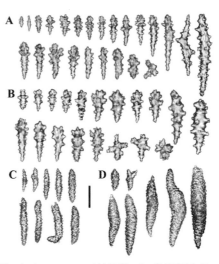

Sinularia yamazatoi 的骨針。A：分枝表層；B：柱部表層；C：分枝內層；D：柱部內層。(比例尺：A, B=0.1 mm；C, D=0.5 mm)

珊瑚體形態變異 (合界, -30 m)

珊瑚幼體 (出水口, -18 m)

珊瑚蟲伸展的分枝

珊瑚蟲收縮的分枝

珊瑚體小分枝形 (南灣, -15 m)

珊瑚幼體 (雷打石, -15 m)

深度 10～35 m　　　　棲所：珊瑚礁斜坡下段或鄰近沙地的礁區

Sinularia hengchuenensis sp. n.

恆春指形軟珊瑚（新種）

　　珊瑚體分枝形，柱部短窄，冠部有數個大脈狀分枝及次生分枝，分枝大小不一，較大分枝通常側扁，較小分枝為指形。珊瑚蟲短小，直徑約1 mm，密集分布於分枝表面，可完全收縮，珊瑚孔呈小凹窩狀。珊瑚蟲含小桿形骨針，長約0.08～0.10 mm；分枝表層主要含棒形骨針，長約0.08～0.28 mm，棒頭有大突起，較小骨針的突起呈葉形，多數棒頭突起不規則，柄部粗細不一致；較大骨針的柄部較粗，突起較大而多，少數有分叉；另有紡錘形骨針，長可達0.33 mm，表面有錐形或刺狀突起；柱部表層含相似骨針，但多數較短，柄部較粗，棒頭突起較小；分枝和基部內層皆含紡錘形骨針，長度變異大，約0.5～4.2 mm，表面有中至大型齒狀疣突不規則分布，少數呈橫向排列。生活群體呈黃褐或褐色。

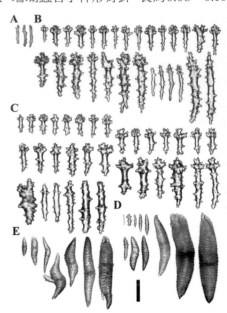

相似種：粗放指形軟珊瑚（見第217頁），但珊瑚蟲及骨針形態不相同，本種珊瑚蟲含棒形骨針。

地理分布：台灣南部南灣海域。

大分枝通常側扁 (後壁湖, -18 m)

*Sinularia hengchuenensis*的骨針。A：珊瑚蟲；B：分枝表層；C：柱部表層；D：分枝內層；E：柱部內層。(比例尺：A, B, C=0.1 mm；D, E=1.0 mm)

珊瑚體分枝形 (後壁湖, -18 m)

脈狀分枝與次生分枝 (南灣, -15 m)

大型珊瑚體 (南灣, -15 m)

珊瑚蟲伸展的分枝

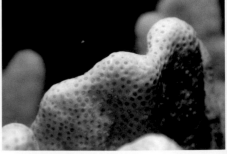

珊瑚蟲收縮的分枝

深度 10～25 m　　　　　棲所：珊瑚礁斜坡下段

Sinularia kentingensis sp. n.

墾丁指形軟珊瑚（新種）

　　珊瑚體表覆形，柱部短，高約1～2 cm，冠部由數個脈狀分枝及次生分枝構成，分枝末端圓鈍，呈小圓球或橢圓形。珊瑚蟲短圓柱形，直徑約1 mm，集中分布於分枝末端，可完全收縮，珊瑚孔呈小凹窩狀。珊瑚蟲含細紡錘形或棒形骨針，長約0.09～0.14 mm，表面光滑，突起少；分枝表層主要含棒形骨針，長約0.08～0.28 mm，棒頭突起變異大，有些呈葉形，有些不規則或不明顯，較小骨針具中央環，柄部有少數突起；另有紡錘形骨針，長可達0.38 mm，表面有少數錐形突起；柱部表層含相似棒形骨針，但有較多且較粗的紡錘形骨針，長可達0.48 mm，多數不規則彎曲，表面有錐形或小圓柱形突起，少數一端膨大而呈棒形。分枝和柱部內層皆含紡錘形骨針，長度變異大，約0.4～2.0 mm，表面突起多樣，包括簡單小突起至複式齒狀疣突，且多數呈不規則彎曲。生活群體呈黃褐或綠褐色。

相似種：葛氏指形軟珊瑚（見第210頁），但本種珊瑚蟲含骨針。

地理分布：目前僅於台灣南部海域發現。

珊瑚體群集 (南灣, -12 m)

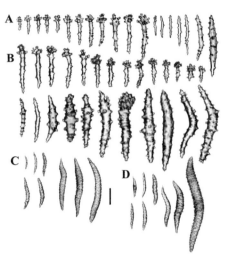

Sinularia kentingensis 的骨針。A：珊瑚蟲及分枝表層；B：柱部表層；C：分枝內層；D：柱部內層。(比例尺：A, B=0.1 mm；C, D=0.5 mm)

珊瑚體分枝成簇 (南灣, -15 m)

小型珊瑚體

珊瑚蟲伸展的分枝

珊瑚體表覆形 (紅柴坑, -12 m)

分枝末端圓鈍 (南灣, -15 m)

深度 5～25 m　　　　　棲所：珊瑚礁斜坡中、下段或鄰近沙地處

Sinularia nanwanensis sp. n.

南灣指形軟珊瑚（新種）

　　珊瑚體分枝形，柱部明顯，高約2～3 cm，冠部由數個脈狀分枝及次生分枝構成，分枝末端圓鈍，成簇聚集。珊瑚蟲白色短圓柱形，直徑約1 mm，集中分布於分枝末端，可完全收縮，珊瑚孔呈小凹窩狀。珊瑚蟲含小桿形骨針，長約0.06～0.12 mm，表面光滑，突起少；分枝表層含多樣骨針，包括 (1) 棒形骨針，長約0.10～0.23 mm，棒頭突起大，棒柄漸尖，部分呈倒三角形；(2) 紡錘形骨針，長可達0.4 mm，表面有少數錐形突起；(3) 桿形骨針，長約0.06～0.12 mm；柱部表層主要含棒形骨針，長約0.1～0.3 mm，棒頭和柄部通常都較大，另有紡錘形骨針，長約0.15～0.35 mm，表面有較大錐形突起。分枝內層含不規則的紡錘形骨針，通常兩端鈍或有分叉，長可達0.32 mm，表面有中型齒狀疣突；柱部內層含紡錘形骨針，形態較規則，兩端漸尖，表面的齒狀疣突常呈斜向排列。生活群體呈灰藍或淡黃色。

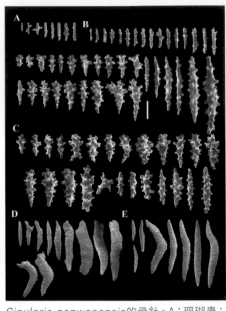

相似種：墾丁指形軟珊瑚（見第255頁），但本種珊瑚蟲和骨針形態皆有差異。

地理分布：目前僅在台灣南部南灣海域發現。

部分染病的珊瑚體 (南灣, -12 m)

*Sinularia nanwanensis*的骨針。A：珊瑚蟲；B：分枝表層；C：柱部表層；D：分枝內層；E：柱部內層。(比例尺：A, B, C=0.1 mm；D, E=1.0 mm)

珊瑚體小分枝形 (香蕉灣, -15 m)

珊瑚體群集 (香蕉灣, -12 m)

珊瑚體形態變異 (南灣, -18 m)

珊瑚體收縮態

珊瑚蟲收縮的分枝

深度 10～25 m　　　　　　棲所：珊瑚礁斜坡中或下段

Sinularia taiwanensis sp. n.

台灣指形軟珊瑚（新種）

　　珊瑚體分枝形，柱部短，冠部有數個脈狀分枝及次生指形分枝。珊瑚蟲短小，呈淡黃色，密集分布於分枝表面，冠部表面較疏，柱部無珊瑚蟲。分枝表層主要含棒形骨針，長約0.06～0.25 mm，多數棒頭有中央環或葉狀突起，棒柄有小突起呈環狀分布；另有紡錘形骨針，長約0.20～0.26 mm，表面有小突起。柱部表層含相似棒形骨針，但較粗短，多數長約0.08～0.14 mm；分枝內層主要含紡錘形骨針，長可達3.5 mm，不規則彎曲，表面有許多小型齒狀疣突；柱部內層也含紡錘形骨針，長可達3.5 mm，較短者（<1 mm）表面有不規則的大突起或分枝。生活群體呈淡黃或淡綠色，通常形成小群體。

相似種：散枝指形軟珊瑚（見第239頁），但本種珊瑚蟲和骨針形態皆不同。

地理分布：台灣南部墾丁海域。

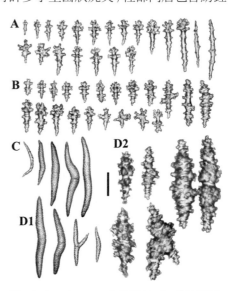

珊瑚體收縮態 (貓鼻頭, -15 m)

*Sinularia taiwanensis*的骨針。A：分枝表層；B：柱部表層；C：分枝內層；D：柱部內層。(比例尺：A, B, D2=0.1 mm；C, D1=1.0 mm)

末端分枝指形

珊瑚蟲伸展的分枝

珊瑚蟲收縮的分枝

珊瑚體分枝形 (貓鼻頭, -10 m)

珊瑚體伸展態 (後壁湖, -12 m)

深度 5 ～ 25 m　　　　棲所：開放型珊瑚礁斜坡

Alcyonium variabile (J.S. Thomson, 1921)

多變軟珊瑚

　　珊瑚體蕈形，由球形的冠部和圓柱形的柱部構成，高約25 mm，直徑約15 mm，冠部紅色，柱部乳白色，珊瑚蟲僅分布於冠部。冠部含橢圓形或絞盤形骨針，長約0.04～0.08 mm，另有多刺桿形及一端膨大的棍棒形骨針，長約 0.15～0.34 mm，表面皆有許多錐刺形突起。珊瑚蟲大，不完全收縮，內含細長桿形或紡錘形骨針，長可達0.45 mm；柱部含球形或絞盤形骨針，長約0.05～0.10 mm，表面密集覆蓋錐刺形突起。

相似種：無，本種的形態變異甚大（Williams, 1986）。
地理分布：廣泛分布於印度洋及西太平洋珊瑚礁區。本種標本係以底拖網採集自台灣西南海域水深約50 m。

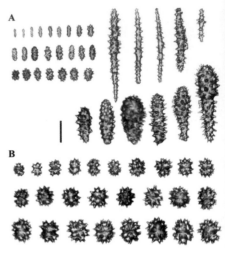

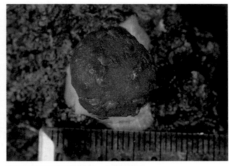

珊瑚體蕈形

珊瑚體冠部呈球形，含珊瑚蟲。

*Alcyonium variabile*的骨針。A：珊瑚蟲及冠部；B:柱部。(比例尺=0.1 mm)

| 深度 30～450 m | 棲所：硬底質 |

Eleutherobia dofleini (Kükenthal, 1906)

杜氏牛角軟珊瑚

　　珊瑚體分枝形，分枝指形，長約4 cm，基部直徑約1 cm，主分枝可能有數個側分枝，由珊瑚蟲出芽增殖延長而形成，基部通常延展附著在貝殼或礫石表面。珊瑚蟲可收縮，萼部寬約2 mm。珊瑚蟲及觸手含細紡錘形骨針，長約0.1～0.6 mm，多數彎曲且一端稍大；分枝表面及萼部含紡錘形骨針，長約0.10～0.26 mm，中央膨大而兩端尖，另有似絞盤形或橢圓形骨針，長約 0.10～0.16 mm；柱部表層和內層皆含絞盤形、似橢圓形或雙頭形骨針，長約 0.08～0.14 mm，表面多大疣突，且通常有腰環。

相似種：無
地理分布：西太平洋自印尼至日本中部。本種標本係以底拖網採自台灣西南海域水深約50 m。

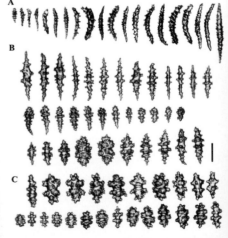

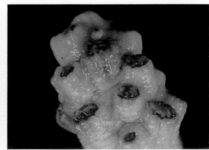

珊瑚體分枝形

收縮的珊瑚蟲及其萼部

*Eleutherobia dofleini*的骨針。A：珊瑚蟲；B：分枝表層及萼部；C:柱部。(比例尺: A=0.2 mm；B, C=0.1 mm)

| 深度 30～200 m | 棲所：硬底質 |

Paraminabea aldersladei (Williams, 1992)

歐氏擬柱軟珊瑚

　　珊瑚體呈指形，通常無分枝，基部較寬，近圓柱形，末端漸尖，高度通常在8 cm以內，表面有些皺褶。珊瑚體為橙色或橙紅色，珊瑚蟲大致均勻分布在表面，僅基部小部分不具珊瑚蟲。珊瑚蟲雙型，獨立個蟲較大，伸展時呈白或黃色，半透明，收縮時呈凹窩狀，管狀個蟲為細小孔洞。頂部及基部表層皆含橢圓形、啞鈴形或多刺柱形骨針，長約 0.03～0.07 mm；內層共肉含相似骨針，但較粗大，長約0.08～0.10 mm，表面密布尖銳突起。骨針大多為橙色。

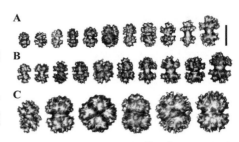

*Paraminabea aldersladei*的骨針。A：頂部表層；B：基部表層；C：共肉內層。(比例尺：A, B, C=0.05 mm)

相似種：葛氏擬球骨軟珊瑚（見第260頁），但本種珊瑚蟲為雙型，且骨針形態不同。

地理分布：廣泛分布於西太平洋珊瑚礁區，自澳洲大堡礁至台灣南部皆有分布。

獨立個蟲近照 (萬里桐, -20 m)

珊瑚體伸展態 (南灣, -20 m)

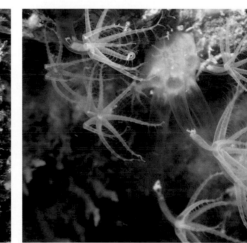

珊瑚幼體 (萬里桐, -20 m)

獨立個蟲充分伸展

獨立個蟲完全收縮 (萬里桐, -15 m)

珊瑚體指形

深度 10～35 m | 棲所：珊瑚礁斜坡中、下段凹壁或洞穴附近

擬球骨軟珊瑚科
Parasphaerascleriiidae McFadden & van Ofwegen, 2013

本科係從軟珊瑚科物種劃分而來，根據分子親緣分析結果，這些物種為單系群，且與軟珊瑚科其他物種的親緣關係甚遠，因此獨立為一科（McFadden & van Ofwegen, 2013）。本科目前僅含1屬3種，珊瑚體為指形，珊瑚蟲單型，不具骨針，珊瑚體表層及內層則含輻射形、球形和桿形骨針，且具顏色。珊瑚體不含共生藻。台灣海域僅有1屬1種。

擬球骨軟珊瑚屬 (*Parasphaerasclera*)

Parasphaerasclera grayi (Thomson & Dean, 1931)

葛氏擬球骨軟珊瑚

珊瑚體指形，無分枝，基部較寬，近圓形，末端漸尖，高度通常在8 cm以內，基部無珊瑚蟲，約占總體長的五分之一。珊瑚蟲單型，大致均勻分布，間隔約2 mm，無共生藻，伸展的珊瑚蟲為白色或半透明，長可達3 mm，觸手細絲狀，兩側各有約12～13羽枝。珊瑚蟲可完全收縮，萼部為黃或灰色。頂部表層主要含八輻形骨針，長約0.04～0.06 mm，近兩端處有突起呈環狀排列；基部表層含相似骨針，但稍大，長約0.05～0.08 mm；頂部內層含八輻形、啞鈴形、十字形或有分枝的紡錘形骨針，長約0.04～0.08 mm；基部內層含大突起或分叉的紡錘形、棒形或不規則形骨針，長約0.06～0.10 mm。珊瑚體呈紅或橙色。

相似種：歐氏擬柱軟珊瑚（見第259頁），但本種珊瑚蟲為單型，且骨針形態不同。*Eleutherobia grayi*為其異名。
地理分布：廣泛分布於西太平洋珊瑚礁區。台灣南、東部及綠島海域。

珊瑚體伸展態 (合界, -20 m)

珊瑚體群集 (船帆石, -6 m)

深度 5 ～ 35 m

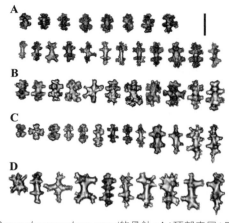

*Parasphaerasclera grayi*的骨針。A：頂部表層；B：基部表層；C：頂部內層；D：基部內層。(比例尺: A, B, C, D=0.05 mm)

珊瑚蟲充分伸展 (船帆石, -6 m)

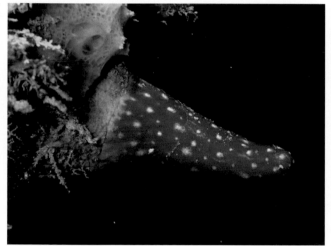

珊瑚蟲收縮態

珊瑚體顏色變異 (萬里桐, -22 m)

珊瑚體群集 (萬里桐, -22 m)

棲所：珊瑚礁凹壁或洞穴附近

穗珊瑚科
Nephtheidae Gray, 1862

本科軟珊瑚的形態和顏色都有許多變化，屬於珊瑚礁上非常亮眼的一群生物。珊瑚體通常為分枝形、叢形或球形，以基部附著於礁岩或礫石上，其上的柱部衍生主分枝及次生分枝，珊瑚蟲大多成簇或束狀分布於分枝末端。珊瑚體的收縮性通常很強，收縮後的形態和體型與伸展時差異甚大；珊瑚蟲大多由大型骨針束支撐，有些骨針可能突出珊瑚體表面。

本科軟珊瑚全球已知有20屬共約500種（WoRMS，2021），多數分布於深海，其中，棘穗軟珊瑚屬（Dendronephthya）就有約250種。由於本科物種的珊瑚體和骨針形態都很複雜，而且變異甚大，傳統的物種分類描述又往往非常簡略、描述含糊不清（如Kükenthal，1903；Thomson et al., 1909；Sherriffs, 1922），造成物種鑑定非常困難，因此同種異名現象可能相當普遍。近年來，針對本科部分物種的分子親緣研究結果顯示，依據形態特徵所建立的傳統分類系統，亟需重新修訂；例如珊瑚礁區常見的穗珊瑚屬（Nephthea），分子親緣關係顯示其與錦花軟珊瑚屬（Litophyton）為同屬異名，因此依據優先法則合併於錦花軟珊瑚屬（van Ofwegen and Groenenberg, 2007；van Ofwegen, 2016）。棘穗軟珊瑚屬也是個多系群，未來可能分為數個屬；其他物種數較少的屬則可能有整併或修訂的必要。未來本科的屬及種之間的分類系統都需要更多研究來釐清。

棘穗軟珊瑚

本科在台灣海域已知有8屬44種，其中，含共生藻的錦花軟珊瑚、花菜軟珊瑚、菀軟珊瑚、異菀軟珊瑚、實穗軟珊瑚大多分布在淺海礁區；不含共生藻的棘穗軟珊瑚和骨穗軟珊瑚大多分布在較深的珊瑚礁斜坡。目前已知物種大多生長在水深30 m以內的淺海，未來在較深水域的採樣調查，將可發現更多種類。

錦花軟珊瑚屬 (Litophyton)

花菜軟珊瑚屬 (Capnella)

菀軟珊瑚屬 (Lemnalia)

異菀軟珊瑚屬 (Paralemnalia)　　實穗軟珊瑚屬 (Stereonephthya)

骨穗軟珊瑚屬 (Scleronephthya)

傘花軟珊瑚屬 (Umbellulifera)

　　棘穗軟珊瑚屬是本科物種最多的一屬，牠們的分類向來是非常棘手的問題。傳統上，根據珊瑚體形態可分為三大群（Sherriffs, 1922）：（1）散枝形（divaricate）——分枝少而柔軟，珊瑚蟲呈小束分布；（2）團集形（glomerate）——分枝短而密，珊瑚蟲於分枝末端成簇分布，分枝收縮時呈圓球形；（3）繖形（umbellate）——分枝長度一致，珊瑚蟲成簇分布於分枝末端，呈繖形或圓球形。更進一步的分類，依據珊瑚蟲骨針架（anthocodial armature）的骨針排列型態，可分為6級（Grade I～IV），並加入不同部位的骨針數，以骨針架公式表達。例如：V=1 P + (1～3) p + 0 Cr + very strong SB + (0～2) M，即表示該物種珊瑚蟲的骨針架屬於第5級（Grade V），每個尖點由2～4支骨針構成，其中1支特別大（1 P），基冠無骨針，珊瑚蟲支持束極突出，中間骨針0～2支。

棘穗軟珊瑚——散枝形

棘穗軟珊瑚——團集形

棘穗軟珊瑚——繖形

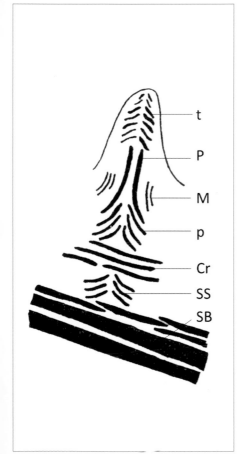

棘穗軟珊瑚之珊瑚蟲各部位骨針名稱示意圖。t:觸手骨針; P:尖點大骨針; p:尖點小骨針; Cr:基冠骨針; M:中間骨針; SS:支持鞘骨針; SB:支持束骨針

第1級 (Grade I)

第2級 (Grade II)

第3級 (Grade III)

第4級 (Grade IV)

第5級 (Grade V)

第6級 (Grade VI)

Capnella imbricata (Quoy & Gaimard, 1833)

疊瓦花菜軟珊瑚 / 菜花軟珊瑚

　　珊瑚體分枝形，由脈狀分枝和次生小分枝組成，柱部短，基底稍寬，附著於礁石上。珊瑚蟲單型，僅分布在分枝上，觸手短小，收縮時末端朝向珊瑚體表面，密集堆疊，使外表呈鱗片形或松毬形。珊瑚蟲含不規則棒形骨針，長約0.10～0.25 mm，棒頭有寬扁突起或呈葉形，柄部細長且有小突起；分枝及柱部表層含不規則棒形或近橢圓形骨針，表面多突起；分枝及柱部內層含不規則橢圓形或球形骨針，表面多刺狀、錐形或葉形突起。生活群體呈灰褐或黃褐色。

相似種：甘藍錦花軟珊瑚（見第269頁），但本種珊瑚蟲收縮之外形呈疊瓦狀，骨針頭部寬扁。

地理分布：廣泛分布於印度洋及太平洋珊瑚礁區。台灣南部及東沙、澎湖、綠島淺海。

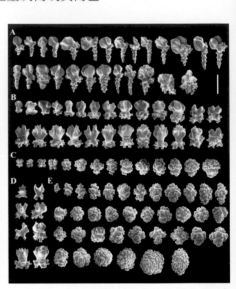

*Capnella imbricata*的骨針。A：珊瑚蟲；B：分枝表層；C：分枝內層；D：柱部表層；E：柱部內層。(比例尺：A, B, D=0.1 mm；C, E=0.2 mm)

珊瑚體伸展態 (南灣, -10 m)

珊瑚體收縮態 (東沙, -8 m)

收縮的小珊瑚體 (東沙, -8 m)

珊瑚蟲伸展的分枝

大型珊瑚體 (東沙, -8 m)

珊瑚體分枝形 (南灣, -12 m)

深度 5 ～ 25 m　　　　　棲所：開放型珊瑚礁平台及礁斜坡上段

Lemnalia faustinoi Roxas, 1933

福氏菀軟珊瑚 / 鱗花軟珊瑚

　　珊瑚體為扁平分枝形，分枝細而柔軟，柱部短，表面光滑。珊瑚蟲僅分布在小分枝末端，不成叢或穗狀，基部無骨針支持束，收縮時呈小突起狀。珊瑚蟲觸手含細小柱形或紡錘形骨針，長約0.04～0.11 mm；珊瑚蟲含紡錘形骨針，長約0.12～0.25 mm，略彎曲，表面有錐形突起，並以中央部位較多；分枝及基部表層皆含紡錘形骨針，長約0.12～0.25 mm，柱部內層含細長紡錘形骨針，長約0.26～0.40 mm，多數彎曲，表面有稀疏突起。生活群體呈黃褐或淡褐色。

相似種：無
地理分布：菲律賓。台灣南部淺海。

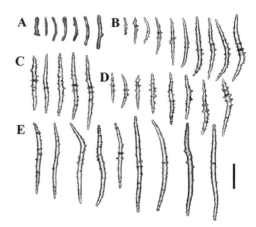

*Lemnalia faustinoi*的骨針。A：觸手；B：珊瑚蟲；C：分枝表層；D：基部表層；E：柱部內層。(比例尺：A =0.05 mm；B, C, D, E=0.1 mm)

珊瑚體收縮態 (南灣, -15 m)

珊瑚體扁平分枝形 (後壁湖, -8 m)

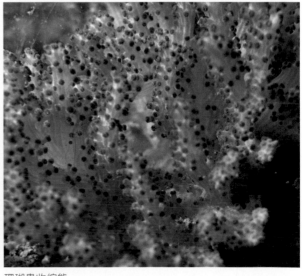

珊瑚蟲伸展態

珊瑚蟲收縮態

深度 5～20 m

棲所：鄰近沙地的軟珊瑚叢中，極罕見

Lemnalia laevis Thomson & Dean, 1931

金穗菀軟珊瑚

　　珊瑚體分枝形，由短柱部及數個脈狀分枝構成，並有許多次生和三級分枝，末端分枝纖細柔軟，表面含珊瑚蟲。珊瑚蟲直徑約0.5 mm，長約1 mm，各自獨立，依序分布於分枝表面，呈穗狀。觸手含扁平紡錘形骨針，長約0.03～0.12 mm，表面有細顆粒突起。珊瑚蟲及分枝末端含細紡錘形或桿形骨針，長約0.1～0.3 mm，表面有少數突起；柱部表層含彎曲紡錘形、彎月形或雙星形骨針，長約0.05～0.15 mm；柱部內層含細紡錘形或柱形骨針，長約0.20～0.45 mm，表面有細突起。生活群體分枝呈淡黃或黃褐色，柱部乳白色。

相似種：弱錦花軟珊瑚（見第271頁），但本種珊瑚蟲不成簇，且骨針不同。

地理分布：印尼、菲律賓。台灣僅在綠島、蘭嶼及南沙太平島發現。

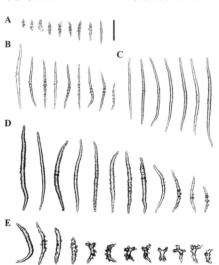

*Lemnalia laevis*的骨針。A：觸手；B：珊瑚蟲；C：分枝；D：柱部內層；E：柱部表層。(比例尺：A, B, C, D, E=0.1 mm)

末端分枝細長柔軟 (綠島, -10 m)

珊瑚體分枝形 (綠島, -15 m)

脈狀分枝及次生分枝 (蘭嶼, -18 m)

小型珊瑚體 (綠島, -18 m)

珊瑚體部分收縮 (太平島, -18 m)

珊瑚體充分收縮 (蘭嶼, -18 m)

深度 8～35 m ｜ 棲所：開放型淺海礁台或礁岩頂部

Paralemnalia thyrsoides (Ehrengerg, 1834)

指形異菀軟珊瑚 / 擬鱗花軟珊瑚

　　珊瑚體由許多指形分枝組成，基部為薄而扁平的共肉組織，分枝圓柱形，高約1～3 cm，直徑約4～8 mm。珊瑚蟲單型，分布在指形分枝，且在末端較密集，底部較稀疏。分枝表層含短紡錘形骨針，長約0.05～0.15 mm，表面突起呈環狀排列；分枝內層骨針為細長紡錘形，有些呈彎曲狀，多數長約0.2～0.3 mm，長者可達0.5 mm，表面有錐形突起，通常呈環狀排列。生活群體呈淡黃或淡褐色，具有共生藻。

相似種：多指指形軟珊瑚（見第237頁），但本種珊瑚體基部薄，分枝非脈狀，骨針明顯不同。

地理分布：廣泛分布於印度洋及太平洋珊瑚礁區。台灣南部及綠島海域。

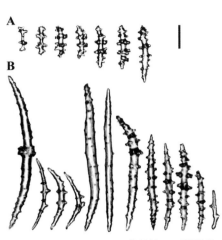

*Paralemnalia thyrsoides*的骨針。A：珊瑚蟲；B：內層。(比例尺：A, B=0.05 mm)

珊瑚體分枝圓柱形 (南灣, -12 m)

珊瑚體群集 (貓鼻頭, -10 m)

珊瑚體伸展態(南灣, -15 m)

珊瑚體收縮態 (萬里桐, -18 m)

珊瑚蟲伸展的分枝

珊瑚蟲收縮的分枝

| 深度 8 ～ 20 m | 棲所：珊瑚礁鄰近沙地處，常群集出現 |

Litophyton amentaceum (Studer, 1894)

小帶錦花軟珊瑚

珊瑚體直立分枝形，柱部長約2～3 cm，寬約1 cm，其上分出數個脈狀分枝。珊瑚蟲成簇分布於分枝，伸展時呈穗狀，收縮時圓點狀，珊瑚蟲有支持柄，支持束外側由5～6對長約1 mm的骨針組成，皆不突出，內側含較小骨針。珊瑚蟲含紡錘形或棒形骨針，長約0.1～0.5 mm，表面有小錐形突起；觸手含扁平片形骨針，長約0.05～0.09 mm；支持束骨針為彎曲紡錘形，長約0.8～1.1 mm，表面密布錐形突起；分枝表層含紡錘形(長約0.3～0.8 mm)及棒形骨針(長約0.2～0.4 mm)，表面皆有不規則突起；柱部表層含棒形及不規則形骨針，長約0.10～0.46 mm，表面突起大而不規則或有分枝；柱部內層含紡錘形骨針，長約0.2～1.0 mm，表面突起不規則或有分枝。生活群體呈淡紫或淡黃色。

相似種：甘藍錦花軟珊瑚（見右頁），但本種分枝珊瑚蟲排列呈穗狀，骨針形態亦不同。

地理分布：印尼、菲律賓。台灣南部海域。

小型珊瑚體顏色變異 (龍坑, - 15 m)

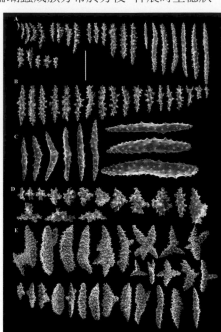
*Litophyton amentaceum*的骨針。A：珊瑚蟲；B：分枝表層；C：分枝內層；D：柱部表層；E：柱部內層。(比例尺：A, B, C, D=0.2 mm；E=0.5 mm)

小型珊瑚體 (東沙, -15 m)

珊瑚蟲半收縮

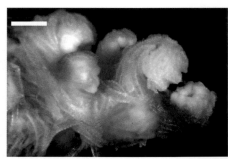
珊瑚蟲骨針架 (比例尺=0.5 mm)

珊瑚體直立分枝形 (南灣, -10 m)

珊瑚體分枝密集 (東沙, -12 m)

| 深度 8～30 m | 棲所：海流稍強的珊瑚礁斜坡中、下段 |

Litophyton brassicum (Kükenthal, 1903)

甘藍錦花軟珊瑚

　　珊瑚體分枝形，基部粗短，其上為主分枝及小分枝，分枝末端略呈圓形，珊瑚蟲分布於表面，收縮時外觀似花椰菜。珊瑚蟲小型，基部有短柄，成簇而均勻地分布於分枝末端。觸手骨針為小桿形，長約0.06～0.16 mm，表面有長突起。珊瑚蟲含直或彎曲紡錘形骨針，長約0.22～0.35 mm，表面有少數突起；支持束骨針為彎曲紡錘形，長約1.0～1.7 mm，表面有小突起；分枝及柱部表層含多刺紡錘形骨針，長約0.3～1.0 mm，表面有不規則大突起，另有不規則彎曲骨針，長約0.14～0.25 mm；柱部內層含大紡錘形骨針，長約0.5～1.0 mm，表面突起呈點狀。生活群體的分枝呈乳白色，柱部為白色，具共生藻。

相似種：小帶錦花軟珊瑚（見左頁），但本種分枝末端圓形，珊瑚蟲和骨針形態皆不同。

地理分布：菲律賓、印尼。東沙、台灣南部海域。

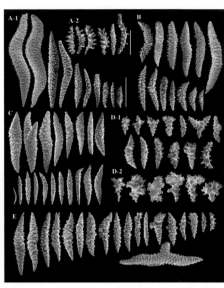

*Litophyton brassicum*的骨針。A-1：珊瑚蟲；A-2：觸手；B：分枝表層；C：分枝內層；D：柱部表層；E：柱部內層。(比例尺：A-1, B, C, D-1, E=0.5 mm；A-2, D-2=0.2 mm)

小型珊瑚體 (南灣, -10 m)

珊瑚蟲收縮態(東沙, -15 m)

珊瑚蟲伸展態 (東沙, -12 m)

分枝末端略呈圓形

珊瑚蟲分布於分枝末端

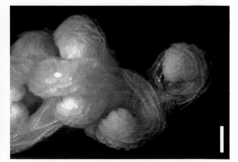

珊瑚蟲骨針架 (比例尺=0.5 mm)

深度 8 ～ 30 m　　　　棲所：珊瑚礁斜坡中、下段

Litophyton cupressiformis (Kükenthal, 1903)

柏形錦花軟珊瑚

　　珊瑚體分枝形，柱部短，分枝沿主幹間隔分布；分枝柔軟，末端略尖，由成簇珊瑚蟲包覆，形似小松毯。珊瑚蟲約5～7隻成簇分布於小分枝末端，珊瑚蟲有短柄，其支持束由紡錘形骨針形成保護鞘，但不突出。觸手含平滑小桿形骨針，長約0.07～0.09 mm；珊瑚蟲含紡錘形骨針，多數長約0.2～0.5 mm，少數長達0.8 mm，表面皆有突起；支持束骨針為長紡錘形，長約0.8～1.4 mm，稍彎曲；分枝及柱部表層含紡錘形骨針，長約0.3～0.8 mm，長刺突起於一側較多；另有不規則形骨針，長約0.2～0.4 mm；柱部內層含大紡錘形骨針，長約0.8～2.0 mm，直或稍彎曲，表面有密集疣突。生活群體分枝呈灰白或灰黃色，柱部為白色。

相似種：黑錦花軟珊瑚（見第276頁），但本種珊瑚蟲成簇，且骨針架和骨針皆不同。

地理分布：菲律賓、帛琉。東沙、台灣南至北部海域。

珊瑚體半收縮 (東沙, -15 m)

*Litophyton cupressiformis*的骨針。A：珊瑚蟲；B：分枝表層；C：分枝內層；D：柱部表層；E：柱部內層。(比例尺：A, B-2, C-2, D-2, E-2=0.5 mm；B-1, C-1, D-1, E-1=0.2 mm)

珊瑚體充分收縮 (東沙, -12 m)

珊瑚蟲伸展的分枝

珊瑚蟲骨針架 (比例尺=0.5 mm)

珊瑚體群集 (萬里桐, -15 m)

珊瑚蟲於分枝末端成簇 (東沙, -12 m)

深度 10～30 m　　　　　棲所：珊瑚礁斜坡中、下段或礁壁

Litophyton debilis (Kükenthal, 1895)

弱錦花軟珊瑚

　　珊瑚體直立分枝形，呈小叢形，具有長柱部及數個脈狀分枝。珊瑚蟲成簇分布於末端分枝及主分枝表面，珊瑚蟲寬約0.6～0.7 mm，長約0.4 mm，支持束明顯，部分骨針突出。珊瑚蟲外側含多突起紡錘形或棒形骨針，長約0.3～0.6 mm，內側則含小柱形或紡錘形骨針，長約0.14～0.20 mm；觸手含柱形小骨針，長約0.05～0.10 mm；支持束由多突起的紡錘形骨針構成，長約1～2 mm；分枝及柱部表層含紡錘形骨針，長約0.3～0.8 mm，表面多大突起，集中於一側；柱部內層含粗紡錘形骨針，多數長約0.3～1.0 mm，表面突起短小。生活群體的分枝呈黃色，柱部白色。

相似種：柔軟錦花軟珊瑚（見第278頁），但本種柱部較長，珊瑚蟲骨架及骨針皆有差異。

地理分布：菲律賓、印尼。台灣南部及綠島海域。

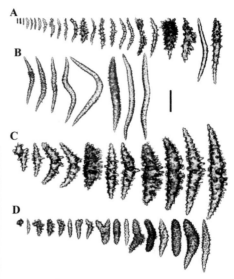

Litophyton debilis 的骨針。A：珊瑚蟲；B：支持束；C：分枝及柱部表層；D：柱部內層。(比例尺：A, C=0.2 mm；B, D=0.5 mm)

珊瑚體群集 (合界, -10 m)

珊瑚體伸展態 (南灣, -15 m)

珊瑚體聚集成叢 (萬里桐, -16 m)

珊瑚蟲充分伸展 (眺石, -10 m)

珊瑚蟲收縮近照

珊瑚蟲骨針架 (比例尺= 1.0 mm)

深度 8～30 m　　　　　棲所：流稍強的珊瑚礁斜坡中、下段或礁塊表面

Litophyton digitatum (Wright & Studer, 1889)

指形錦花軟珊瑚

　　珊瑚體小叢形，柱部短，其上為主分枝，依序分出脈狀分枝及小分枝，珊瑚蟲成簇間隔分布於小分枝；珊瑚蟲寬約1.0 mm，長約0.5 mm，支持柄長約0.8 mm，由5支以上骨針環繞構成，其中一支高出珊瑚蟲頭部；珊瑚蟲外側含紡錘形骨針，長約0.25～0.44 mm，通常稍彎曲，表面有明顯突起；珊瑚蟲內側含平滑片形或桿形骨針，長約0.07～0.10 mm；支持束由紡錘形骨針構成，長約1～2 mm，表面有小或粗突起；分枝及柱部表層含紡錘形骨針，長可達1.0 mm，表面有粗大突起；柱部內層含較粗的紡錘形骨針，長約0.9～1.5 mm，表面突起較小。生活群體呈淡褐或灰紫色。

相似種：長錦花軟珊瑚（見右頁），但本種珊瑚蟲較大，顏色及骨針形態有差異。

地理分布：菲律賓、印尼、日本及台灣南部海域。

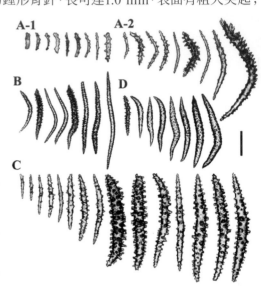

*Litophyton digitatum*的骨針。A：珊瑚蟲；B：支持束；C：分枝及柱部表層；D：柱部內層。(比例尺：A1=0.1 mm；A2, C=0.2 mm；B, D=0.5 mm)

珊瑚體收縮態 (南灣, -25 m)

珊瑚蟲成簇分布

珊瑚蟲伸展的分枝

珊瑚蟲骨針架 (比例尺= 0.5 mm)

珊瑚體分枝形 (合界, -20 m)

珊瑚體由脈狀分枝構成 (南灣, -18 m)

深度 10 ～ 30 m　　　　棲所：珊瑚礁斜坡下段或鄰近沙底處

Litophyton elongatum (Kükenthal, 1895)

長錦花軟珊瑚

　　珊瑚體分枝形,柱部粗短,由此長出主分枝及脈狀分枝,末端小分枝延長呈錐形,高約5～6 mm。珊瑚蟲成簇分布於小分枝末端,鬆散而均勻。珊瑚蟲長寬各約0.4～0.5 mm,支持柄細長。珊瑚蟲含細而彎曲的紡錘形骨針,長約0.2～0.7 mm,表面有稀疏的錐形突起;支持束由6支長紡錘形骨針組成,長約.0.9～1.6 mm,其中1～2支突出珊瑚蟲頭部;分枝及柱部表層含直而細的紡錘形骨針,長約0.3～0.7 mm,表面有少數刺狀突起,另有較粗而彎曲的紡錘形骨針,長約0.2～0.6 mm,表面有粗大突起;柱部內層含紡錘形骨針,長約0.3～1.0 mm,表面有錐形突起。

相似種:球錦花軟珊瑚(見第275頁),但本種珊瑚蟲支持束和柱部骨針皆有差異。

地理分布:菲律賓、印尼。台灣南部及離島海域。

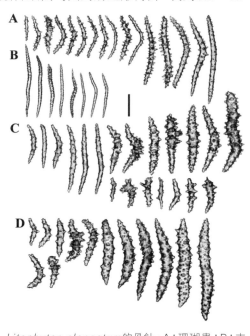

珊瑚體伸展態 (後壁湖, -10 m)

*Litophyton elongatum*的骨針。A:珊瑚蟲;B:支持束;C:分枝及柱部表層;D:柱部內層。(比例尺:A, C, D=0.2 mm;B=0.5 mm)

珊瑚體分枝形 (南灣, -20 m)

珊瑚蟲成簇分布 (南灣, -15 m)

珊瑚體收縮態 (後壁湖, -10 m)

珊瑚蟲伸展的分枝

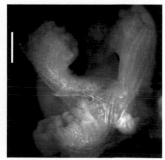

珊瑚蟲骨針架 (比例尺= 0.5 mm)

深度 8 ～ 25 m ｜ 棲所:珊瑚礁斜坡鄰近沙地處

Litophyton erectum (Kükenthal, 1903)

直立錦花軟珊瑚

　　珊瑚體分枝形或叢形，柱部寬，由數個主幹聯合而成，主幹衍生脈狀分枝及小分枝，分枝末端略圓鈍。珊瑚蟲成簇，鬆散分布於小分枝，並於末端較集中，珊瑚蟲寬及高各約0.7 mm，可完全收縮，支持束骨針不突出。珊瑚蟲含直或彎曲的紡錘形骨針，長約0.07～0.25 mm，表面有稀疏突起；支持束為直或彎曲的紡錘形或棒形骨針，長約0.3～1.3 mm，表面多突起；分枝及柱部表層含彎曲紡錘形骨針，長約0.2～0.7 mm，多數有粗大突起或分叉；柱部內層含粗大紡錘形骨針，長約0.5～1.3 mm，表面突起較小而疏。

相似種：球錦花軟珊瑚（見右頁），但本種分枝較疏鬆，珊瑚蟲支持束和柱部骨針皆不同。

地理分布：廣泛分布於西太平洋珊瑚礁區。台灣南、東、北部及各離島海域。

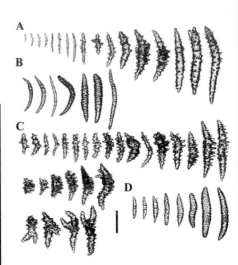

*Litophyton erectum*的骨針。A：珊瑚蟲；B：支持束；C：分枝及柱部表層；D：柱部內層。(比例尺：A, C=0.2 mm；B, D=0.5 mm)

脈狀分枝及小分枝延展 (南灣, -20 m)

珊瑚體半收縮 (南灣, -15 m)

珊瑚體分枝近照

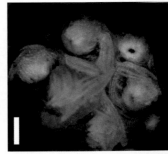

珊瑚蟲骨針架 (比例尺= 0.5 mm)

珊瑚體分枝形 (南灣, -15 m)

珊瑚體分枝疏鬆 (貓鼻頭, -18 m)

| 深度 8～25 m | 棲所：珊瑚礁平台或斜坡中、下段 |

Litophyton globulosum (May, 1899)

球錦花軟珊瑚

　　珊瑚體分枝形，通常成叢覆蓋礁石表面，基部寬，其上主幹及分枝密集。珊瑚蟲均勻分布於小分枝表面，外觀毛茸狀，支持束骨針突出。珊瑚蟲含紡錘形骨針，長約0.2～0.9 mm，表面有尖銳突起；支持束由8支紡錘形骨針組成，長約1.0～2.5 mm，表面多突起；分枝及柱部表層含彎曲紡錘形骨針，長度變異大，約0.2～2.7 mm，多數有大而尖的突起；柱部內層含粗大紡錘形骨針，長約0.7～1.7 mm，表面有粗而低矮的突起。生活群體呈淡黃色或灰白色。

相似種：直立錦花軟珊瑚（見左頁），但本種分枝密集，珊瑚蟲骨針架亦不同。
地理分布：菲律賓、南海。台灣南部海域。

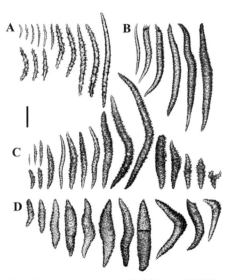

*Litophyton globulosum*的骨針。A：珊瑚蟲；
B：支持束；C：分枝及柱部表層；D：柱部內層。
（比例尺：A=0.2 mm；B, C, D=0.5 mm）

珊瑚體分枝密集 (後壁湖, -15 m)

珊瑚體成叢覆蓋礁石 (南灣, -12 m)

珊瑚體分枝形 (眺石, -10 m)

小型珊瑚體 (後壁湖, -10 m)

珊瑚蟲毛茸狀

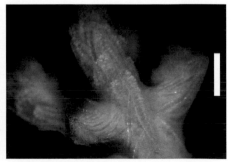

珊瑚蟲骨針架 (比例尺= 0.5 mm)

深度 8 ～ 25 m　　　　　　　　　　　棲所：珊瑚礁平台或礁塊表面

Litophyton nigrum (Kükenthal, 1895)

黑錦花軟珊瑚

　　珊瑚體直立分枝形，基部短，由此分出數個主分枝和脈狀小分枝，小分枝細長，末端稍尖。珊瑚蟲直徑約0.7 mm，密集分布於小分枝末端，末端以下則呈小群分布。珊瑚蟲含多突起紡錘形骨針，長約0.25～1.20 mm；珊瑚蟲支持束由6支紡錘形骨針組成，長約0.9～1.6 mm。分枝及柱部表層含多刺紡錘形骨針，長約0.2～0.8 mm，表面有大的複式疣突，於一側較多，少數有分叉；分枝及柱部內層含粗大紡錘形骨針，長約0.3～1.3 mm，表面有密集大突起。生活群體呈黃褐色，保存於酒精中的標本呈灰黑色或暗褐色，主要係因骨針顏色所致。

相似種：柏形錦花軟珊瑚（見第270頁），但本種珊瑚蟲骨針架及骨針形態皆不同。

地理分布：菲律賓、南海。東沙及台灣南部海域。

珊瑚蟲骨針架 (比例尺= 0.25 mm)

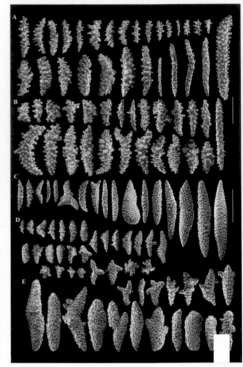

*Litophyton nigrum*的骨針。A：珊瑚蟲；B：分枝表層；C：分枝內層；D：柱部表層；E：柱部內層。(比例尺：A, B=0.2 mm；C, D, E=0.5 mm)

珊瑚體收縮態 (南灣, -15 m)

珊瑚蟲密集分布於小分枝末端

珊瑚蟲近照

珊瑚體直立分枝形 (南灣, -12 m)

主分枝和脈狀小分枝 (東沙, -15 m)

深度 8～30 m　　　　棲所：珊瑚礁斜坡或礁壁

Litophyton pacificum (Kükenthal, 1903)

太平洋錦花軟珊瑚

　　珊瑚群體呈樹叢形或分枝形，柱部及主幹圓柱形，分枝呈穗狀，珊瑚蟲成簇分布於分枝末端。珊瑚蟲由骨針束支持，但不突出，骨針排列不規則。觸手含小桿形骨針，長約0.07～0.18 mm，表面突起少；珊瑚蟲含紡錘形骨針，長約0.2～0.6 mm，表面有不規則突起；支持束由直或彎曲的紡錘形骨針構成，長約0.8～1.5 mm；柱部表層含多刺紡錘形骨針，多數長約0.2～0.5 mm，表面有長刺狀突起，於一側較多；柱部內層含大紡錘形骨針，有些稍彎曲，長約0.7～2.0 mm，表面有密集的低突起。生活群體的分枝呈灰白或淡黃色，柱部為灰白色；收縮群體的質地甚硬。

相似種：柔軟錦花軟珊瑚（見第278頁），但本種珊瑚蟲形態和骨針架皆不同。

地理分布：廣泛分布於西太平洋珊瑚礁區，包括菲律賓、琉球、東沙、台灣南至北部海域。

珊瑚體群集 (南灣, -15 m)

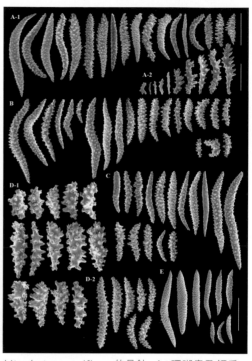
*Litophyton pacificum*的骨針。A：珊瑚蟲及觸手；B：分枝表層；C：分枝內層；D：柱部表層；E：柱部內層。(比例尺：A-1, B, C, D-2=0.5 mm；A-2, D-1=0.2 mm；E =1 mm)

珊瑚體伸展與收縮狀態 (東沙, -15 m)

珊瑚體分枝穗狀 (東沙, -18 m)

珊瑚蟲成簇分布於分枝末端

珊瑚蟲近照

珊瑚蟲骨針架 (比例尺=1 mm)

深度 5～25 m　　棲所：開放型淺海礁台或礁岩頂部

Litophyton setoensis (Utinomi, 1954)

柔軟錦花軟珊瑚

珊瑚體柔軟分枝形，基部短，由此分出數個主分枝和許多小分枝，小分枝細長柔軟。珊瑚蟲長約1.0 mm，寬約0.7 mm，成簇分布於脈狀小分枝或旁枝末端。觸手含平滑小桿形骨針，長約0.06～0.16 mm；珊瑚蟲含細長或彎曲紡錘形骨針，長約0.15～0.40mm，表面突起長而分布不均勻；支持束骨針為多刺彎曲紡錘形，長約0.45～0.65 mm。柱部表層骨針多為紡錘形，長約0.18～0.45 mm，突起頂端呈圓點狀；另有較小、表面多刺的棒形或紡錘形骨針，長約0.15～0.25 mm；柱部內層骨針大多為紡錘形，長約0.55～0.70 mm，表面突起較不明顯，另有較小的多刺紡錘形或弧形骨針，長約 0.20～0.35 mm。生活群體呈淡黃或黃褐色。

相似種：太平洋錦花軟珊瑚（見第277頁），但本種珊瑚蟲和骨針形態皆有差異。

地理分布：日本、菲律賓。
東沙、台灣南部海域。

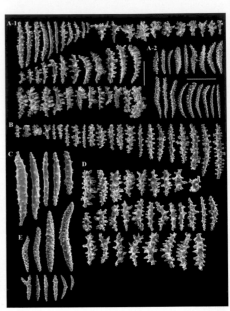

小分枝細長柔軟 (南灣, -18 m)

*Litophyton setoensis*的骨針。A-1：珊瑚蟲及觸手；A-2：支持束；B：分枝表層；C：分枝內層；D：柱部表層；E：柱部內層。(比例尺：A-1, B, C, D=0.2 mm；A-2, E=0.5 mm)

珊瑚蟲伸展的分枝

珊瑚蟲收縮的分枝

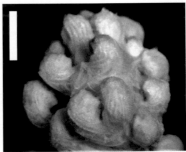

珊瑚蟲骨針架 (比例尺= 1.0 mm)

珊瑚體群集 (東沙, -15 m)

珊瑚體主分枝和小分枝 (南灣, -12 m)

深度 10～30 m ｜ 棲所：珊瑚礁斜坡或礁壁

Litophyton sadaoensis sp. n.

砂島錦花軟珊瑚（新種）

　　珊瑚體低矮分枝形，柱部短，其上分出數個脈狀分枝和小分枝，末端分枝呈小圓球狀。珊瑚蟲小型，寬約0.5 mm，通常20隻以上密集成簇分布於分枝末端，珊瑚蟲可完全收縮，由排列不規則的骨針束支持，其中有1～2骨針突出珊瑚蟲頭部。觸手含平滑小桿形骨針，長約0.05～0.12 mm；珊瑚蟲含直或彎曲的紡錘形骨針，長約0.12～0.40 mm，較小者表面突起稀疏，較大者突起密集；支持束由彎曲紡錘形骨針構成，長約0.6～1.4 mm，表面有密集小柱形突起。分枝及柱部表層主要含多刺紡錘形骨針，長約0.25～0.50 mm，表面有複雜突起，常集中於一側；另有較小、表面多刺的棒形或不規則形骨針，少數有分叉。分枝及柱部內層含紡錘形骨針，多數長約0.6～0.8 mm，少數長達1.5 mm，其中較小骨針的表面有長而複雜的突起或有分叉，並以中段較密集。生活群體呈灰色或藍灰色，保存於酒精中標本則為土黃色。

相似種：相似種：黑錦花軟珊瑚（見第276頁），但本種珊瑚蟲形態及骨針架皆有差異。

地理分布：南灣東岸的砂島及香蕉灣海域。

*Litophyton sadaoensis*的骨針。A：觸手；B：珊瑚蟲；C：支持束；D：分枝及柱部表層；E：分枝及柱部內層。（比例尺：A, B=0.2 mm；C, D, E=0.5 mm）

收縮及伸展的珊瑚體 (香蕉灣, -18 m)

珊瑚體成叢覆蓋礁石 (南灣, -12 m)

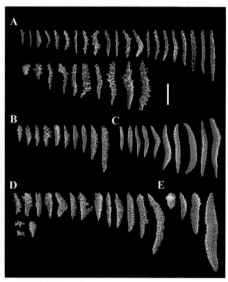

珊瑚體分枝密集 (砂島, -15 m)

珊瑚體收縮態 (砂島, -15 m)

珊瑚蟲近照

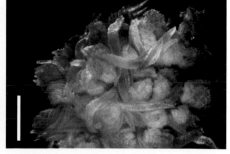

珊瑚蟲骨針架 (比例尺=1 mm)

深度 8～25 m ｜ 棲所：珊瑚礁斜坡中、下段

Dendronephthya boshmai Verseveldt, 1966

包氏棘穗軟珊瑚

　　珊瑚體分枝形,柱部短,其上主幹衍生少數主分枝及次分枝。珊瑚蟲小圓柱形,末端略延長,4～10隻成簇,鬆散分布於分枝和主幹周圍;尖點頂端骨針長而突出,支持束骨針突出珊瑚蟲頭部。珊瑚蟲骨針架模式為:VI = 1P + (1-3) p + 0 Cr + very strong SB。觸手含片形骨針,長約0.08～0.10 mm;珊瑚蟲基冠含彎曲紡錘形骨針,長約0.25～0.50 mm;支持束由紡錘形骨針構成,長約1.35～2.50 mm,表面密布圓鈍小突起;分枝表層含大紡錘形骨針,長約1.5～2.7 mm,表面有圓鈍突起均勻分布;柱部表層主要含彎曲紡錘形或三輻形骨針,長約0.3～1.2 mm,表面有複雜突起;柱部內層含紡錘形骨針,長度可達2 mm,表面有大疣突,部分骨針有分叉。生活群體的珊瑚蟲呈紅褐或淡褐色,分枝及柱部為白色。

相似種:寬足棘穗軟珊瑚(見第283頁),但本種珊瑚體柱部較窄,珊瑚蟲骨針架及柱部骨針形態皆不同。

地理分布:日本、印尼。台灣南部海域。

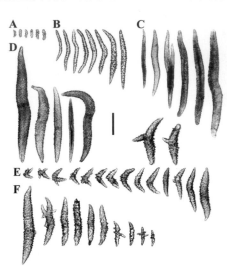

*Dendronephthya boshmai*的骨針。A:觸手;B:尖點;C:支持束;D:分枝表層;E:柱部表層;F:柱部內層。(比例尺:A, B=0.2 mm;C, D, E, F=0.5 mm)

珊瑚蟲成簇鬆散分布 (南灣, -20 m)

珊瑚蟲成簇分布

支持束骨針突出

珊瑚蟲骨針架 (比例尺= 0.5 mm)

珊瑚體分枝形 (貓鼻頭, -18 m)

珊瑚體柱部短 (南灣, -25 m)

深度 15～40 m　　　　　　　棲所:珊瑚礁斜坡下段或礁塊側面

Dendronephthya dichotoma Henderson, 1909

雙叉棘穗軟珊瑚

　　珊瑚體分枝形，柱部短，自基部起衍生主分枝及短小次生分枝，分枝通常雙叉，分枝末端皆有突出骨針。珊瑚蟲小型，直徑約0.45 mm，以3～8隻成簇分布於主分枝及小分枝，多數有粗大支持束，珊瑚蟲萼部有8尖點，各尖點有5對骨針，其中有1～2支骨針明顯突出。珊瑚蟲骨針架模式：VI = 1P + (3～4) p + 0 Cr + very strong SB。尖點由紡錘形骨針構成，長約0.3～1.0 mm，表面有短錐形突起；觸手含片形骨針，長約0.06～0.08 mm；支持束由長紡錘形骨針構成，長可達5 mm；分枝表層含紡錘形骨針，長度變異大，約0.5～4.5 mm；柱部表層含粗大紡錘形骨針，長約0.8～5.0 mm，表面密布突起；柱部內層含多樣骨針，包括紡錘形、棒形、三輻、四輻及不規則形，長約0.10～0.55 mm。生活群體的柱部及分枝皆為白色，珊瑚蟲鮮紅色或粉紅色。

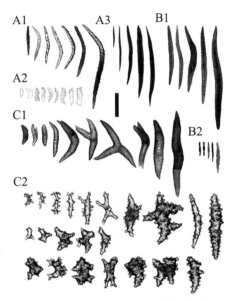

相似種：寬足棘穗軟珊瑚（見第283頁），但本種分枝通常雙叉，珊瑚蟲和骨針形態也不同。

地理分布：印度南部。台灣南部海域。

小型珊瑚體 (合界, -25 m)

*Dendronephthya dichotoma*的骨針。A1：尖點；A2：觸手；A3：支持束；B：分枝；C1：柱部表層；C2：柱部內層。(比例尺：A1, B2, C2=0.2 mm；A2=0.1 mm；A3, C1=1 mm；B1=0.5 mm)

珊瑚體群集 (東沙, -20 m)

大型珊瑚體 (南灣, -18 m)

次生分枝短小 (南灣, -20 m)

分枝通常雙叉

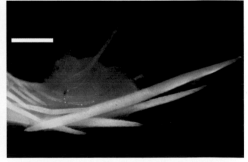

珊瑚蟲骨針架 (比例尺 = 0.5 mm)

深度 15~35 m　　　　棲所：珊瑚礁斜坡下段或礁塊側面

Dendronephthya flammea Sheriffs, 1922

火焰棘穗軟珊瑚 / 巨木軟珊瑚

　　珊瑚體為散枝形，外形不規則，稍微扁平；柱部短，近基部分枝呈葉狀，主幹上的次生分枝不規則分布。珊瑚蟲以3～6隻成簇不規則分布，少數單獨，珊瑚蟲與支持柱部呈銳角。珊瑚蟲骨針架模式為IV = 2P + 3～4 Cr + strong SB。觸手含扁平棒形骨針，長約0.05～0.10 mm，無色；尖點由彎曲紡錘形骨針組成，長約0.3～0.6 mm，基冠為紡錘形骨針，長約0.1～0.3 mm，尖點和基冠骨針多數為淡紅或橙紅色。支持束骨針為紡錘形，長約0.8～2.0 mm；分枝表層含紡錘形骨針，長約0.1～1.0 mm；分枝內層含多刺不規則形骨針，長約0.09～0.12 mm。主幹表層含紡錘形、短棒形、多角形或不規則形骨針，長約0.11～0.54 mm；主幹內層含多刺不規則形骨針，長約0.06～0.11 mm。生活群體的主幹、分枝及小分枝皆為鮮紅色，係因骨針顏色所致；珊瑚蟲白或淡黃色。

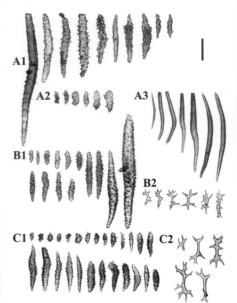

相似種：紫紅棘穗軟珊瑚（見第286頁），但本種珊瑚體分枝為紅色，珊瑚蟲骨針模式不同。

地理分布：安達曼海、菲律賓、婆羅洲、南海。台灣南部及東沙海域。

珊瑚體收縮態 (東沙, -20 m)

*Dendronephthya flammea*的骨針。A：珊瑚蟲 (A1：尖點；A2：觸手；A3：支持束)；B1：分枝表層；B2：分枝內層；C1：柱部表層；C2：柱部內層。(比例尺：A1, A2, B2, C2=0.1 mm；B1=0.2 mm；A3, C1=0.5 mm)

珊瑚蟲3～6隻成簇不規則分布

珊瑚蟲伸展的分枝

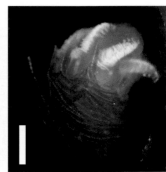

珊瑚蟲骨針架 (比例尺=0.25 mm)

珊瑚體散枝形 (南灣, -20 m)

小型珊瑚體 (東沙, -25 m)

深度 15～35 m　　　　　　　　棲所：珊瑚礁斜坡下段

Dendronephthya latipes (Tixier-Durivault & Prevorsek, 1960)

寬足棘穗軟珊瑚

　　珊瑚體分枝形，自基部起即衍生分枝，基部分枝略側扁。珊瑚蟲3～10隻成簇分布於小分枝末端；珊瑚蟲基部有支持柄，珊瑚蟲骨針架模式為：IV = 1P + (3～4) p + 0 Cr + medium SB。 尖點由彎曲紡錘形骨針構成，其中一對長可達1 mm，明顯突出，其他長約0.30～0.55 mm；觸手含小片形骨針，長約0.03～0.13 mm；支持束由大紡錘形骨針構成，長可達3 mm，表面有圓鈍突起；分枝表層含相似紡錘形骨針，長約0.6～2.6 mm；柱部表層含多刺的彎曲紡錘形或棒形骨針，長約0.2～0.6 mm，多數有大突起或有分叉；柱部內層含粗紡錘形骨針，長約0.4～1.5 mm。生活群體呈粉紅色，柱部及分枝白色。

相似種：包氏棘穗軟珊瑚（見第280頁），但本種珊瑚體基部較寬，珊瑚蟲骨針架及柱部骨針形態皆不同。

地理分布：印尼、馬來半島。台灣南部。

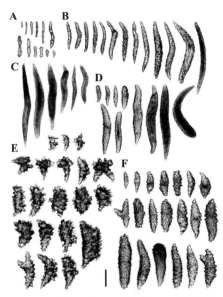

*Dendronephthya latipes*的骨針。A：觸手；B：尖點；C：支持束；D：分枝表層；E：柱部表層；F：柱部內層。(比例尺：A= 0.1 mm；B, E=0.2 mm；C, D, F=0.5 mm)

珊瑚蟲3～10隻成簇分布

珊瑚體分枝形 (龍坑, -15 m)

珊瑚體自基部起衍生分枝 (南灣, -20 m)

珊瑚蟲伸展的分枝

分枝通常雙叉

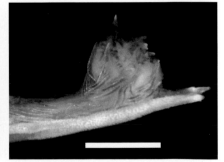

珊瑚蟲骨針架 (比例尺=1.0 mm)

深度 10 ～ 30 m　　　　　　　棲所：珊瑚礁斜坡中、下段或礁塊側面。

Dendronephthya microspiculata (Pütter, 1900)

小針棘穗軟珊瑚

　　珊瑚體散枝形，形態不規則，略扁平；柱部短，近基部有小分枝，主幹依次分出許多小分枝，珊瑚蟲位於小分枝末端。珊瑚蟲通常4～8隻成簇，少數單獨分布。珊瑚蟲骨針架模式為II = 1P + 5～7 p + 0 Cr + strong SB。尖點由紡錘形骨針組成，其中1對大而突出，長約0.5～1.0 mm，其他骨針長約0.2～0.4 mm；珊瑚蟲和基冠骨針皆為白色，表面有小疣突。支持束為紡錘形骨針，長可達3～8 mm，較長者突出珊瑚蟲約1.0 mm。支持束及基冠骨針皆為深紅色；柱部表層及內層皆含表面粗糙的黃色紡錘形骨針，長約0.2～0.5 mm，另有許多扁平不規則形或星形紅色小骨針，分布於大骨針之間。生活群體的分枝及小分枝為鮮紅或淡紅色，主要係因骨針顏色所致；珊瑚蟲白色。

相似種：火焰棘穗軟珊瑚（見第282頁），但本種珊瑚蟲骨針模式和形態皆不同。

地理分布：安達曼海、菲律賓、香港、婆羅洲、南海。東沙及台灣南部。

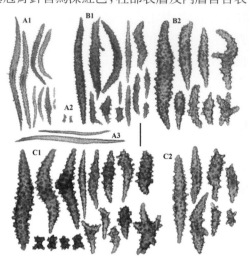

*Dendronephthya microspiculata*的骨針。A：珊瑚蟲 (A1：尖點；A2：觸手；A3：支持束)；B1：分枝表層；B2：分枝內層；C1：柱部表層；C2：柱部內層。(比例尺：A1, A2, B1, B2, C1, C2=0.2 mm；A3=1 mm)

珊瑚體近基部有小分枝 (南灣, -18 m)

小型珊瑚體形態變異(東沙, -20 m)

珊瑚蟲伸展的分枝

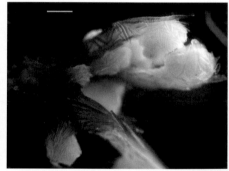

珊瑚蟲骨針架 (比例尺=0.5 mm)

珊瑚體散枝形 (東沙, -25 m)

珊瑚體分枝不規則 (東沙, -20 m)

| 深度 10～35 m | 棲所：珊瑚礁斜坡下段或礁塊側面 |

Dendronephthya mollis (Holm, 1895)

柔軟棘穗軟珊瑚

　　珊瑚體散枝形，由短柱部及數個主分枝和許多短次生小分枝構成。珊瑚蟲通常4～10隻成簇分布於小分枝末端，鬆散分布於分枝和柱部表面。珊瑚蟲骨針架模式為VI = 1～2 P + 3 p + 0 Cr + very strong SB。尖點由紡錘形骨針組成，其中1對大而突出珊瑚蟲頭部約1 mm；支持束由紡錘形骨針組成，長可達6 mm，表面有密集的鈍突起或平滑；分枝表層含紡錘形骨針，長約0.4～4.6 mm；柱部表層含粗紡錘形骨針，長可達1.5 mm，表面有複式疣突，並有許多較小的不規則形或三輻骨針；柱部內層含粗紡錘形骨針，長可達2 mm，表面有大疣突，部分骨針有分叉。生活群體常有不同顏色的組合，主要為紅、黃、白色。

相似種：寬足棘穗軟珊瑚（見第283頁），但本種珊瑚體分枝較小而柔軟，且骨針有差異。

地理分布：日本、印尼。台灣南部。

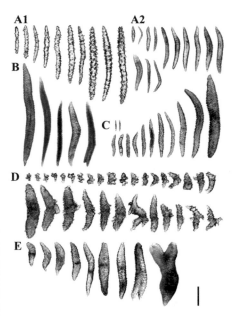

*Dendronephthya mollis*的骨針。A：珊瑚蟲尖點；B：支持束；C：分枝表層；D：柱部表層；E：柱部內層。(比例尺：A1=0.1 mm；A2, B, C, D, E=0.5 mm)

小型珊瑚體 (合界, -25 m)

珊瑚體分枝形 (合界, -28 m)

珊瑚體分枝柔軟 (南灣, -30 m)

珊瑚蟲成簇分布

珊瑚蟲支持束骨針突出

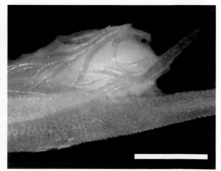

珊瑚蟲骨針架 (比例尺=0.5 mm)

深度 15 ～ 35 m ｜ 棲所：珊瑚礁斜坡下段及礁塊側面

Dendronephthya purpurea Henderson, 1909

紫紅棘穗軟珊瑚

　　珊瑚體散枝形，柱部短而側扁，分枝通常位於同一平面，主幹依次分出大及小分枝，末端小分枝短，珊瑚蟲位於小分枝上。珊瑚蟲4～9隻成簇分布於小分枝末端，與支持柱部呈銳角。珊瑚蟲骨針架模式為IV = 1 P + (2～4) p + 0 Cr + very strong SB + 0 M。尖點由5～6對紡錘形骨針組成，其中1對突出，長約0.6～1.0 mm，其他對長約0.2～0.4 mm；觸手含扁平小骨針，長約0.05～0.08 mm，側邊有突起；支持束骨針為紡錘形，長約1～3 mm，突出約1 mm；分枝表面含大而細長的紡錘形骨針，長約0.8～2.0 mm，有些略彎曲，以及小而粗的紡錘形骨針，長約0.2～0.6 mm；柱部表層含粗紡錘形或棒形骨針，長約0.4～0.8 mm，表面可能有大突起或分枝；另有許多不規則形小骨針，約0.1～0.2 mm，表面有大棘；柱部與分枝內層含扁平、星形或不規則形小骨針，長約0.08～0.12 mm。生活群體的主幹、分枝及小分枝皆為紫紅或橙紅色，珊瑚蟲白色，柱部淡黃或淡紅色。

相似種：火焰棘穗軟珊瑚（見第282頁），但本種珊瑚蟲骨針架模式不同。

地理分布：安達曼海、菲律賓。東沙、太平島、台灣南部海域。

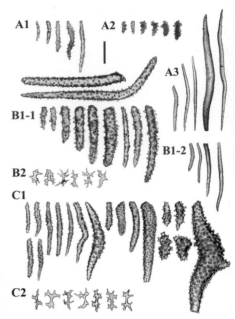

*Dendronephthya purpurea*的骨針。A：珊瑚蟲 (A1：尖點；A2：觸手；A3：支持束)；B1：分枝表層；B2：分枝內層；C1：柱部表層；C2：柱部內層。(比例尺：A1, A2, B1-1, B2, C2=0.1 mm；C1= 0.2 mm；A3, B1-2=0.5 mm)

小型珊瑚體伸展態 (東沙, -18 m)

小型珊瑚體收縮態 (東沙, -18 m)

珊瑚蟲伸展的分枝

珊瑚蟲骨針架 (比例尺=0.5 mm)

珊瑚體群集 (太平島, -20 m)

珊瑚體散枝形 (南灣, -20 m)

深度 10～35 m　　｜　　棲所：礁斜坡中、下段或礁塊側面

Dendronephthya radiata Kükenthal, 1905

輻形棘穗軟珊瑚

　　珊瑚體散枝形，柱部短，由此衍生少數圓柱形主分枝，其上有許多短小分枝，珊瑚體不側扁，也無固定形態。珊瑚蟲以5～12隻為一簇，分布於主幹、主分枝及末端分枝表面。珊瑚蟲支持柄短，骨針架模式為：V = 1P + 2p + (1～2) Cr + strong SB。尖點由紡錘形骨針組成，其中較粗大者長約0.5～0.75 mm，較小者長約0.15～0.40 mm；其下基冠有1～2排紡錘形骨針；支持束由大紡錘形骨針構成，最大者長可達4.5 mm，明顯突出珊瑚蟲頭部；上述骨針皆呈淡黃色。分枝表層含白色紡錘形骨針，長度變異大，約0.5～3.5 mm，排列不規則；柱部表層主要含不規則形或棒形白色骨針，長約0.2～0.7 mm，表面有複式疣突，另有紡錘形骨針，長約0.7～1.4 mm；柱部內層管道系統含粗大紡錘形或棒形骨針，長約1.0～3.0 mm，表面有許多低伏疣突。生活珊瑚體通常呈鮮紅色，柱部白色。

相似種：寬足棘穗軟珊瑚（見第283頁），但本種珊瑚蟲骨針架及骨針形態皆不同。

地理分布：東加、菲律賓。台灣南部。

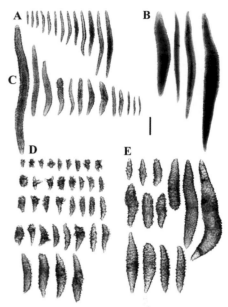

*Dendronephthya radiata*的骨針。A：尖點；B：支持束；C：分枝表層；D：柱部表層；E：柱部內層。（比例尺：A= 0.2 mm；B, C, D, E=0.5 mm）

小型珊瑚體 (萬里桐, -25 m)

珊瑚體散枝形 (石牛, -15 m)

珊瑚體分枝圓柱形 (南灣, -20 m)

主分枝有許多短小分枝 (石牛, -16 m)

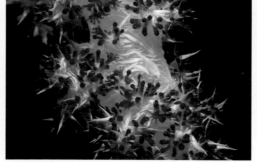

珊瑚蟲成簇

珊瑚蟲骨針架 (比例尺=1 mm)

深度 10 ～ 40 m　　　　棲所：珊瑚礁斜坡中、下段及礁塊側面

Dendronephthya cervicornis (Wright & Studer, 1889)

鹿角棘穗軟珊瑚

　　珊瑚體團集形,柱部短,其上有少數分枝及許多末端分枝,珊瑚體略側扁,基部分枝通常呈葉形,末端圓弧形,由成簇珊瑚蟲構成,完全覆蓋珊瑚體表面。珊瑚蟲成簇分布,支持柄長。珊瑚蟲骨針模式:VI = 1～2 P + 4～5 Cr + Strong SB。尖點骨針為紡錘形,長可達0.8 mm,明顯突出,基冠骨針也是紡錘形,長約0.2～0.4 mm;支持束由紡錘形骨針組成,長可達6 mm,較長者突出珊瑚蟲1 mm以上;珊瑚蟲尖點和支持束骨針皆為紅色。分枝表層含白色紡錘形骨針,長約1.0～2.0 mm;基部表層含紅色粗紡錘形骨針,長約0.3～2.2 mm,表面有不規則大疣突或有分叉;分枝及柱部內層含相似紡錘形骨針,但較不密集,且通常為白色。生活群體的珊瑚蟲為黃色,分枝及基部通常為紅或橙紅色。

相似種:紅棘穗軟珊瑚(見第296頁),但兩者的珊瑚蟲骨架及骨針形態皆不同。

地理分布:大溪地、印尼、菲律賓。台灣南部及東沙海域。

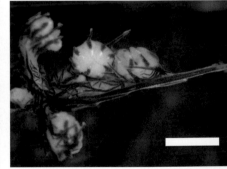

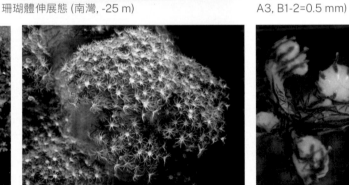

*Dendronephthya cervicornis*的骨針。A1:尖點及基冠;A2:觸手;A3:支持束;B:分枝表層;C1:基部表層;;C2:分枝及基部內層。(比例尺:A1, A2, B1-1, B2, C2=0.1 mm;C1= 0.2 mm;A3, B1-2=0.5 mm)

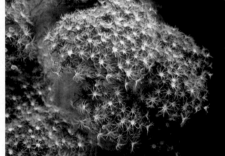

珊瑚體伸展態 (南灣, -25 m)

珊瑚體收縮態 (南灣, -25 m)　　珊瑚蟲成簇於分枝末端　　珊瑚蟲骨針架 (比例尺=1 mm)

珊瑚體團集形 (南灣, -30 m)　　　　　　　珊瑚體柱部短,分枝圓弧形。(合界, -30 m)

深度 15 ～ 40 m　　　　　　棲所:珊瑚礁斜坡下段或邊緣沙地

Dendronephthya gigantea (Verrill, 1864)

大棘穗軟珊瑚

　　珊瑚體團集形，柱部短，從主幹依序衍生分枝，基部分枝略呈葉狀，分枝末端呈圓形，由成簇珊瑚蟲構成。珊瑚蟲直徑約0.8 mm，與支持柄成銳角，珊瑚蟲骨針模式為：III = 1P + 4～5 p + 0 Cr +very strong SB + (0～1) M。觸手含短片形骨針，長約0.04～0.08 mm；珊瑚蟲尖點由5～6支彎曲紡錘形骨針組成，多數長約0.3～0.5mm，少數長可達1.0 mm，最長者明顯突出；支持束由4支以上紡錘形骨針構成，長約1.5～4.0 mm，其中較長者突出珊瑚蟲達1 mm以上，使珊瑚體外觀呈刺球狀。分枝表層含紡錘形骨針，長約1.0～2.0 mm；分枝及柱部內層管道壁含小型扁平多突起骨針，長約0.08～0.18 mm；柱部表層含直或彎曲紡錘形、粗短棒形及不規則形骨針，長約0.2～1.2 mm。生活群體顏色多變異，珊瑚蟲及分枝通常為紅或橙紅色，有些為橙黃或黃色，柱部為黃、橙或紅色。

相似種：密針棘穗軟珊瑚（見第293頁），但本種珊瑚蟲支持束為白色，各尖點骨針皆突出。

地理分布：廣泛分布於印度洋及西太平洋珊瑚礁區。台灣南至北部及離島淺海。

珊瑚體收縮態 (東沙, -18 m)

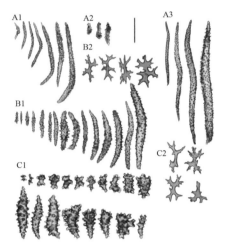

*Dendronephthya gigantea*的骨針。A：珊瑚蟲 (A1：尖點；A2：觸手；A3：支持束)；B1：分枝表層；B2：分枝內層；C1：柱部表層；C2：柱部內層。(比例尺：A1, A3, B1, C1=0.25 mm；A2, B2, C2=0.1 mm)

珊瑚體團集形 (萬里桐, -15 m)

珊瑚體顏色變異 (東沙, -20 m)

珊瑚體外觀呈刺球狀

珊瑚蟲成簇，骨針突出。

珊瑚蟲骨針架 (比例尺= 0.5 mm)

深度 10 ～ 35 m ｜ 棲所：珊瑚礁礁斜坡中、下段或礁塊側面

Dendronephthya koellikeri Kükenthal, 1905

柯氏棘穗軟珊瑚

　　珊瑚體呈厚實團集形，柱部短而寬，主幹長出大分枝和小分枝，珊瑚蟲成簇分布於分枝末端，外觀呈圓弧形，每簇約含15～28隻珊瑚蟲。珊瑚蟲長約2.8～3.7 mm，支持柄長約1.0～1.6 mm，珊瑚蟲骨針排列公式為：IV = 1P + (1～3) p + 0 Cr + very strong SB + (0～1) M。尖點由彎曲紡錘形骨針構成，多數長約0.2～0.5 mm，少數長可達1.0 mm，最長者明顯突出；支持束骨針為多刺紡錘形，長可達3.5 mm，其中1～2支突出珊瑚蟲頭部；分枝表層含多刺紡錘形或棒形骨針，有些稍彎曲，長約0.2～1.6 mm；柱部表層主要含粗而彎曲的紡錘形骨針，長約0.5～1.5 mm，多刺或疣突，有些頂端分叉；另有棒形、不規則形或星形小骨針，長約0.2～0.6 mm；柱部及分枝內層含粗大紡錘形或棒形骨針，表面多突起，且呈不規則彎曲，長度可達3.5 mm。管道壁則含小而多突起的紡錘形或棒形骨針，長約0.12～0.16 mm。骨針通常呈淡黃色。生活群體顏色多變化，通常呈黃、乳白、粉紅或紅色。

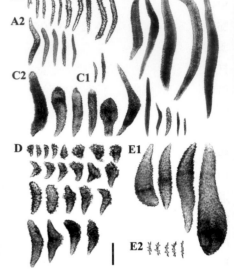

*Dendronephthya koellikeri*的骨針。A1：珊瑚蟲；A2：尖點；B：支持束；C1, C2：分枝表層；D：柱部表層；E1：柱部內層；E2：管道壁。(比例尺：A1, C1, E2=0.2 mm；A2, B, C2, D, E1=0.5 mm)

相似種：尖刺棘穗軟珊瑚（見右頁），但本種珊瑚體顏色是主要辨認特徵。

地理分布：廣泛分布於印度洋及西太平洋淺海礁區。東沙、台灣南至北部海域皆可發現。

珊瑚體伸展態 (南灣, -22 m)

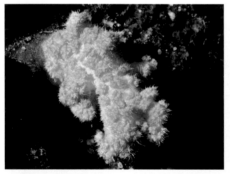

珊瑚體收縮態 (南灣, -25 m)

珊瑚蟲支持束骨針突出

珊瑚蟲骨針架 (比例尺=0.5 mm)

珊瑚體有多樣顏色 (東沙, -25 m)

小型珊瑚體 (東沙, -20 m)

深度 15～35 m ｜ 棲所：珊瑚礁斜坡或礁塊側面

Dendronephthya mucronata (Pütter, 1900)

尖刺棘穗軟珊瑚

　　珊瑚體團集形，稍側扁，柱部粗短，其上有2～4主分枝，由此衍生數個小分枝，近基部分枝略側扁；珊瑚蟲成簇分布於分枝末端，每簇約8～12隻，珊瑚蟲長約2.7～3.2 mm，珊瑚蟲骨針排列公式為：IV = 1 P + (1～3) p + 0 Cr + very strong SB + (0 or 1/2) M。觸手含多突起棒形骨針，長約0.05～0.10 mm，成列分布；尖點由紡錘形骨針構成，多數長約0.3～0.5 mm，最長可達1.2 mm；支持束由3～4支大紡錘形骨針及2～3支小紡錘形骨針組成，最長可達5 mm，明顯突出；分枝及柱部表層皆含紡錘形骨針，大小及長度差異大，長可達5.5 mm，有些稍彎曲或一端有分叉；柱部內管道壁含多刺紡錘形骨針，長約0.10～0.25 mm。骨針通常有顏色。生活群體大多呈紅或暗紅色。

相似種：柯氏棘穗軟珊瑚（見左頁），但本種珊瑚體顏色和柱部骨針形態明顯不同。

地理分布：廣泛分布於印度洋及西太平洋淺海，自澳洲至日本。東沙、台灣南、東部海域。

珊瑚體伸展態 (南灣, -25 m)

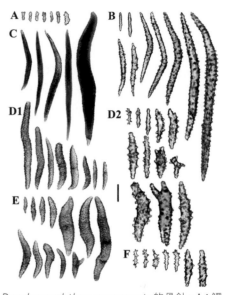

*Dendronephthya mucronata*的骨針。A：觸手；B：尖點；C：支持束；D1, D2：分枝表層；E：柱部表層；F：柱部內層。(比例尺：A, B, D2, F=0.1 mm, C, D1, E=0.5 mm)

珊瑚體團集形 (東沙, -25 m)

小型珊瑚體 (東沙, -20 m)

珊瑚體收縮態 (東沙, -20 m)

珊瑚蟲於分枝末端成簇分布

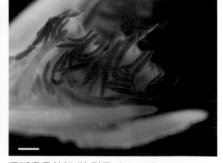

珊瑚蟲骨針架 (比例尺=0.1 mm)

| 深度 15～35 m | 棲所：珊瑚礁斜坡或礁塊側面 |

Dendronephthya roemeri Kükenthal, 1911

玫瑰棘穗軟珊瑚

珊瑚體團集形,具有較長柱部,主幹圓柱形,其上分出數個短小分枝,近基部分枝延展呈葉形,珊瑚蟲成小簇分布於小分枝末端,大約5隻一簇;珊瑚蟲骨針模式為:IV = 1P +(2～4) p+ 0 Cr + very strong SB + 0 M。尖點由紡錘形骨針構成,多數長約0.2～0.6 mm,略彎曲,較長者可達1.0 mm,突出珊瑚蟲頭部,且與支持束平行。支持束由紡錘形骨針構成,通常含2～3支,長約2～4 mm,最長者突出約1 mm。觸手骨針少,扁平片形。上述骨針皆呈淺紅或暗紫色。分枝表層含紡錘形骨針,長約0.5～3.0 mm,無色,表面密布突起;柱部表層主要含彎月形、紡錘形或不規則形骨針,長約0.2～0.7 mm;柱部內層主要含彎曲紡錘形骨針,大小差異大,長約0.8～3.0 mm。生活珊瑚體顏色多變異,分枝及珊瑚蟲呈粉紅、橙紅、紫紅或紅褐色,柱部大多呈灰白色。

相似種:尖刺棘穗軟珊瑚(見第291頁),但本種柱部較長,柱部骨針形態明顯不同。

地理分布:安達曼海、菲律賓、婆羅洲、南海。台灣南部及東沙海域。

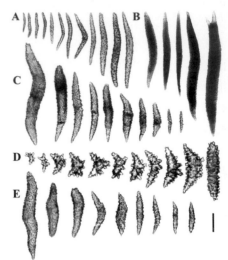

小型珊瑚體 (東沙, -15 m)

*Dendronephthya roemeri*的骨針。A:珊瑚蟲;B:支持束;C:分枝表層;D:柱部表層;E:柱部內層。(比例尺:A, D=0.2 mm;B, C, E=0.5 mm)

珊瑚體群集 (南方澳, -12 m)

珊瑚蟲成簇分布

珊瑚蟲骨針架 (比例尺= 0.5 mm)

珊瑚體收縮態 (萬里桐, -15 m)

珊瑚體伸展態 (萬里桐, -15 m)

深度 10 ～ 35 m | 棲所:珊瑚礁斜坡或礁塊側面

Dendronephthya spinifera (Holm, 1895)

密針棘穗軟珊瑚

　　珊瑚體團集形，略側扁，柱部短，其上衍生主分枝與小分枝，分枝末端密布珊瑚蟲，收縮時呈圓球形。珊瑚蟲8～15隻成簇分布於分枝末端，支持束骨針突出，使珊瑚體外觀呈刺球狀；珊瑚蟲骨針模式為IV = 1P + (3～4) p + 0 Cr +very strong SB + 0 M。觸手含片形骨針，長約0.05～0.10 mm；尖點由4～6支紡錘形骨針組成，長約0.3～0.8 mm，略微彎曲，其中較長者突出珊瑚蟲；支持束由3～7支紡錘形骨針組成，長約2～5 mm，最長者突出珊瑚蟲達1 mm；分枝表層含紡錘形骨針，長約0.5～3.0 mm，較大者粗短而彎曲；分枝內層骨針與表層相似，但較小，長約0.2～1.0 mm；柱部表層含紡錘形、彎月形、棒形或不規則形骨針，長約0.2～0.8 mm；柱部內層骨針大多為彎曲紡錘形，長約0.3～1.3 mm，多數有短分叉。生活珊瑚體分枝及珊瑚蟲呈鮮紅色，柱部呈灰白色。

相似種：大棘穗軟珊瑚（見第289頁），但本種珊瑚蟲骨針架為紅色，通常僅側邊尖點長骨針突出珊瑚蟲頭部，且支持束為淡黃色。

地理分布：廣泛分布於印度洋及西太平洋珊瑚礁及岩礁區。東沙及台灣南至北部海域皆可發現。

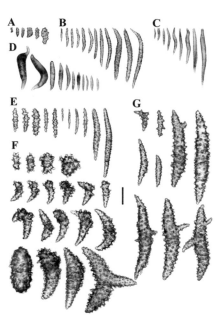

Dendronephthya spinifera 的骨針。A：觸手；B：尖點；C：支持束；D：分枝表層；E：分枝內層；F：柱部表層；G：柱部內層。(比例尺：A=0.1 mm；B, E, F, G=0.2 mm；C, D=1.0 mm)

珊瑚體充分伸展 (貓鼻頭，-20 m)

珊瑚體團集形 (東沙，-20 m)

分枝末端呈圓球形 (東沙，-25 m)

珊瑚體收縮態 (南灣，-22 m)

分枝末端珊瑚蟲成簇

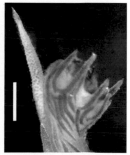

珊瑚蟲骨針架 (比例尺 =0.5 mm)

深度 10～35 m　　　棲所：珊瑚礁斜坡或礁塊側面

Dendronephthya brevirama (Burchardt, 1898)

短枝棘穗軟珊瑚

　　珊瑚體繖形,柱部短,分枝大致等長,使外觀呈延長橢圓形,上層分枝略呈弧形,基部分枝呈葉形。珊瑚蟲以5〜20隻為一簇,分布於分枝末端,珊瑚蟲長約0.7 mm。珊瑚蟲骨針模式為:Ⅱ = 6〜8 p + 0 Cr + strong SB + 0 M。尖點骨針為白色短紡錘形,長約0.08〜0.20 mm;支持束骨針為紅色細長紡錘形,長約0.3 mm;觸手有小型扁平骨針,長約0.03〜0.05 mm,表面多突起,呈雙列排列。支持束由3支以上紅色紡錘形骨針組成,長可達3 mm,最長者明顯突出。分枝及主幹表層大多為細長紡錘形骨針,有些略彎曲,有的一端分叉,長約0.2〜2.5 mm;分枝內層大多為粗紡錘形骨針,一端偶有分叉,長約0.8〜2.5 mm。柱部和基部表層為粗糙、多突起的紡錘形骨針,長約0.2〜0.8 mm,大多有不規則分叉;柱部和基部內層含三輻或不規則四輻骨針,也有少數粗紡錘形骨針,長約 0.8〜2.0 mm。珊瑚體分枝末端呈紅色,珊瑚蟲為淡黃色,主幹呈粉紅或淡黃色,基部為紫紅色。

相似種:鹿角棘穗軟珊瑚(見第288頁),但本種珊瑚蟲骨針架和骨針皆不同。

地理分布:南海、菲律賓、印尼、澳洲北部。台灣南部及東沙海域。

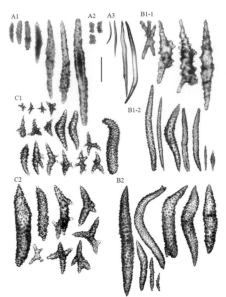

珊瑚蟲密集分布分枝末端 (南灣, -18 m)

*Dendronephthya brevirama*的骨針。A:珊瑚蟲 (A1:尖點;A2:觸手;A3:支持束);B1:分枝表層;B2:分枝內層;C1:柱部表層;C2:柱部內層。(比例尺:A1, A2, B1-1=0.1 mm;A3=1.0 mm;B1-2, B2, C1, C2=0.5 mm)

上層分枝呈弧形 (東沙, -20 m)

珊瑚體繖形分枝

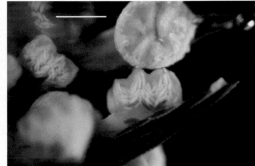

珊瑚蟲骨針架 (比例尺=0.5 mm)

珊瑚體繖形 (東沙, -20 m)

珊瑚體柱部短 (南灣, -18 m)

深度 10 〜 30 m　　　　棲所:珊瑚礁礁斜坡或礁塊側面

Dendronephthya pallida Hendenson, 1909

蒼白棘穗軟珊瑚

　　珊瑚體緻形，柱部短，外觀密實，表面粗糙顆粒狀，並有一些脊和溝，末端分枝多而密集，長度大致相等，使群體外觀呈弧形。珊瑚蟲2～10隻成簇分布於小分枝末端，外觀略呈橢圓形。珊瑚蟲骨針模式為：II = 7～8 p + 0 Cr + strong SB。尖點骨針為紡錘形，略彎曲，長約0.10～0.45 mm，觸手骨針為短棒形，長約0.04～0.06 mm；支持束骨針為紡錘型，平均長約2.0 mm。分枝表層含彎曲紡錘形骨針，長約0.4～1.5 mm，少數一端有分叉；分枝內層含彎曲紡錘形骨針，長約0.8～2.0 mm，部分有分叉；另有扁平、多刺小骨針，長約0.1～0.3 mm；柱部表層骨針有多種形態，包括彎曲紡錘形、棒形、三叉或四叉形，長約0.3～1.0 mm；柱部內層含紡錘形骨針，一端常有分叉，長約0.8～3.0 mm。生活群體的珊瑚蟲為淡黃色，分枝及主幹為白或淡黃色，主幹基部為紫紅色。

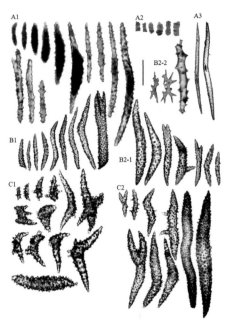

相似種：柯氏棘穗軟珊瑚（見第290頁），但本種珊瑚體為緻形，珊瑚蟲骨針模式亦不同。

地理分布：緬甸、越南。東沙、台灣南部。

珊瑚體顏色鮮明 (東沙, -25 m)

Dendronephthya pallida 的骨針。A：珊瑚蟲 (A1：尖點；A2：觸手；A3：支持束)；B1：分枝表層；B2：分枝內層；C1：柱部表層；C2：柱部內層。(比例尺：A1, A2, B2-2=0.1 mm；A3, B1, B2-1, C1, C2=0.5 mm)

珊瑚體收縮態 (東沙, -20 m)

珊瑚體呈緻形 (東沙, -25 m)

珊瑚體伸展 (東沙, -20 m)

珊瑚蟲成簇分布

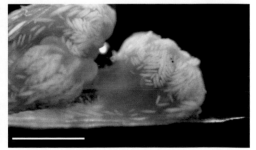

珊瑚蟲骨針架 (比例尺=0.5 mm)

深度 10～35 m　　　　棲所：珊瑚礁斜坡或礁塊側面

Dendronephthya rubra (May, 1899)

紅棘穗軟珊瑚

　　珊瑚體繳形，外觀稍扁平，主幹短，分枝大多為兩叉，珊瑚蟲為白或黃色，成叢分布於分枝外圍，珊瑚體其他部位皆為紅色，呈鮮明對比。珊瑚蟲約5～10隻為一簇，大致均勻分布於外圍表面，收縮之珊瑚蟲呈圓形，直徑約0.75 mm，高約0.65 mm。珊瑚蟲骨針模式為：IV = 1P + (3～4) p + 0 Cr + strong SB。尖點由細長紡錘形骨針組成，長約0.10～0.25 mm，一列4～5支；觸手含扁平骨針，長約0.03 mm；支持束由細長紡錘形骨針組成，長可達4 mm，明顯突出；上述骨針皆為紅色。分枝表層含紅色紡錘形骨針，長約0.2～1.0 mm，表面有小刺突起；柱部表層含大小不一的紡錘形骨針密集交錯分布，長約0.2～1.0 mm，較小骨針有大而複雜的突起，集中於一側，部分有分叉，形態不規則。分枝及柱部內層含白色紡錘形骨針，長可達1.5 mm，表面有低疣突。

相似種： 鹿角棘穗軟珊瑚（見第288頁），但本種珊瑚體為繳形，珊瑚蟲骨針架亦不同。

地理分布： 大溪地、印尼、菲律賓。東沙、台灣南部海域。

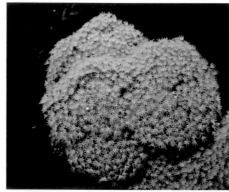

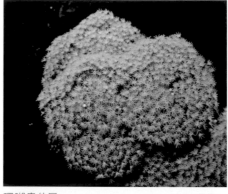

珊瑚蟲伸展

Dendronephthya rubra 的骨針。A：珊瑚蟲 (A1：尖點；A2：觸手；A3：支持束)；B：分枝表層；C1：分枝及柱部內層；C2：柱部表層。(比例尺：A2=0.1 mm；A1, B, C1, C2=0.2 mm；A3=1.0 mm)

珊瑚體收縮態　　　　　珊瑚蟲近照　　　　　珊瑚蟲骨針架 (比例尺=0.5 mm)

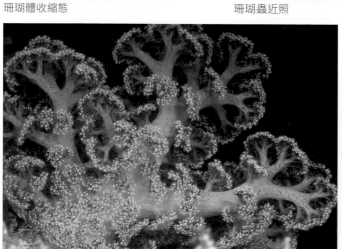

珊瑚體伸展 (南灣, -30 m)　　　　　小型珊瑚體 (東沙, -20 m)

深度 15～35 m　　　　　棲所：珊瑚礁斜坡下段或礁塊側面

Scleronephthya flexilis Thomson & Simpson, 1909

柔軟骨穗軟珊瑚

　　珊瑚體小分枝形，常聚集生長，基部短，其上為脈狀分枝，大致分布在一平面上，伸展時高度通常不超過10 cm，基部及分枝表面皆有珊瑚蟲。珊瑚蟲小圓管形，長約3～6 mm，直徑約1.5 mm，口部鮮紅色；在分枝末端成簇分布，在基部及主分枝則單獨，珊瑚蟲收縮時呈小圓點狀；珊瑚蟲骨針架為8尖點，各尖點由1對大紡錘形骨針組成人字形。觸手含小棒形或紡錘形骨針，長約0.06～0.26 mm；珊瑚蟲含直或彎曲的紡錘形或似棒形骨針，多數長約0.3～0.9 mm，表面錐形突起大多集中於一端；尖點由大紡錘形骨針構成，長約1.6～1.8 mm，表面有低的圓突起；柱部表層含直或彎曲紡錘形骨針，長約1.0～2.2 mm；柱部內層含長紡錘形骨針，長約1.0～3.0 mm，表面有密集突起。生活群體呈橙紅色或橙色。

相似種：美麗骨穗軟珊瑚（見第298頁），但本種珊瑚蟲形態及骨針架皆有差異。

地理分布：印尼蘇門答臘、菲律賓。東沙、台灣南、東、北部及離島海域。

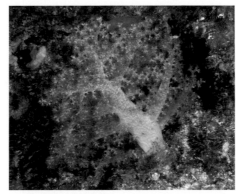

珊瑚體分枝形 (東沙, -18 m)

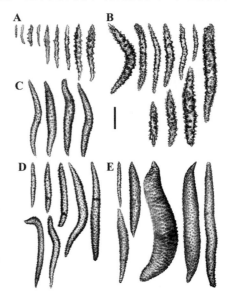

*Scleronephthya flexilis*的骨針。A：觸手；B：珊瑚蟲；C：尖點；D：分枝及柱部表層；E：柱部內層。(比例尺：A=0.1 mm；B=0.2 mm；C, D, E=0.5 mm)

珊瑚體群集 (萬里桐, -15 m)

伸展的珊瑚體群集 (東沙, -20 m)

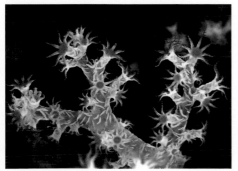

珊瑚蟲近照

珊瑚蟲部分收縮近照

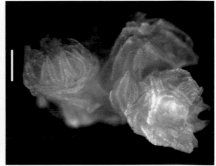

珊瑚蟲骨針架 (比例尺=0.5 mm)

深度 10～35 m ｜ 棲所：珊瑚礁斜坡下段礁壁或礁塊側面

Scleronephthya gracillimum (Kükenthal, 1906)

美麗骨穗軟珊瑚 / 硬棘軟珊瑚

　　珊瑚體小分枝形，柱部短，上有許多小分枝，常聚集生長，色彩鮮艷；珊瑚體伸縮性高，伸展時呈小叢形，收縮時呈小團，表面多皺褶。珊瑚蟲小型，口部橙紅色，分布在小分枝末端，通常不成束，可完全收縮。觸手含小棒形或紡錘形骨針，長約0.08～0.14 mm；珊瑚蟲含直或彎曲紡錘形骨針，長約0.2～0.6 mm；分枝表層含細長紡錘形骨針，長約0.7～1.0 mm；柱部表層含桿形骨針，長約0.10～0.15 mm，以及紡錘形骨針，長約0.15～0.55 mm，表面通常有細管形突起；柱部內層含粗大紡錘形骨針，長約0.4～0.9 mm，表面有小錐形突起。生活群體多數呈橙色，少數呈金黃或黃綠色。

相似種：柔軟骨穗軟珊瑚（見第297頁），但本種珊瑚蟲不突出，骨針架和柱部骨針皆有差異。

地理分布：印度洋及西太平洋珊瑚礁及岩礁區。東沙、台灣南、東、北部及離島海域。

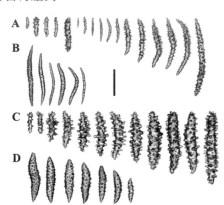

*Scleronephthya gracillimum*的骨針。A：珊瑚蟲；B：分枝；C：柱部表層；D：分枝及柱部內層。（比例尺：A, C=0.2 mm；B, D=0.5 mm）

珊瑚體收縮態 (綠島, -25 m)

收縮及伸展的珊瑚體 (南灣, -25 m)

珊瑚蟲伸展的分枝

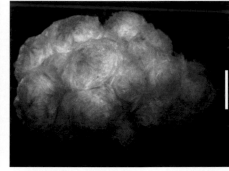

珊瑚蟲骨針架 (比例尺=1 mm)

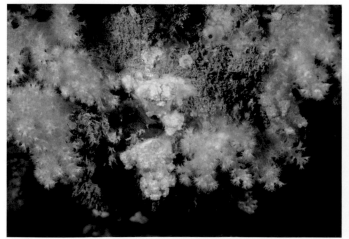

珊瑚體群集 (萬里桐, -15 m)

伸展的珊瑚體群集 (東沙, -25 m)

深度 10 ～ 40 m　　　　　　棲所：珊瑚礁斜坡下段礁壁

Scleronephthya pustulosa Wright & Slander, 1889

丘疹骨穗軟珊瑚

　　珊瑚體分枝形，具有長的柱部，其上分出主分枝，再衍生小分枝。珊瑚蟲單獨或成小群分布於小分枝上，珊瑚蟲骨針架為8尖點，各尖點由2～3對大紡錘形骨針組成人字形，基冠由水平排列的紡錘形骨針構成。觸手含小棒形或紡錘形骨針，長約0.04～0.06 mm；珊瑚蟲含紡錘形或棒形骨針，長約0.15～0.45 mm，表面有長突起；分枝含粗紡錘形骨針，長約0.4～2.0 mm；柱部表層含紡錘形骨針，長約0.2～1.0 mm，表面有大突起密集分布；柱部內層主要含粗大紡錘形骨針，長約1.6～7.0 mm，表面有許多大突起。生活群體常呈橙紅或粉紅色。

相似種：美麗骨穗軟珊瑚（見左頁），但本種的柱部較長，珊瑚體呈粉紅色，且柱部內層骨針為長紡錘形。

地理分布：菲律賓、日本。東沙、台灣南、東、北部及離島海域。

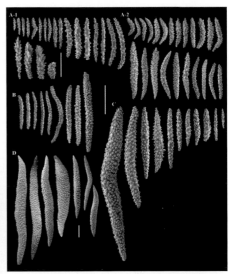

*Scleronephthya pustulosa*的骨針。A：珊瑚蟲；B：分枝；C：柱部表層；D：柱部內層。(比例尺：A-1=0.2 mm；A-2, B, C=0.5 mm；D=1.0 mm)

伸展的珊瑚體 (澳底, -18 m)

珊瑚體小分枝形 (佳樂水, - 12 m)

珊瑚體群集 (東沙, -25 m)

珊瑚蟲伸展的分枝

珊瑚體收縮態

珊瑚蟲骨針架 (比例尺=0.2 mm)

深度 10～35 m　　　　　　　棲所：珊瑚礁斜坡或峭壁上

Scleronephthya hengchunensis sp. n.

恆春骨穗軟珊瑚（新種）

　　珊瑚體分枝形，具有寬而硬的基部及較長的柱部 (收縮狀態約2～3 cm)，柱部側扁，其上有脈狀分枝及次生小分枝。珊瑚蟲單獨分布於主幹或成群分布於主分枝及小分枝上，珊瑚蟲骨針架由粗大紡錘形骨針構成，珊瑚蟲可完全收縮，表面有紡錘形骨針覆蓋，襟部則有紡錘形骨針呈水平排列。觸手含片形或小棒形骨針，長約0.05～0.10 mm；珊瑚蟲含小棒形及紡錘形骨針，前者長約0.11～0.15 mm，後者長約0.2～0.7 mm，表面有長突起；分枝及柱部表層皆含粗大紡錘形骨針，長約0.7～2.5 mm；柱部內管道壁含細長紡錘形骨針，長約0.10～0.25 mm，表面有長而尖的突起稀疏分布；柱部內層共肉含粗大紡錘形骨針，長度變異大，約0.6～6.5 mm，表面有密集複式突起。生活群體常呈橙紅或粉紅色。

相似種：丘疹骨穗軟珊瑚（見第299頁），但本種柱部較長，珊瑚蟲形態和骨針架皆有差異。

地理分布：僅在恆春半島西海岸珊瑚礁區發現。

*Scleronephthya hengchunensis*的骨針。A：觸手；B：珊瑚蟲；C：分枝；D：柱部表層；E-1：管道壁；E-2：柱部內層。(比例尺：A, B1, E1=0.1 mm；B2= 0.2 mm；C, D=0.5 mm；E2=1.0 mm)

珊瑚蟲伸展的分枝

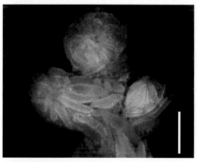

珊瑚蟲骨針架 (比例尺=1 mm)

珊瑚體收縮態 (萬里桐, -18 m)

珊瑚蟲收縮的分枝

珊瑚體群集 (山海, -18 m)

收縮的珊瑚體群集 (下水崛, -15 m)

深度 15～30 m　　　　　　　　　　棲所：珊瑚礁前緣礁壁或礁塊側面

Stereonephthya bellissima Thomson & Dean, 1931

鬆軟實穗軟珊瑚 / 硬荑軟珊瑚

　　珊瑚體小分枝形，外觀鬆軟，珊瑚蟲單獨或小群分布於表面，並於小分枝末端較密集；珊瑚蟲長約1.3 mm，寬約0.7 mm，與支持短柄約成銳角；骨針架由細長紡錘形骨針組成，外側3組每排有6～8支紡錘形骨針，側面2組各有3～4支骨針，骨針長約0.20～0.35 mm；支持束骨針為長紡錘形，長可達3 mm，突出珊瑚蟲約0.7 mm。柱部表層含細長紡錘形骨針，長約0.9～1.2 mm，表面有小錐形突起；另有許多小棒形骨針，長約0.12 mm；柱部內層共肉含紡錘形骨針，長約0.2～1.2 mm，表面突起稀疏。生活群體常呈淡粉紅或淡綠褐色。

相似種：水晶實穗軟珊瑚（見第302頁），但本種珊瑚體鬆軟，珊瑚蟲骨針架及形態亦不同。

地理分布：菲律賓。東沙、台灣南部及綠島淺海。

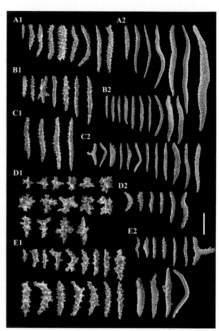

*Stereonephthya bellissima*的骨針。A1：珊瑚蟲；A2：支持束；B：分枝表層；C：分枝內層；D：柱部表層；E：柱部內層。(比例尺：A1, B, C1, D1, E1=0.2 mm；A2, B2, C2, D2, E2=0.5 mm)。

珊瑚蟲單獨或小群分布於分枝

珊瑚體外觀鬆軟 (東沙, -15 m)

珊瑚體分枝形 (東沙, -20 m)

珊瑚蟲伸展的分枝

珊瑚蟲收縮的分枝

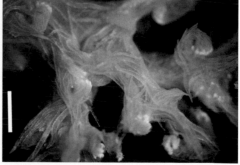

珊瑚蟲骨針架 (比例尺=1 mm)

深度 10 ～ 30 m　　　　　棲所：珊瑚礁斜坡中、下段或礁壁

Stereonephthya crystallina Kükenthal, 1905

水晶實穗軟珊瑚

　　珊瑚體小叢形，高度和寬度通常不超過10 cm，基部膜狀，其上有數個脈狀分枝，珊瑚體表面有突出骨針，收縮時呈小碎花狀。珊瑚蟲單型，單一或小群分布於分枝末端，支持束骨針突出，兩者互成銳角，珊瑚蟲不完全收縮。骨針形態多樣，大小差異大。珊瑚蟲骨針為直或稍彎曲紡錘形，長約0.2～1.5 mm；支持束骨針為長紡錘形，長可達2～4 mm；柱部內層共肉含紡錘形或棒形骨針，長約0.1～0.5 mm，表面有許多不規則長突起。柱部及分枝表層含直或彎曲紡錘形骨針，長約0.4～0.7 mm，以及大紡錘形骨針，長約1～4 mm，少數有分叉；分枝表層骨針較大而疏，柱部表層骨針較小而密；大型骨針具顏色，通常呈紫紅或黃褐色，小型骨針則無色。生活群體頂端灰白色，分枝及柱部上端呈紅或紫紅色，顏色主要來自大型骨針。

相似種： 鬆軟實穗軟珊瑚（見第301頁），但本種珊瑚體較硬，分枝及柱部上端紫紅色。

地理分布： 菲律賓。東沙、台灣南部及綠島、蘭嶼淺海。

分枝上端呈紫紅色 (南灣, -18 m)

Stereonephthya crystallina 的骨針。A：珊瑚蟲；B1, B2：支持束；C：柱部內層；D：分枝表層；E：柱部表層。(比例尺：A, B1=0.5 mm；B2=1.0 mm；C, D, E=0.2 mm)

珊瑚蟲收縮態 (東沙, -25 m)

珊瑚蟲伸展的分枝

珊瑚蟲骨針架 (比例尺=0.5 mm)

珊瑚體小叢形 (東沙, -20 m)

珊瑚體表面粗糙 (東沙, -22 m)

深度 10 ～ 35 m　　　　　　　棲所：珊礁斜坡中、下段或礁塊表面

Stereonephthya hyalina Utinomi, 1954

透明實穗軟珊瑚

　　珊瑚體小分枝形，高度通常不超過10 cm，基部寬而短，其上有數個短分枝，分枝鬆軟，半透明，珊瑚蟲通常單獨或小群分布於群體表面，並在分枝末端較密集。珊瑚蟲寬約0.8 mm，支持束的大骨針突出，珊瑚蟲收縮時形似吊掛在支持束上；珊瑚蟲骨針架由大小不一、密集排列的紡錘形骨針構成；珊瑚體主要含紡錘形骨針，長度變異大；觸手含棒形或紡錘形骨針，長約0.06～0.20 mm；尖點骨針長約0.2～0.6 mm；支持束骨針為長紡錘形，長可達5 mm，兩端尖細，突出珊瑚蟲超過1 mm；柱部表層含細長紡錘形骨針，長約0.4～2.0 mm，表面有小錐形突起，另有小棒形骨針，長約0.2～0.4 mm；柱部內層共肉含紡錘形骨針，長約0.1～0.9 mm，表面有錐形突起。骨針皆無色。生活群體常呈灰白、淡綠或淡黃色。

相似種： 鬆軟實穗軟珊瑚（見第301頁），但本種珊瑚蟲形態及骨針架皆不同。

地理分布： 日本紀伊半島。台灣南及東部海域。

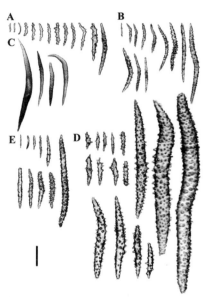

*Stereonephthya hyalina*的骨針。A：觸手；B：尖點；C：支持束；D：分枝及柱部表層；E：柱部內層。(比例尺：A= 0.1 mm；B, D, E=0.2 mm；C=1.0 mm)

珊瑚體群集 (南灣, -30 m)

珊瑚體小分枝形 (南灣, -15 m)

珊瑚體骨針突出 (南灣, -20 m)

珊瑚蟲伸展的分枝

珊瑚蟲收縮的分枝

珊瑚蟲骨針架 (比例尺=0.5 mm)

| 深度 10～30 m | 棲所：珊瑚礁斜坡中、下段或礁壁 |

Stereonephthya osimaensis Utinomi, 1954

大島實穗軟珊瑚

　　珊瑚體矮叢形，高度和寬度通常不超過10 cm，由短柱部及數個短分枝構成，分枝末端圓弧形。珊瑚蟲密集分布於分枝末端，收縮的珊瑚蟲呈卵圓形，長約 1 mm，珊瑚蟲尖點由紡錘形骨針組成，長約0.1～0.4 mm，通常一端稍大而似棒形；支持束由12～18支紡錘形骨針組成，長約0.5～1.8 mm，上端1～2支突出珊瑚蟲頭部，骨針通常為淡粉紅色，尖端淡黃色；分枝及柱部表層含多疣突紡錘形骨針，長約0.4～1.5 mm，另有不規則形或星形骨針，長約0.1～0.2 mm，表面有高突起；內層管道壁含少數桿形骨針，多數長約0.12 mm。生活群體呈黃綠或橙黃色，柱部及分枝較淡或白色。

相似種：無，本種珊瑚體顏色及骨針皆獨特。
地理分布：日本中部。台灣北部及北方三島海域。

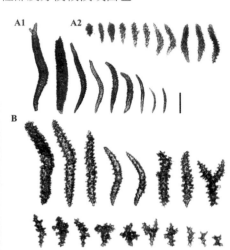

*Stereonephthya osimaensis*的骨針。A1：支持束；A2：尖點；B：分枝及柱部表層。(比例尺：A1=0.4 mm；A2, B=0.2 mm)

珊瑚體伸展態 (野柳, -12 m)

珊瑚體及攝食者玉兔螺 (野柳, -12 m)

珊瑚體收縮態 (彭佳嶼, -15 m)

珊瑚蟲骨針架 (比例尺= 1 mm)

珊瑚體矮叢形(彭佳嶼, -15 m)

珊瑚蟲收縮的珊瑚體 (彭佳嶼, -15 m)

深度 10～30 m　　　　　　棲所：開放型淺海礁岩平台及礁斜坡

Stereonephthya rubriflora Utinomi, 1954

紅花實穗軟珊瑚

　　珊瑚體矮叢形，由短柱部及數個短分枝構成，分枝末端圓弧形。珊瑚蟲骨針架由紅或紫紅色紡錘形骨針組成，尖點骨針為紫紅色彎曲紡錘形，長約0.2～0.6 mm，少數一端稍大而似棒形；尖點之間另有一些小骨針；觸手含扁平桿形骨針，長約0.07～0.14 mm；支持束由黃或淡黃色的粗大紡錘形骨針組成，長約1.4～2.8 mm；分枝及柱部表層含多疣突紡錘形骨針，長約0.7～2.0 mm，另有不規則形或桿形骨針，長約0.1～0.2 mm，表面有高突起；內層管道壁含少數桿形骨針，長約0.15～0.25 mm。生活群體呈紅或紫紅色，係因珊瑚蟲骨針顏色所致，柱部及分枝較淡或白色。

相似種：無，本種珊瑚體顏色及骨針皆獨特。

地理分布：日本中部。台灣北部及北方三島海域。

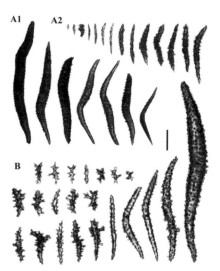

*Stereonephthya rubriflora*的骨針。A1：支持束；A2：尖點；B：分枝及柱部表層。(比例尺：A1=0.4 mm；A2, B=0.2 mm)

珊瑚體顏色變異 (彭佳嶼, -15 m)

珊瑚體矮叢形 (彭佳嶼, -15 m)

珊瑚體分枝末端圓弧形 (野柳, -12 m)

珊瑚體收縮態 (野柳, -12 m)

分枝及珊瑚蟲近照

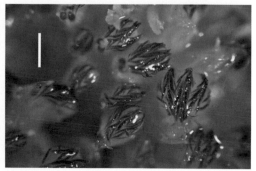

珊瑚蟲骨針架 (比例尺=1 mm)

| 深度 10～30 m | 棲所：開放型淺海礁岩平台及礁斜坡 |

Umbellulifera petasites Thomson & Dean, 1931

繁錦傘花軟珊瑚

　　珊瑚體分枝形，由柱部及其上的主分枝與次生分枝組成，珊瑚蟲密集分布於分枝末端而呈繖形，珊瑚體收縮性高，收縮時呈花椰菜形。珊瑚蟲無支持束，骨針架由紫紅色彎曲紡錘形骨針組成，長約0.3～0.8 mm，其中2～3支突出珊瑚蟲頭部，另有較小、無色的多疣突紡錘形或桿形骨針，長約0.08～0.25 mm；分枝及柱部表層含紡錘形、棒形及不規則形骨針，長約0.4～0.8 mm，表面有大而不規則的疣突；骨針在柱部基底密集，並往分枝末端遞減；柱部內層管道壁含多疣紡錘形骨針，長約0.8～2.5 mm，通常一端稍膨大，且呈淡紫紅色。珊瑚體呈紅或紫紅色，柱部及分枝呈白色。

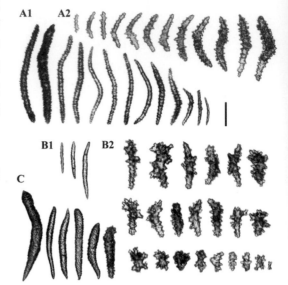

相似種：條紋傘花軟珊瑚（見右頁），但本種珊瑚體柱部較短，且無縱向條紋。

地理分布：印尼、菲律賓。台灣南部。

*Umbellulifera petasites*的骨針。A1 & A2：珊瑚蟲；B1 & B2：分枝及柱部表層；C：柱部內層。(比例尺：A2, B2=0.1 mm；A1=0.2 mm；B1, C=0.4 mm)

珊瑚蟲分布呈繖形

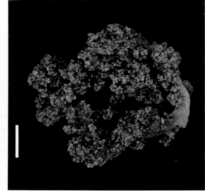

珊瑚體標本照 (比例尺=1 cm)

珊瑚蟲骨針架 (比例尺=1 mm)

珊瑚體半收縮態 (南灣, -35 m)

珊瑚體充分收縮 (南灣, -35 m)

深度 >20 m　　　　棲所：硬底質礁石、礫石或人造礁體表面

Umbellulifera striata (Thomson & Henderson, 1905)

條紋傘花軟珊瑚／傘花軟珊瑚

　　珊瑚體分枝形，柱部長，其上衍生少數主分枝和次生分枝，柱部及分枝有縱向條紋，珊瑚蟲密集分布於分枝末端而呈繖形，珊瑚體柔軟，收縮性高，收縮時呈花椰菜形。珊瑚蟲無骨針支持束，骨針架由紡錘形骨針組成，長約0.3～0.8 mm，另有較小，無色的多疣突紡錘形或桿形骨針，長約0.08～0.25 mm；分枝及柱部表層含紡錘形骨針，長約0.3～1.5 mm，另有較小，多疣突的桿形或不規則形骨針，長約0.07～0.20 mm，表面有大而不規則的疣突。珊瑚體呈紅或紫紅色，柱部及分枝呈白色。

相似種：繁錦傘花軟珊瑚（見左頁），但本種珊瑚體柱部較長，且有縱向條紋。

地理分布：斯里蘭卡、東非、賽吉爾群島、南海。台灣南部。

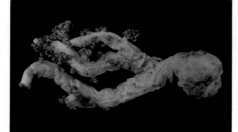

珊瑚體標本照

珊瑚蟲近照 (比例尺=1 mm)

珊瑚體分枝形 (太平島, -35 m)

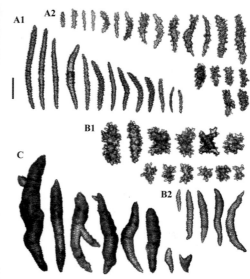

*Umbellulifera striata*的骨針。A1 & A2：珊瑚蟲；B1 & B2：分枝及柱部表層；C：柱部內層。(比例尺：A2, B2=0.1 mm；A1=0.2 mm；B1, C=0.4 mm)

珊瑚體群集 (小琉球, -30 m)

珊瑚體分枝柔軟 (小琉球, -30 m)

深度 >30 m	棲所：硬底質或軟底質

巢珊瑚科
Nidaliidae Gray, 1869

本科珊瑚體的外壁由大型、縱向排列的紡錘形骨針構成，珊瑚蟲通常可收縮入骨針環繞的保護鞘中，收縮時珊瑚體質地硬而脆。傳統上，本科被視為介於軟珊瑚與柳珊瑚之間的一群物種，大致可分為二大群，其中一群具有類似軟珊瑚科的肉質群體，另一群則為近似柳珊瑚的分枝狀群體。基於這些特徵，傳統上就分為 *Chironephthya* 和 *Siphonogorgia* 等二屬（Fabricius & Alderslade, 2001；Imahara et al., 2017），但是由於這兩屬之間的分界模糊，因此歷年來有許多學者質疑 *Chironephthya* 屬的有效性，顯然這兩屬間的分類和親緣關係尚待進一步研究。依據 WoRMS 的分類系統（van Ofwegen, 2017），印度洋及太平洋物種皆歸為管柳珊瑚屬（*Siphonogorgia*）。目前全球已知有7屬75種，台灣海域有2屬10種。

管柳珊瑚屬 (*Siphonogorgia*)

穗柳珊瑚屬 (*Nephthyigorgia*)

Siphonogorgia cylindrata Kükenthal, 1895

小筒管柳珊瑚 / 管軟珊瑚

珊瑚體小叢分枝形，基部短，其上衍生分枝，主幹及分枝呈管形，硬而易脆。珊瑚蟲位於疣突上，於分枝末端較密集，近基部處稀疏；珊瑚蟲可完全收縮入由紡錘形骨針架構成的疣突中，其尖點由3～4對略彎曲紡錘形骨針構成，基冠也有3～4對紡錘形骨針；觸手含扁平桿狀及紡錘形骨針，長約0.05～0.20 mm；珊瑚蟲尖點及基冠主要含彎曲紡錘形骨針，長約0.3～0.5 mm，表面有錐形突起；萼部含多疣突紡錘形骨針，長約1～2 mm；分枝及柱部表層含紡錘形骨針，長者可達3 mm，較小者約0.5～0.7 mm，數量較多，表面皆多疣突；分枝及柱部內層含粗大紡錘形骨針，長約0.5～1.5 mm，表面有結節狀突起；管道壁則含細紡錘形骨針，長約0.16～0.30 mm，表面有錐形突起。骨針皆無色。生活群體呈赭黃色，珊瑚蟲淡黃或赭黃色。

相似種：中間管柳珊瑚（見第316頁），但珊瑚蟲骨針架及骨針形態皆有差異。

地理分布：印尼、南海。台灣南部及離島淺海。

小型珊瑚體群集 (合界, - 20 m)

珊瑚體分枝形 (南灣, -18 m)

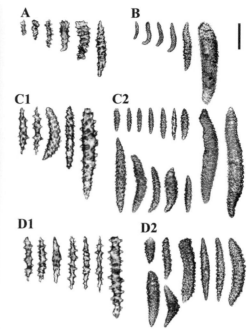

*Siphonogorgia cylindrata*的骨針。A：觸手；B：珊瑚蟲萼部；C：分枝及柱部表層；D1：管道壁；D2：分枝及柱部內層。(比例尺：A, C1, D1=0.1 mm；B, C2, D2=0.5 mm)

珊瑚體形態變異 (南灣, -15 m)

珊瑚蟲骨針架 (比例尺=0.5 mm)

珊瑚蟲伸展的分枝

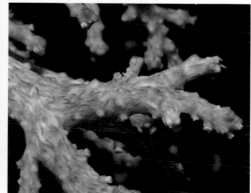

珊瑚蟲收縮的分枝

棲所：水流稍強的珊瑚礁斜坡或礁壁

Siphonogorgia dofleini Kükenthal, 1906

杜氏管柳珊瑚

　　珊瑚體小分枝形，由短柱部和輻射狀分枝構成，主幹和分枝堅硬。珊瑚蟲單型，分布在分枝表面，於分枝末端較多，主幹甚少；珊瑚蟲不完全收縮入萼部，萼部稍突出，並由大紡錘形骨針包圍。骨針形態複雜多變異。珊瑚蟲觸手含棒形或紡錘形骨針，長約0.05～0.15 mm；尖點及萼部骨針為紡錘形或棒形，長約0.10～0.80 mm，紫紅色；分枝表層含細長及粗大紡錘形骨針，前者長約0.4～0.7 mm，後者長可達3 mm；柱部表層大多為紡錘形骨針，長約0.5～2.5 mm；柱部內層含大紡錘形骨針，長約0.8～2.8 mm，另有小紡錘形骨針，長約0.2～0.5 mm。生活群體主幹和主分枝通常呈白或黃色，基部和分枝末端則呈淡紫紅色。

相似種：希氏管柳珊瑚（見第313頁），但本種珊瑚蟲基冠骨針列數較多，骨針較粗大，且為紫紅色。

地理分布：日本、南海。東沙、台灣南部及離島淺海。

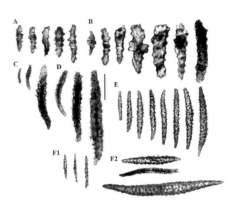

*Siphonogorgia dofleini*的骨針。A：觸手；B：珊瑚蟲；C：萼部；D：襟部；E：分枝及柱部表層；F：柱部內層。(比例尺：A, B=0.05 mm；C, D, F1=0.2 mm；E, F2=0.5 mm)

珊瑚蟲伸展態 (東沙, -22 m)

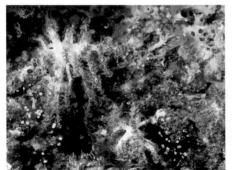

小珊瑚體群集 (東沙, -25 m)

珊瑚蟲收縮態

珊瑚蟲骨針架 (比例尺=0.5 mm)

大型珊瑚體 (東沙, -20 m)

小型珊瑚體 (東沙, -25 m)

深度 15～35 m　　　　棲所：海流稍強的礁石壁或洞穴口附近

Siphonogorgia duriuscula Thomson & Simpson, 1909

緊密管柳珊瑚

　　珊瑚體分枝形，基部寬，柱部短，由此長出脈狀分枝，分枝大致在一平面上。珊瑚體柱部及分枝皆堅硬而易脆。珊瑚蟲黃色，分布於分枝各表面，並以分枝末端較密集，主幹及主分枝上稀疏；珊瑚孔呈疣狀突起，形似突出小杯，開口皆向上，尖點黃色，萼部紅色，對比明顯。觸手含細紡錘形骨針，長約0.1～0.2 mm，表面有錐形突起；尖點由黃色紡錘形骨針構成，長約0.2～0.4 mm，表面有圓點狀突起；萼部由紅色紡錘形骨針構成，長約0.3～0.9 mm，表面有結節形或錐形突起：柱部及分枝表層和內層皆含圓胖柱形、紡錘形或似橢圓形骨針，長約0.3～0.5 mm，皆呈粉紅色，表面有粗大的複式疣突。生活群體呈猩紅或紫紅色。

相似種：絢麗管柳珊瑚（見第312頁），但本種珊瑚體分枝、珊瑚蟲和骨針形態皆有差異。

地理分布：孟加拉灣、印度南部。台灣南部及綠島淺海。

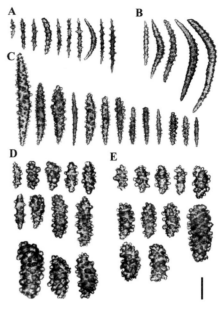

珊瑚體分枝在一平面上 (合界, -22 m)

*Siphonogorgia duriuscula*的骨針。A：觸手；B：尖點；C：萼部；D：柱部及分枝表層；E：柱部及分枝內層。(比例尺：A, B=0.1 mm；C, D, E=0.2 mm)

珊瑚體分枝形 (山海, - 15 m)

珊瑚體群集 (南灣, -25 m)

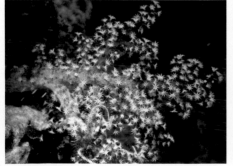

珊瑚蟲伸展的分枝

珊瑚蟲近照

珊瑚蟲骨針架 (比例尺=1 mm)

深度 15～35 m　　　　　　　　棲所：珊瑚礁斜坡下段

Siphonogorgia godeffroyi Kölliker, 1874

絢麗管柳珊瑚

　　珊瑚體分枝形，主幹直徑可達1 cm以上，依次衍生次分枝與小分枝；主幹及分枝表面光滑；主幹內部有管道腔。珊瑚蟲淡黃色，分布於小枝及末端分枝上；主幹及大分枝皆無珊瑚蟲。珊瑚蟲可完全收縮入萼部，呈小突起狀，周圍有紅色紡錘形骨針。觸手含鱗片形及棍棒形骨針，長約0.10～0.18 mm，邊緣鋸齒狀，無色；珊瑚蟲含細柱形和細紡錘形骨針；尖點和基冠由略彎曲的淡黃色紡錘形骨針構成，長約0.2～0.5 mm，表面多突起；萼部含紅色紡錘形骨針，長約0.4～0.9 mm；主幹及分枝表面含延長紡錘形或針形骨針，長度可達1～2 mm，表面有圓或錐形突起；主幹及分枝內部的管道壁含細小針形或紡錘形骨針，長約0.1～0.2 mm，表面有稀疏錐形突起。生活群體呈深紅或紫紅色。

相似種：緊密管柳珊瑚（見第311頁），但本種分枝、珊瑚蟲及骨針形態皆有差異。

地理分布：帛琉、吐瓦魯、日本南部。台灣南部及離島淺海。

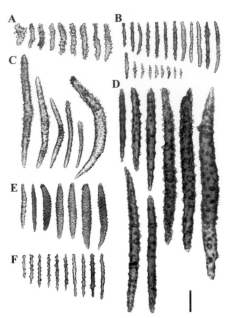

主幹及分枝表面光滑 (白砂, - 20 m)

*Siphonogorgia godeffroyi*的骨針。A：觸手；B：珊瑚蟲；C：尖點；D：萼部；E：分枝及柱部表層；F：分枝及柱部內層。(比例尺：A, B, C, D, F＝0.1 mm；E＝0.5 mm)

珊瑚蟲伸展的分枝

珊瑚蟲半收縮的分枝

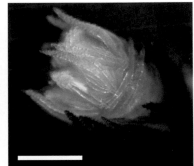

珊瑚蟲骨針架 (比例尺＝0.5 mm)

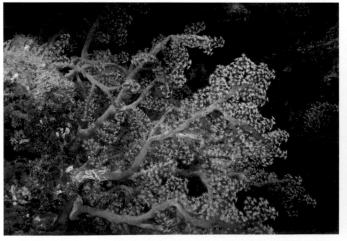

珊瑚體群集 (白砂, - 20 m)

珊瑚蟲僅分布於小枝上 (綠島, -20 m)

深度 15 ～ 35 m　　　　棲所：隱蔽型珊瑚礁凹壁或槽溝附近

Siphonogorgia hicksoni (Harrison, 1908)

希氏管柳珊瑚

　　珊瑚體小叢分枝形，主幹與分枝皆相當堅硬，分枝多在末端，表面有厚紡錘形骨針，共肉內部由中空管道構成。珊瑚蟲單型，大多分布在分枝末端，不完全收縮。珊瑚蟲基冠有約3～4列橫排骨針，各尖點由1～2對骨針組成；萼部及基冠部骨針皆為橙紅色。骨針形態複雜多變，珊瑚蟲含紡錘形或棒形骨針，長約0.15～0.30 mm；觸手含棒形或細紡錘形骨針，長約0.05～0.07 mm；基冠及萼部骨針皆為紡錘形，基冠骨針長約0.45～0.75 mm，萼部骨針長約0.9～2.0 mm，部分可達3.0 mm；柱部表層主要含紡錘形骨針，長約0.65～2.0 mm，另有小骨針，長約0.15～0.20 mm；柱部內層大骨針長約0.6～1.6 mm，另有小骨針長約0.15～0.30 mm，皆為紡錘形或棒形。

生活群體大多為黃或橙色，珊瑚蟲萼部及基冠部為橙紅色，主要係因其骨針顏色所致。

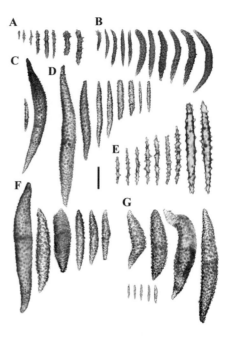

相似種： 變異管柳珊瑚（見第318頁），但本種珊瑚蟲基冠骨針僅3～4列。

地理分布： 南海、琉球群島。台灣周圍及離島淺海。

珊瑚體倒懸礁壁 (綠島, -20 m)

Siphonogorgia hicksoni 的骨針。A：觸手；B：尖點；C：萼部；D：分枝表層；E：分枝內層；F：柱部表層；G：柱部內層。(比例尺：A, E=0.1 mm；B=0.2 mm；C, D, F, G=0.5 mm)

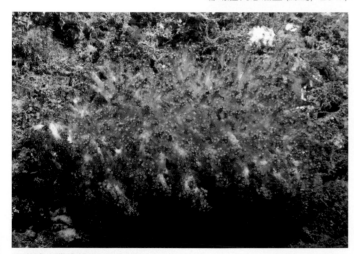

珊瑚體小叢分枝形 (下水崛, -12 m)

珊瑚體分枝密集 (石城, -15 m)

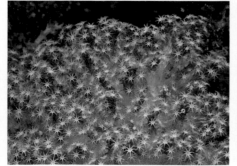

珊瑚蟲伸展的分枝

珊瑚蟲近照

珊瑚蟲骨針架 (比例尺=0.5 mm)

深度 10～35 m　　　　　棲所：珊瑚礁斜坡下段礁壁或洞穴口附近

Siphonogorgia macrospiculata (Thomson & Henderson, 1906)

大骨管柳珊瑚

　　珊瑚體分枝形，由柱部和少數分枝構成，質地堅硬，分枝表面粗糙，表面可見淡黃或白色的大型骨針成簇分布。珊瑚蟲單型，於分枝末端3～5隻成組，其他部位則獨立分布，珊瑚蟲可完全收縮；萼部鞘狀，直徑< 1 mm，由2～3支紡錘形大骨針圍繞；基冠含3～4列骨針。觸手骨針紡錘形或小柱形，粉紅色，長約0.1～0.2 mm；珊瑚蟲含細紡錘形骨針，長約0.15～0.25 mm，無色；尖點由紡錘形骨針構成，長約0.6～2.0 mm，無色；萼部含直或彎曲紡錘形骨針，無色或淡紅色，長可達7 mm；分枝含紡錘形骨針，長度變異大，約0.5～3.0 mm，表面有許多大突起，無色或淡黃色。柱部含直或彎曲的紡錘形骨針，長約0.4～2.5 mm，表面有複雜疣突，部分骨針有分叉，多數呈紅褐色。生活群體分枝通常呈淡褐或黃褐色，柱部呈紅褐色。

相似種：中間管柳珊瑚（見第316頁），但本種分枝表面有大型骨針，珊瑚蟲骨針架不同。
地理分布：印度、所羅門群島。台灣南部及離島淺海。

珊瑚體分枝形 (綠島, -20 m)

深度 15～35 m

珊瑚蟲充分伸展

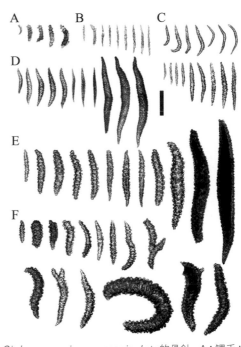

*Siphonogorgia macrospiculata*的骨針。A：觸手；
B：珊瑚蟲；C：尖點；D：萼部；E：分枝；F：柱部。(比
例尺：A, B=0.2 mm；C, E, F=0.5 mm；D=1 mm)

分枝表面可見大型骨針

珊瑚蟲骨針架 (比例尺=0.5 mm)

小型珊瑚體 (白砂, -15 m)

小珊瑚體收縮態

棲所：珊瑚礁斜坡中或下段

Siphonogorgia media Thomson & Simpson, 1909

中間管柳珊瑚

　　珊瑚體分枝形，基底寬，柱部短，由此長出脈狀分枝，主幹和分枝由互相交錯的大骨針支持，質地甚堅硬。珊瑚蟲分布於主幹和分枝表面，於分枝頂端較密集；珊瑚蟲直徑約1～2 mm，可完全收縮入萼部；萼部由縱向排列的大骨針構成，尖點突出。觸手含扁平及細棒形骨針，長約0.04～0.10 mm；尖點含紡錘形及棒形骨針，長約0.10～0.25 mm，表面有大突起；萼部含直或稍彎曲紡錘形骨針，長約0.30～0.55 mm；分枝及主幹皆含粗大的紡錘形骨針，長約1.0～2.3 mm，有些稍彎曲或一段較鈍，表面皆有密集的複式疣突。生活群體呈淡粉紅或淡橙色。

相似種：小筒管柳珊瑚（見第308頁），但本種珊瑚蟲結構和骨針架不同。

地理分布：安達曼海。台灣南部及離島淺海。

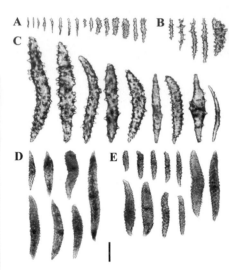

珊瑚體形態變異 (綠島, -20 m)

*Siphonogorgia media*的骨針。A：觸手；B：尖點；C：萼部；D：分枝；E：柱部。(比例尺：A, B, C=0.1 mm；D, E=0.5 mm)

小珊瑚體群集 (南灣, -15 m)

大型珊瑚體 (蘭嶼, -25 m)

小型珊瑚體 (綠島, -20 m)

珊瑚蟲近照

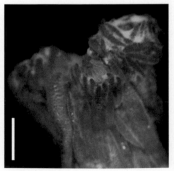

珊瑚蟲骨針架 (比例尺=1 mm)

| 深度 15～35 m | 棲所：珊瑚礁斜坡下段或礁壁側面 |

Siphonogorgia splendens Kükenthal, 1906

燦爛管柳珊瑚

　　珊瑚體分枝形，呈小灌叢狀，主幹較大而光滑，與分枝皆相當堅硬，分枝多在末端，表面有厚的紡錘形骨針，共肉內部由中空管道構成。珊瑚蟲單型，大多分布在分枝末端，不完全收縮，呈白色點狀。珊瑚蟲基冠有約3～4列橫排骨針，各尖點通常由1～2對骨針組成。萼部及基冠部骨針皆為橙紅色。珊瑚蟲含紡錘形或棒形骨針，長約0.15～0.30 mm；觸手含棒形或細紡錘形骨針，長約0.05～0.07 mm；萼部及基冠含紡錘形骨針，長約0.5～2.0 mm，部分可達3.0 mm；柱部表層含紡錘形骨針，長約0.65～2.0 mm，另有小型骨針，長約0.15～0.20 mm；柱部內層大骨針長約0.6～1.6 mm，另有小型骨針長約0.15～0.30 mm，皆為紡錘形或棒形。生活群體大多為淡黃色，珊瑚蟲為橙紅色，主要係因其骨針顏色所致。

相似種：變異管柳珊瑚（見第318頁），但本種珊瑚蟲基冠骨針僅3～4列，變異管柳珊瑚有10列。

地理分布：南海。台灣南部及離島淺海。

珊瑚蟲骨針架

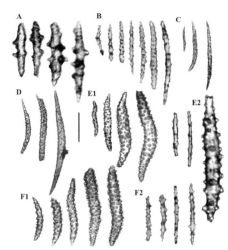

*Siphonogorgia splendens*的骨針。A：觸手；B：尖點；C：基冠；D：萼部；E：柱部表層；F：柱部內層。(比例尺：A=0.025 mm；B, E2, F2=0.1 mm；C, D, E1, F1=0.5 mm)

珊瑚蟲大多位於分枝末端 (東沙, -20 m)

珊瑚體收縮態

珊瑚蟲伸展的分枝

珊瑚體小灌叢形 (東沙, -20 m)

珊瑚體分枝密集 (東沙, -22 m)

深度 15～35 m ｜ 棲所：開放型珊瑚礁斜坡下段或礁壁

Siphonogorgia variabilis (Hickson, 1903)

變異管柳珊瑚

　　珊瑚體分枝形，主幹和分枝相當堅硬，表面有厚紡錘形骨針，共肉內部由中空管道構成，分枝末端多小分枝。珊瑚蟲單型，大多分布在分枝末端，不完全收縮。珊瑚蟲基冠有約10列橫排骨針，尖點通常由4支骨針組成。珊瑚蟲基冠及蕚部骨針顏色通常為鮮紅色，與其他部位對比鮮明。珊瑚蟲含棒形骨針，長約0.05～0.15 mm；觸手含棒形或紡錘形骨針，長約0.04～0.08 mm；蕚部及基冠骨針為紡錘形或棒形，長約0.2～0.5 mm，橙紅色；柱部表層骨針大多為紡錘形，長約0.55～1.30 mm，另有小型骨針，長約0.15～0.30 mm；柱部內層大骨針長約0.7～2.0 mm，另有小型骨針長約0.15～0.40 mm，皆以紡錘形為主。生活群體顏色多變，常見為黃橙色。

相似種：燦爛管柳珊瑚（見第317頁），但本種珊瑚蟲形態及骨針架皆有差異。

地理分布：廣泛分布於印度洋及西太平洋珊瑚礁區。台灣南部及離島淺海。

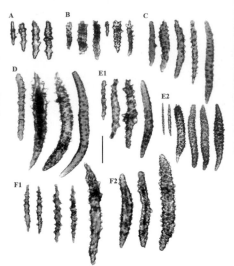

*Siphonogorgia variabilis*的骨針。A：觸手；B：珊瑚蟲；C：基冠；D：蕚部；E：分枝及柱部表層；F：分枝及柱部內層。(比例尺：A=0.025 mm；B, C, D, E1, F1=0.1 mm；E2, F2=0.5 mm)

珊瑚蟲骨針架

珊瑚體分枝形 (東沙, -20 m)

分枝末端多小分枝 (東沙, -18 m)

小珊瑚體伸展態

珊瑚蟲伸展的分枝

珊瑚蟲收縮的分枝

深度 10 ～ 40 m　　　　棲所：水質清澈環境的礁石壁或洞穴口附近

Nephthyigorgia annectens (Thomson & Simpson, 1909)

相連穗柳珊瑚

　　珊瑚體小分枝形，由短而扁的柱部及少數指形分枝構成，柱部內層柔軟，為充滿膠質的中膠層，骨針少。珊瑚蟲白色，可完全收縮，於分枝表面呈疣突狀。珊瑚蟲含直或彎曲的紡錘形骨針，長約0.09～0.26 mm，淡紅或白色，表面有不規則疣突；珊瑚蟲尖點由5～8支紡錘形骨針組成，基冠含5列互相嵌合的紡錘形骨針，長約0.2～1.5 mm，皆為淡紅色，表面有小疣突；分枝及柱部表層含大紡錘形骨針，長約0.5～2.0 mm，多數為淡紅色，不規則彎曲，少數有分叉；分枝及柱部內層含不規則形骨針，長約0.08～0.16 mm，表面突起大而不規則。珊瑚體呈暗紅色，收縮時密集成團塊狀。

相似種：無
地理分布：印度、南海。金門、小琉球、台灣南部。

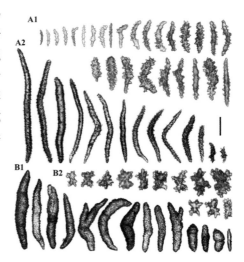

*Nephthyigorgia annectens*的骨針。A1：珊瑚蟲；A2：尖點及基冠；B1：分枝及柱部表層；B2：分枝及柱部內層。(比例尺：A1, B2=0.1 mm；A2=0.2 mm；B1=0.4 mm)

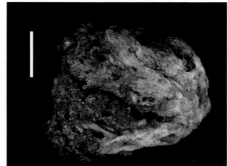

珊瑚體標本照 (比例尺=1 cm)

珊瑚體短分枝形 (南灣, -30 m)

小型珊瑚體 (南灣, -30 m)

深度 20～45 m　　　　棲所：珊瑚礁或岩礁邊緣鄰近沙地處

柳珊瑚類
Gorgonians

柳珊瑚類在舊分類系統屬於柳珊瑚目（Gorgonacea），但是目前已被合併於軟珊瑚目（Alcyonacea），並依據牠們的骨骼結構的差異分為：骨軸（Scleraxonia）、全軸（Holaxonia）、鈣軸（Calcaxonia）等3亞目。近年的分子親緣研究結果顯示，三者可能都不是單系群，因此，亞目、科至屬的分類系統都待進一步研究以釐清（McFadden et al., 2010）。

柳珊瑚包括俗稱的海扇、海柳或海鞭，牠們通常具有相當堅韌的中軸骨骼，也就是由柳珊瑚素（gorgonin）和鈣質骨針共同構成的支持構造，珊瑚蟲則分布在珊瑚體表面的共肉組織（皮層）中。柳珊瑚素是一群複雜的蛋白質，含有高量的溴、碘和酪氨酸，構成柳珊瑚的角質骨架；在活珊瑚體中，相當柔軟而有韌性，可高度彎曲而不折斷，但在珊瑚體死亡之後則變硬而易脆。

柳珊瑚類在大西洋珊瑚礁是最常見的八放珊瑚，物種多樣性和生物量都相當高；但在印度洋及太平洋的珊瑚礁則並非顯著物種，雖然物種多樣性仍相當高，但生物量通常較軟珊瑚類低甚多。然而，許多柳珊瑚類具有優雅的形態及鮮艷顏色，因此經常是珊瑚礁中非常顯著耀眼的物種。

柳珊瑚

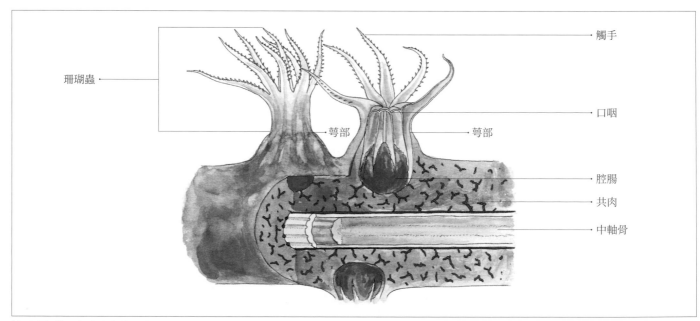

柳珊瑚類的珊瑚蟲與中軸骨骼

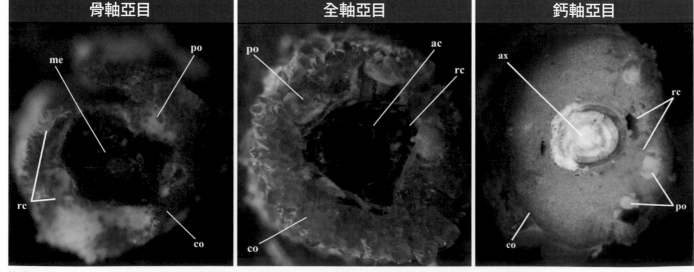

柳珊瑚類三亞目的中軸骨骼橫切面。ax：中軸骨；ac：中軸核心； co：皮層；po：珊瑚蟲；rc：環狀管；me：髓層。

骨軸亞目
Scleraxonia Studer, 1887

本亞目物種的珊瑚體可分為皮層（cortex）和髓層（medulla），珊瑚蟲位於皮層中，髓層則為支撐群體的骨骼，二者之間的分界通常不明顯。髓層由鈣質骨針及柳珊瑚素構成類似中軸骨的構造，可能有分節或無，但不形成中空、有腔室的核心。本亞目物種的形態差異甚大，多數為直立的分枝形，少數為平鋪的表覆形，而且有些種類的皮層和髓層不易分辨。

花頭珊瑚科
Anthothelidae Broch, 1916

本科物種的髓層骨針分散，不互相嵌合，髓層與皮層之間以縱向管道相隔。台灣海域僅有2屬2種，兩者的珊瑚體形態差異甚大。

紅足軟珊瑚屬 (*Erythropodium*)

管莖珊瑚屬 (*Solenocaulon*)

Erythropodium taoyuanensis sp. n.

桃園紅足軟珊瑚（新種）

　　珊瑚體通常小型，由數個珊瑚蟲以膜狀組織相連，緊附於珊瑚藻或藻礁表面生長，間隔不一致，約0.5～3.5 mm；珊瑚蟲伸展時直徑約3～6 mm，觸手兩側各有一列10～16羽狀分枝；珊瑚蟲可收縮入小柱狀萼部之中，其高約2～3 mm，直徑約1～2 mm。珊瑚蟲及觸手無骨針，萼部含輻射形骨針長約0.03～0.05 mm，頂端有複雜疣突，另有少數不規則形骨針，長約0.05～0.08 mm；膜狀組織骨針與萼部相似；骨針皆無色。

相似種：無
地理分布：目前僅在桃園觀塘海岸低潮線附近發現。

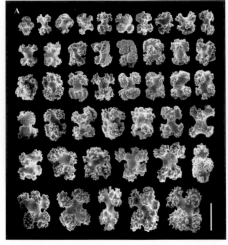

珊瑚蟲萼部及基部的骨針 (比例尺=0.05 mm)

珊瑚蟲伸展狀態 (大潭, 0 m；林綉美攝)

珊瑚蟲附著珊瑚藻或藻礁表面

珊瑚蟲單獨或以基部膜狀組織相連

伸展的珊瑚蟲觸手及羽枝近照 (林綉美攝)

深度 0～10 m　　　　　棲所：潮間帶下段至淺海，珊瑚藻或藻礁表面

Solenocaulon chinense Kükemthal, 1916

中華管莖珊瑚

　　珊瑚體分枝形，基部扁平，主幹為實心圓柱形，其上衍生少數大分枝及許多小分枝，分枝大致在一平面上，分枝扁平，溝槽形，分布於主幹兩側；珊瑚蟲大型，分布於大分枝及小分枝兩側，主幹無珊瑚蟲；珊瑚蟲可完全收縮，萼部低伏，稍突起。觸手含紡錘形或棒形骨針，長約0.10～0.25 mm，表面有不規則的高大疣突或形成分叉；珊瑚蟲含彎曲紡錘形骨針，長約0.2～0.5 mm；萼部由棒形或桿形骨針組成，長約0.30～0.65 mm，表面有大疣突；髓層含針狀骨針，長約0.3～0.8 mm，表面少突起；皮層含不規則形、橢圓形或小棒形骨針，長約0.06～0.14 mm。生活群體呈紅或橙色，珊瑚蟲白色。

相似種：無，本種分枝形態獨特。
地理分布：南海。台灣南部。

珊瑚體部分珊瑚蟲伸展 (合界, -30 m)

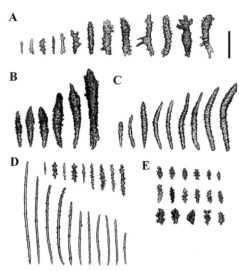

*Solenocaulon chinense*的骨針。A：觸手；B：萼部；C：珊瑚蟲；D：髓層；E：皮層。(比例尺=0.2 mm)

珊瑚體分枝形 (合界, -30 m; 蔡永春攝)

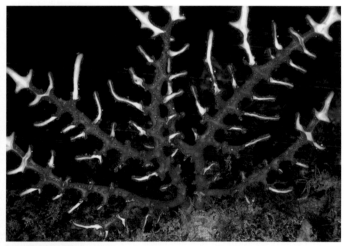

珊瑚體收縮態

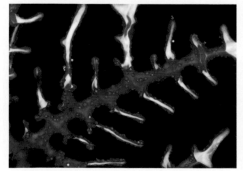

珊瑚蟲收縮的分枝

珊瑚蟲分布於溝槽形分枝兩側

珊瑚蟲近照 (蔡永春攝)

深度 25 ～ 40 m　　　棲所：珊瑚礁斜坡下段鄰近沙底處

皮珊瑚科
Briareidae Gray, 1859

本科種類少,目前僅含1屬。珊瑚體為表覆形,覆蓋在礁石上生長,也可能聚集成團塊狀。珊瑚組織有皮層和髓層的分化,但不明顯,因此被認為是介於無組織分化的軟珊瑚類與有分化的柳珊瑚類之間。依據分子資料與形質分析的分類整理結果,本科在印度洋及太平洋區僅有皮珊瑚(*Briareum*)1屬4種(Samini-Namin & Ofwegen, 2016),台灣海域目前發現有3種。

皮珊瑚屬 (*Briareum*)

Briareum cylindrum Samimi-Namin & van Ofwegen, 2016

圓柱皮珊瑚

珊瑚體表覆形,以薄層覆蓋礁石,表面常有結節形、指形或柱形隆起;大群體直徑可達1 m以上。生活群體的表層為灰白或灰褐色,含共生藻,內層為紅或紅褐色。珊瑚蟲單型,伸展時高約15 mm,中央口部突出,觸手薄而略扁,邊緣羽枝不明顯或退化。珊瑚蟲可完全收縮,萼部不突出;萼部由柱形骨針構成,兩端稍小,近似紡錘形,長約0.2 mm以內;皮層骨針多數為圓柱形,少數為紡錘形或三叉形,長度大多在0.3 mm以內,少數可達0.6 mm,表面多突起。內部髓層含紡錘形骨針,多數有不規則分枝,表面有大結節形突起,長約0.2～0.6 mm。萼部及皮層骨針皆為白色,髓層為紅色。

相似種:紫皮珊瑚(見第327頁),但本種表層為灰白或灰褐色,且含圓柱形骨針。

地理分布:廣泛分布於西太平洋珊瑚礁及岩礁區。台灣南、東、北部及離島淺海。

珊瑚體表覆形 (南方澳, -10 m)

珊瑚蟲伸展的珊瑚體 (東沙, -12 m)

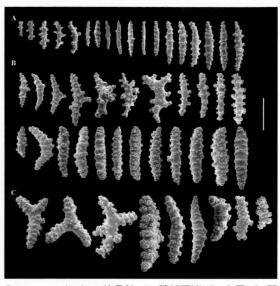

*Briareum cylindrum*的骨針。A：萼部頂端；B：皮層；C：髓層。(比例尺= 0.2 mm)

珊瑚體表面不規則 (南灣, -10 m)

珊瑚體表面多突起

珊瑚蟲部分收縮

珊瑚蟲近照

棲所：開放型淺海礁台或礁岩表面

Briareum stechei (Kükenthal, 1908)

小綠皮珊瑚

　　珊瑚體為表覆形，以薄層覆蓋於礁石，表面偶有結節形或柱形隆起。珊瑚蟲單型，觸手呈綠色或黃綠色，中央口部突出，白色，珊瑚蟲可收縮入組織內，收縮後的珊瑚孔萼部呈疣突狀。萼部骨針為紡錘形或柱形，長約0.09～0.18 mm，表面突起大致呈環狀排列；皮層骨針為紡錘形或兩端略小的圓柱形，長約0.2～0.4 mm，表面多突起。內部髓層含不規則形或紡錘形骨針，多數有分枝，表面多結節形突起，長約0.25～0.60 mm。萼部及皮層骨針皆為無色，髓層則為紅色。生活群體的表層組織為黃綠或淡綠色，含共生藻。

相似種： 紫皮珊瑚（見右頁），但本種珊瑚蟲綠色，且骨針較小。*B. excavatum*為本種之異名。

地理分布： 廣泛分布於西太平洋珊瑚礁區。台灣南、東、北部及離島海域。

珊瑚體表層組織黃綠色

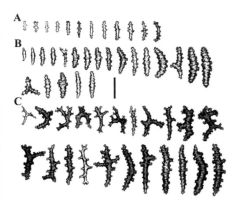

*Briareum stechei*的骨針。A：萼部；B：皮層；C：髓層。(比例尺：A, B, C=0.2 mm)

珊瑚蟲半收縮的群體

珊瑚蟲近照

珊瑚蟲完全收縮的群體

珊瑚體表覆形 (合界, -12 m)

珊瑚體表面有結節形突起 (南方澳, -10 m)

深度 5～25 m　　　　棲所：各類型珊瑚礁及岩礁棲地，可生長在高沉積物環境。

Briareum violaceum (Quoy & Gaimard, 1833)

紫皮珊瑚

珊瑚體表覆形，覆蓋於礁石表面，常形成大群體，直徑可達1 m以上，表面呈結節形或塊形。生活群體的表層組織為綠褐或褐色，含共生藻。珊瑚蟲單型，觸手細長，邊緣的羽枝不明顯或退化，呈綠褐或淡褐色，中央口部為白色，外觀突出略呈圓形，觸手可完全收縮。珊瑚蟲萼部含紡錘形或棒形骨針，長約0.10～0.25 mm；皮層含直或彎曲的紡錘形骨針，長度可達1 mm，表面突起大致呈環狀排列；內部髓層含分枝形或紡錘形骨針，長度在0.8 mm以內，表面突起多而複雜，有些突起聚集成簇，皮層及髓層骨針皆呈紫紅色。

相似種：小綠皮珊瑚（見左頁），但本種皮層為紫紅色，珊瑚蟲和皮層骨針明顯較大。*Pachyclavularia violacea*為本種之異名。

地理分布：廣泛分布於西太平洋珊瑚礁區。台灣周圍及離島海域。

兩種顏色型珊瑚體 (合界, -12 m)

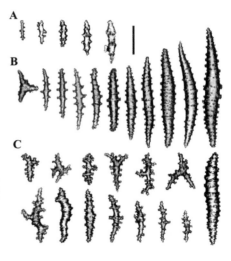

*Briareum violaceum*的骨針。A：萼部；B：皮層；C：髓層。(比例尺：A, B, C=0.2 mm)

表覆形珊瑚體 (合界, -10 m)

大型珊瑚體有顏色變異 (合界, -12 m)

紫皮珊瑚(左)和小綠皮珊瑚 (右)

珊瑚蟲近照

珊瑚蟲收縮的皮層

深度 0～15 m ｜ 棲所：開放型淺海礁台或礁岩頂部

扇柳珊瑚科
Melithaeidae Gray, 1870

本科珊瑚體主軸的髓質骨骼有分節現象，由短而膨大的節及較細長的節間構成，分枝通常由節間長出。節內的骨針分散在柳珊瑚素構成的基質之中，質地堅硬而有彈性；節間的骨針則大多與鈣質骨骼癒合，較無彈性。近年的分子親緣及分類研究已將本科的分類系統重新修訂（Reijnen et al., 2014），依據此系統，台灣海域目前記錄有扇柳珊瑚屬（Melithaea）共5種。

扇柳珊瑚屬 (Melithaea)

Melithaea aurentia (Esper, 1798)

紅扇柳珊瑚

珊瑚體分枝形，分枝在一平面且相聯呈網狀，主幹的節膨大為球形，分枝則不明顯。珊瑚蟲白色，均勻分布於分枝兩側及向流面，可完全收縮，萼部通常不突出。珊瑚蟲含紡錘形和近似棒形骨針，長約0.08～0.25 mm，有些稍彎曲，表面多突起，集中於中央及一端；萼部多數為棒形骨針，表面有葉片形的大突起，另有少數紡錘形骨針，長約0.08～0.20 mm；共肉皮層含球形、棒形或紡錘形骨針，長約0.07～0.12 mm，表面多大突起；上述骨針皆為橙紅色。節含表面平滑桿形骨針，無色。生活群體呈紅或橙紅色，珊瑚蟲白色，萼部黃色。

相似種：美麗扇柳珊瑚（見第331頁），但本種珊瑚體及分枝皆較小，皮層骨針亦不同。*Mopsella aurentia* 為本種之異名。
地理分布：澳洲、新加坡、菲律賓。台灣南、東、北部及離島淺海。

珊瑚蟲收縮的珊瑚體 (綠島, -20 m)

珊瑚體分枝相聯呈網狀 (野柳, -8 m)

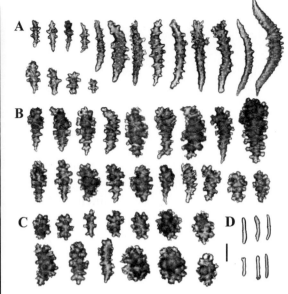

*Melithaea aurentia*的骨針。A：珊瑚蟲；B：萼部；C：共肉皮層；D：節。(比例尺：A, B, C, D=0.05 mm)

珊瑚蟲伸展的分枝

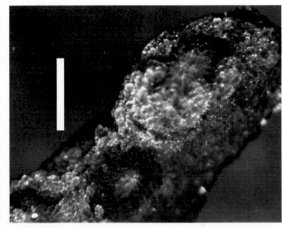

珊瑚孔萼部 (比例尺=0.5 mm)

珊瑚體小分枝形 (石牛, -15 m)

珊瑚蟲伸展的珊瑚體 (綠島, -20 m)

棲所：珊瑚礁或岩礁邊緣或礁壁表面

Melithaea corymbosa (Kükenthal, 1908)

網狀扇柳珊瑚

　　珊瑚體小叢分枝形，由數個扇形分枝構成，分枝細小，疏密不一。珊瑚體形態和顏色常有變異，可能呈黃綠、紅或白色。珊瑚蟲小型而突出，沿分枝側面大致呈列狀分布，觸手通常為黃色，萼部呈黃色，尖點骨針呈山形排列。觸手含扁平形骨針，一端較大，具不規則突起，長約0.10～0.15 mm；珊瑚蟲尖點骨針為紡錘形或棒形，多數略彎曲，長約0.12～0.25 mm，中段的突起較多；皮層共肉主要含紡錘形骨針，長約0.10～0.18 mm，表面有簡單或複雜的不規則突起，有些集中分布於單側，另有少數絞盤形骨針。

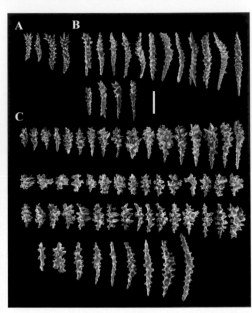

相似種：無，本種形態及體色變異皆大，*Acabaria corymbosa*為其異名。
地理分布：日本琉球群島至本州淺海。台灣南至北部及離島淺海。

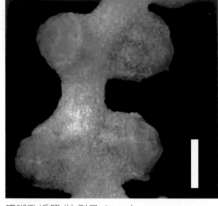

珊瑚孔近照 (比例尺=1 mm)

*Melithaea corymbosa*的骨針。A：觸手；B：珊瑚蟲；C：皮層。(比例尺：A, B, C=0.1 mm)

珊瑚蟲收縮的分枝

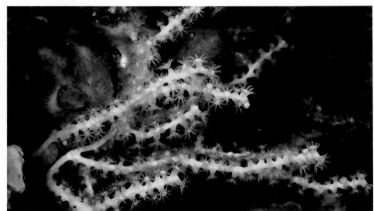

珊瑚蟲伸展態

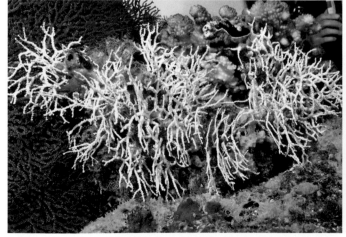

珊瑚體小叢分枝形 (合界, -15 m)

小型珊瑚體的顏色變異 (南灣, -15 m)

深度 10 ～ 30 m　　　　　棲所：珊瑚礁縫隙、凹壁或珊瑚叢間隙

Melithaea formosa (Nutting, 1911)

美麗扇柳珊瑚

　　珊瑚體分枝形，分枝分布在同一扇形平面；小群體的分枝和節間一致，形成密集網狀；大型群體則有較粗的主幹。珊瑚蟲小型，主要分布於分枝側面，延展時為白色，可完全收縮，珊瑚孔萼部為錐形突起，沿分枝側面排列。珊瑚蟲觸手含稍彎曲的片形或棒形骨針，長約0.05～0.10 mm，表面多突起；尖點由彎曲紡錘形骨針組成，長約0.11～0.19 mm，表面多突起，皆為淡黃或白色；萼部由棒形或紡錘形骨針構成，長約0.1～0.2 mm；共肉皮層含紡錘形、絞盤形、雙盤形及一端膨大的棒形骨針，多數長約0.08～0.10 mm，少數長達0.18 mm，皆為橙紅色。節含小桿形骨針，長約0.08～0.11 mm。珊瑚體呈紅色或橙紅色，珊瑚蟲萼部黃色。

相似種：橙扇柳珊瑚（見第333頁），但本種的珊瑚體為鮮紅色，珊瑚蟲為白色，骨針亦有差異。*Acabaria formosa* 為本種之異名。

地理分布：廣泛分布於西太平洋珊瑚礁區。台灣南至北部及離島淺海。

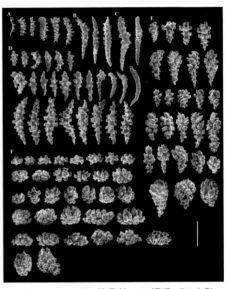

Melithaea formosa 的骨針。A：觸手；B：尖點；C：萼部；D～F：共肉皮層。(比例尺：A～F=0.1 mm)

珊瑚體分枝呈密集網狀(東沙, -15 m)

分枝形大珊瑚體 (南灣, -10 m)

珊瑚體群集 (綠島, -15 m)

珊瑚體分枝的節間膨大 (東沙, -15 m)

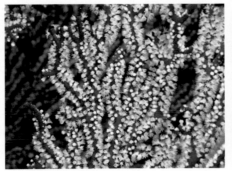

珊瑚蟲伸展的分枝

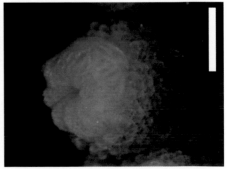

珊瑚孔形態 (比例尺=0.5 mm)

深度 3 ～ 25 m　　　　棲所：珊瑚礁壁或槽溝側面

Melithaea nodosa Wright & Studer, 1889

結節扇柳珊瑚

　　珊瑚體小分枝形，高度通常小於15 cm，分枝大致在同一平面，主幹比分枝略大。珊瑚蟲突出、圓柱形，均勻分布在分枝兩側，觸手半透明，可完全收縮，萼部通常為橙紅色。觸手含片形骨針，長約0.1 mm以內，稍大者略彎曲；尖點由略彎曲的紡錘形或似棒形骨針構成，長約0.2 mm以內；萼部由棒形或紡錘形骨針構成，長可達0.25 mm，中段多突起；皮層含多突起紡錘形骨針，長約0.08～0.23 mm，突起常於一側較多。節含桿形或棒形骨針，長約0.05～0.11 mm。骨針大多為橙黃或橙紅色，觸手及較小骨針為淡黃或白色。生活群體呈紅褐色或橙紅色，主幹橙紅色。

相似種：紅扇柳珊瑚（見第328頁），但本種分枝較大而疏，珊瑚蟲形態亦不同。
地理分布：萬那杜、日本。台灣南部。

大型珊瑚體的分枝密集 (南灣, -16 m)

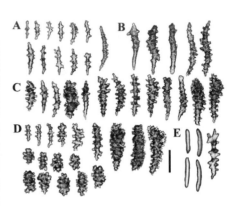

*Melithaea nodosa*的骨針。A：觸手；B：尖點；C：萼部；D：皮層；E：節。(比例尺：A, B, C, D=0.1 mm；E=0.05 mm)

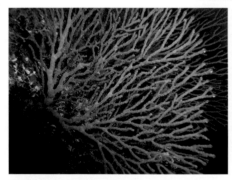

珊瑚蟲收縮之分枝

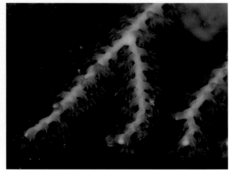

珊瑚蟲伸展的分枝

珊瑚孔形態 (比例尺=0.2 mm)

珊瑚體小分枝形 (南灣, -15 m)

珊瑚體顏色變異 (南灣, -15 m)

深度 5 ～ 20 m　　　　棲所：珊瑚礁壁或洞穴側面

Melithaea ochracea (Linnaeus, 1785)

橙扇柳珊瑚 / 橙葉柳珊瑚

　　珊瑚體分枝形，分枝通常二叉分生，且緊密相連呈扇形；分枝的節稍膨大，主幹較不明顯。珊瑚蟲單型，分布在分枝側面和向流面，伸展時呈白或淡黃色，可完全收縮，萼部稍突出。觸手含扁平片形或棒形骨針，長約0.07～0.12 mm，表面多突起且稍彎曲；尖點含彎曲紡錘形骨針，長約0.11～0.19 mm，皆為白色，表面多突起。萼部則由黃色扁平紡錘形骨針構成，長可達0.4 mm，中央有大突起。共肉皮層含絞盤形及雙盤形骨針，長約0.05～0.10 mm，另有一端膨大的棒形骨針，長約0.06～0.12 mm，以及紡錘形骨針長約0.06～0.20 mm，皆呈橙紅色。生活群體呈橙紅色，珊瑚蟲萼部則為黃色。

相似種：美麗扇柳珊瑚（見第331頁），但本種珊瑚體及珊瑚蟲通常為橙黃色，骨針亦有差異。

地理分布：廣泛分布於印度洋及西太平洋珊瑚礁區。台灣本島南、東、北部及離島海域。

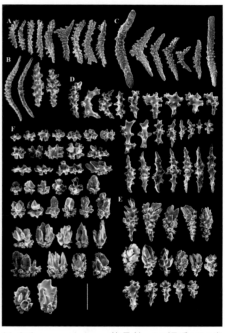

*Melithaea ochracea*的骨針。A：觸手；B：尖點；C：萼部；D～F：共肉皮層。(比例尺：A～F=0.1 mm)

珊瑚體分枝緊密相連 (東沙, -20 m)

珊瑚體分枝扇形 (南灣, -15 m)

珊瑚蟲收縮態 (南灣, -20 m)

珊瑚體分枝的節膨大

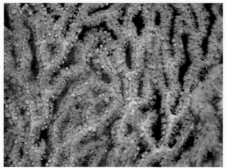

珊瑚蟲伸展的分枝

珊瑚蟲收縮的分枝

深度 2 ～ 25 m ｜ 棲所：海流稍強的珊瑚礁平台或斜坡側面

軟柳珊瑚科
Subergorgiidae Gray, 1859

本科珊瑚體呈分枝狀，有些種類的分枝癒合成網扇形。髓層骨骼由網狀排列的骨針和角質組織構成，因此甚為柔軟而具韌性。外部皮層共肉和髓層之間有環狀管道系統，兩者之間有明顯分界而易於分離。皮層骨針為大多為紡錘形、橢圓形或不規則形。本科通常生長在水質稍混濁或海流較為強勁的環境，台灣海域目前記錄有軟柳珊瑚屬（Subergorgia）、網扇珊瑚屬（Annella）等2屬共6種。

網扇珊瑚屬 (Annella)

軟柳珊瑚屬 (Subergorgia)

Annella mollis (Nutting, 1910)

柔軟網扇珊瑚

珊瑚體網扇形，主幹明顯較大，自基部起即分枝，延展至群體邊緣，形成密集網狀，末端分枝細小，直徑通常約1 mm。皮層共肉稍厚，海綿狀，中軸骨柱形，質地堅韌。珊瑚蟲小，密集分布於分枝各表面，主幹上稍稀疏；珊瑚蟲可完全收縮，珊瑚孔稍突出，開口處呈8瓣。珊瑚蟲含直或稍彎曲的紡錘形骨針，長約0.15～0.20 mm；表層共肉含雙輪形骨針，長約0.04～0.07 mm，共肉內層含具環狀結節的紡錘形骨針，另有少數大疣突的紡錘形骨針，長約0.09～0.14 mm；中軸骨則含網狀交錯的平滑骨針，與角質共同構成堅硬的支柱。骨針皆無色。生活珊瑚體呈鮮橙色或灰色。

相似種：真網扇珊瑚（見第336頁），但本種的主幹明顯較大，珊瑚蟲及共肉內層骨針皆有差異。*Subergorgia mollis*及*Euplexaura mollis*皆為本種之異名。
地理分布：廣泛分布於西太平洋珊瑚礁區。台灣本島南、東、北部及離島海域。

珊瑚體網扇形 (南灣, -20 m)

珊瑚體分枝密集網狀 (合界, -25 m)

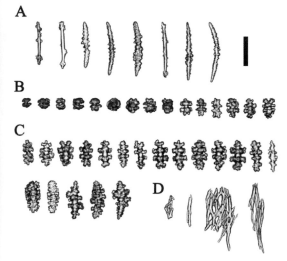

*Annella mollis*的骨針。A：珊瑚蟲；B：共肉表層；C：共肉內層；D：中軸骨。(比例尺：A, B, C=0.1 mm；D=0.2 mm)

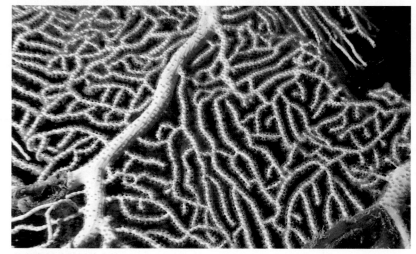

珊瑚蟲部分伸展的分枝

珊瑚孔 (比例尺=0.5 mm)

大型珊瑚體的主幹較粗大 (綠島, -25 m)

小型珊瑚體 (南灣, -25 m)

棲所：珊瑚礁塊或礁溝側面

Annella reticulata (Ellis & Solander, 1786)

真網扇珊瑚

　　珊瑚體分枝形，自基部起即分枝，延展至群體邊緣，末端細小，分枝大致在一平面，相連呈網狀，主幹僅略大於分枝。皮層共肉稍厚，內含密集骨針，中軸骨柱形，褐色，充分鈣化。珊瑚蟲密集分布在分枝各表面，間隔小於1 mm，伸展時突出呈白色，有明顯柱部，可完全收縮，萼部呈小突起，珊瑚孔凹入，內有骨針構成8輻口蓋。珊瑚蟲含直或稍彎曲的紡錘形骨針，長約 0.09～0.16 mm；共肉皮層含雙輪形骨針，長約0.04～0.10 mm，另有少數十字形骨針；共肉內層含紡錘形或棒形骨針，長約0.11～0.18 mm，表面突起大致呈環狀排列；中軸骨則含平滑、網狀交錯的骨針。骨針皆無色。生活珊瑚體黃橙色或灰色。

相似種： 柔軟網扇珊瑚（見第334），但本種主幹較不明顯，珊瑚蟲較突出，且共肉內層骨針不同。*Subergorgia reticulata*為其異名。

地理分布： 廣泛分布於西太平洋珊瑚礁區。台灣本島南、東、北部及離島海域。

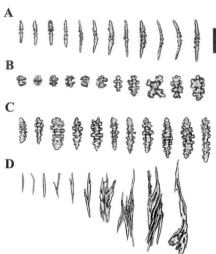

大型扇形珊瑚體 (綠島, -15 m)

*Annella reticulata*的骨針。A;珊瑚蟲；B：萼部及皮層；C：共肉內層；D：中軸骨。(比例尺：A, B, C=0.1 mm；D=0.2 mm)

珊瑚蟲伸展的分枝

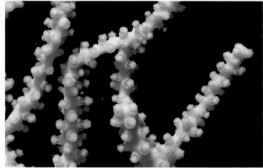

珊瑚蟲半收縮的分枝

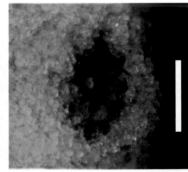

珊瑚孔 (比例尺=0.25 mm)

珊瑚體分枝扇形 (合界, -15 m)

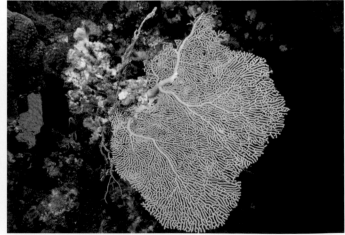

珊瑚蟲伸展之珊瑚體 (綠島, -20 m)

| 深度 10～30 m | 棲所：珊瑚礁斜坡或礁溝側面 |

Subergorgia koellikeri Wright & Studer, 1889

小疣軟柳珊瑚

　　珊瑚體分枝形，分枝稀疏且皆與主幹成銳角，末端分枝細長而柔軟，不形成網狀。珊瑚蟲分布於主幹及分枝兩側，不完全收縮，萼部呈疣狀，突出約1 mm，珊瑚孔內有8輻構造。珊瑚蟲含直或稍彎曲，無色的紡錘形骨針，長約0.14～0.20 mm，表面有小突起；萼部及共肉表層含紡錘形骨針，長約 0.06～0.18 mm，無色或淡黃色，表面多粗大突起，有些呈環狀分布，另有一些小柱形骨針；共肉內層含橙黃色球形和絞盤形骨針，長約0.09～0.14 mm，表面大突起大致呈環狀分布。中軸由平滑骨針連結成網狀結構。生活珊瑚體呈紅褐色。

相似種：湯氏軟柳珊瑚（見第340頁），但本種珊瑚蟲形態及共肉表層骨針不同。

地理分布：日本、香港、安達曼海及斯里蘭卡。台灣僅在南部海域發現。

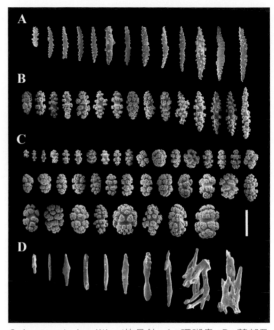

*Subergorgia koellikeri*的骨針。A：珊瑚蟲；B：萼部及共肉表層；C：共肉內層；D：中軸骨。(比例尺：A, B, C, D=0.1 mm)

珊瑚體分枝細長柔軟 (南灣, -25 m)

珊瑚體稀疏分枝形 (石牛, -15 m)

珊瑚蟲半收縮的分枝

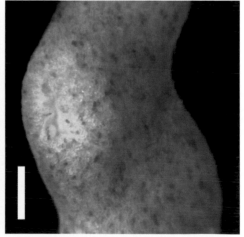

珊瑚孔及萼部 (比例尺= 0.5 mm)

| 深度 10～20 m | 棲所：珊瑚礁洞穴或裂隙附近 |

Subergorgia rubra (Thomson, 1905)

紅扇軟柳珊瑚

　　珊瑚體分枝形,主幹略彎曲,自基部起即分枝,大群體的分枝密集而細,形似網扇狀,但分枝甚少相連,主幹及分枝呈圓柱形,側面中央有凹溝,小分枝則不明顯。珊瑚蟲淡黃或白色,分布於主幹和分枝各表面,但在分枝兩側較多,可完全收縮,萼部略突出呈錐形或圓頂形,高約1 mm,珊瑚孔由紡錘形骨針圍繞構成。珊瑚蟲含扁平紡錘形骨針,表面平滑或有小突起,長約0.1～0.2 mm,無色;萼部及共肉表層含黃或橙色的雙頭形及球形骨針,長約0.06～0.14 mm,表面多粗大疣突,通常呈環狀排列;共肉內層含結節狀及多疣突的紡錘形骨針,長約0.13～0.19 mm。中軸由平滑骨針連結成似網狀結構。生活群體呈深紅或猩紅色。

相似種:軟木軟柳珊瑚(見右頁),但本種主幹不明顯,分枝形態及骨針明顯不同。

地理分布:廣泛分布於印度洋及西太平洋珊瑚礁區。台灣本島南、東、北部及離島海域。

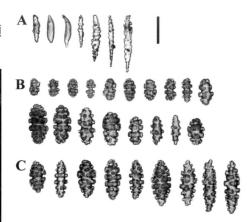

珊瑚體自基部起即分枝 (八斗子, -12 m)

*Subergorgia rubra*的骨針。A:珊瑚蟲;B:萼部及共肉表層;C:共肉內層。(比例尺:A, B, C=0.1 mm)

珊瑚體分枝不相連 (深澳, -15 m)

珊瑚蟲伸展的分枝

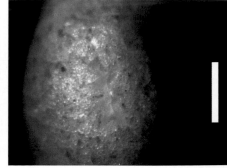

珊瑚孔及萼部 (比例尺=0.5 mm)

分枝形珊瑚體 (野柳, -15 m)

珊瑚體主幹不明顯 (南灣, -22 m)

深度 10～35 m　　　　棲所:珊瑚礁斜坡中、下段

Subergorgia suberosa (Pallas, 1766)

軟木軟柳珊瑚 / 側扁軟柳珊瑚

　　珊瑚體叢形，由稀疏的分枝構成，分枝可能趨向平面排列，主幹為圓柱形，分枝及小分枝通常皆側扁，兩側皆有縱向凹溝。珊瑚蟲淡粉紅色，均勻分布在分枝兩側，可完全收縮，萼部略突出，圓頂形，於分枝側面大致呈帶狀排列；珊瑚孔內凹，有骨針形成的8輻構造。珊瑚蟲含紡錘形及細柱形骨針，長約0.07～0.15 mm，直或略彎曲，無色；萼部及共肉表層含黃或橙色的雙頭形及球形骨針，長約0.04～0.13 mm，表面多粗大疣突，通常呈環狀排列。中軸由平滑彎曲的柱形骨針形成似網狀結構。生活群體呈磚紅色、紅褐色或褐色。

相似種：湯氏軟柳珊瑚（見第340頁），但本種珊瑚孔內凹，表層缺乏紡錘形骨針。

地理分布：廣泛分布於印度洋及太平洋珊瑚礁和岩礁區。台灣本島南、東、北部及離島海域。

珊瑚體基部有頭足類卵莢 (八斗子, -15 m)

*Subergorgia suberosa*的骨針。A：珊瑚蟲；B：萼部及共肉表層；C：共肉內層 (比例尺：A, B, C=0.1 mm)

珊瑚體叢形，主幹明顯。(南灣, -25 m)

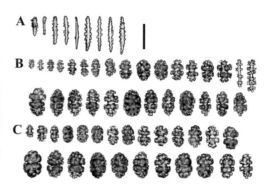

珊瑚體由稀疏分枝構成 (南灣, -25 m)

珊瑚蟲收縮的珊瑚體 (萬里桐, -18 m)

珊瑚蟲伸展的分枝

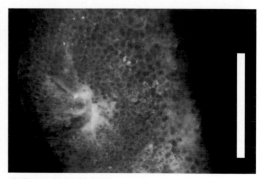

珊瑚孔及萼部 (比例尺=1 mm)

深度 15～35 m　　　　棲所：珊瑚礁斜坡下段鄰近沙地處

Subergorgia thomsoni (Nutting, 1911)

湯氏軟柳珊瑚

　　珊瑚體分枝形，分枝大致呈平面延展，主幹圓柱形，分枝稍側扁，直徑依序而遞減，末端小分枝直徑約1 mm，主幹及大分枝兩側皆有縱向凹溝，末端分枝則無。珊瑚蟲均勻分布在分枝兩側，可完全收縮，珊瑚孔萼部平滑，略突出，其壁由小柱形骨針構成。珊瑚蟲含細長紡錘形骨針，長約0.1～0.2 mm，無色；萼部含小柱形骨針，長約0.03～0.05 mm；共肉表層含粗紡錘形骨針，長約0.1～0.2 mm，表面多疣突；共肉內層含雙頭形及橢圓形骨針，長約0.05～0.14 mm，表面有大疣突；中軸由平滑柱形或棒形骨針連結在一起，形成網狀結構。生活群體呈黃褐色或紅褐色。

相似種：軟木軟柳珊瑚（見第339頁），但本種珊瑚蟲形態及皮層骨針皆有差異。
地理分布：廣泛分布於印度洋及太平洋珊瑚礁和岩礁區。台灣本島南、東、北部及離島海域。

珊瑚體叢狀分枝形 (南灣, -25 m)

深度 15 ～ 35 m

珊瑚蟲收縮的群體 (南灣, -18 m)

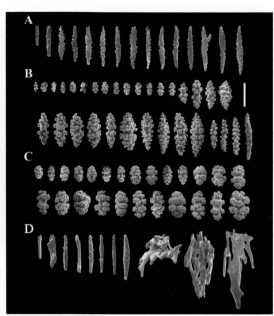

*Subergorgia thomsoni*的骨針。A：珊瑚蟲；B：萼部及共肉表層；C：共肉內層；D：中軸。(比例尺：A, B, C, D=0.1 mm)

珊瑚蟲伸展的分枝

珊瑚孔及萼部 (比例尺=0.5 mm)

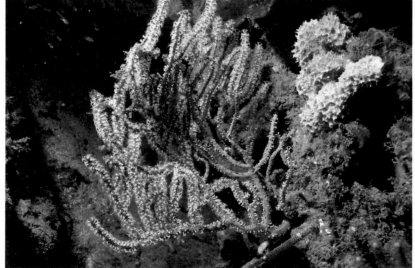

小型珊瑚體 (萬里桐, -20 m)

珊瑚蟲收縮的分枝

棲所：珊瑚礁斜坡下段鄰近沙地或礫石處

全軸亞目
Holaxonia Studer, 1887

本亞目珊瑚皆具有中軸骨，中軸通常僅由柳珊瑚素構成，少數種類含少量鈣質骨針。柳珊瑚素以纖維束型式緊密相連形成中軸骨骼，而且通常在中央有細管狀的空腔；中軸骨通常呈褐或黑色，為有彈性而強韌的支持骨骼。本亞目已被描述的物種多，現有分類系統相當混淆，近年的分子親緣研究結果顯示，本亞目並非單系群，未來尚待更多結合形態和分子親緣的研究以釐清各科與屬種之間的分界。

刺柳珊瑚科
Acanthogorgiidae Gray, 1859

本科珊瑚的中軸骨骼為黑色，純粹由角質素構成，而且中軸骨的中央有一中空核心；珊瑚蟲無法完全收縮，其骨架由紡錘形骨針組成，頂端突出呈尖刺狀。珊瑚體具有許多分枝，呈扇形、網形或叢形。本科含有6屬約110種，現代分子親緣分析結果顯示，數個屬並非單系群，因此其屬與種的分類界線尚待釐清。台灣海域紀錄已知有3屬7種。

刺柳珊瑚屬 (*Acanthogorgia*)

花柳珊瑚屬 (*Anthogorgia*)

尖柳珊瑚屬 (*Muricella*)

Acanthogorgia ceylonensis Thomson & Henderson, 1905

錫蘭刺柳珊瑚／粗疣棘柳珊瑚

　　珊瑚體由細分枝組成，分枝通常分布在同一平面，少數分散而呈叢狀；主分枝自基部起交互長出次生分枝，次生分枝直徑約1～2 mm，末端可能相連呈網狀，共肉僅以薄層覆蓋骨骼表面。珊瑚蟲細管形，高約1～2 mm，由排列呈環狀而突出的骨針支撐，外觀呈刺冠形；珊瑚蟲分布在分枝周圍，間隔約1.5～3.0 mm，於兩側及近分枝末端較密集。珊瑚蟲萼部骨針為彎曲紡錘形，長約0.2～0.5 mm，表面有錐形突起稀疏分布；另有弓形骨針長約0.5～0.6 mm；觸手骨針為小桿形或紡錘形。共肉皮層含多突起的紡錘形、十字形、三輻及不規則片形骨針，長約0.1～0.3 mm，表面突起多，形態變異大。生活群體的珊瑚蟲通常為淡褐色，骨骼為暗褐色。

相似種：印度蔓柳珊瑚（見第360頁），但本種珊瑚蟲呈刺冠形，為明顯差異。

地理分布：錫蘭、印尼、東沙、台灣南部淺海。

珊瑚體呈小叢形 (東沙, -25 m)

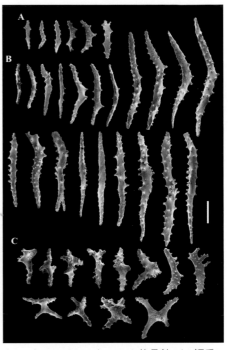
*Acanthogorgia ceylonensis*的骨針。A：觸手；B：萼部；C：共肉皮層。(比例尺= 0.1 mm)。

小型珊瑚體 (東沙, -30 m)

珊瑚蟲收縮態

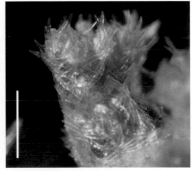
珊瑚蟲骨針架 (比例尺=0.5 mm)

珊瑚體由細分枝組成 (東沙, -30 m)

珊瑚蟲伸展近照 (東沙, -25 m)

深度 20～35 m　　棲所：珊瑚礁斜坡邊緣

Acanthogorgia flabellum Hickson, 1905

扇形刺柳珊瑚

　　珊瑚體扇形，由網狀分枝組成，主分枝和小分枝的直徑相似，分枝在相同平面上，互相連結呈網狀，共肉組織薄；珊瑚蟲細管形，密集分布於分枝和主幹表面，大多與分枝垂直，高約1～2 mm，寬約1 mm，萼部由直立或彎曲的紡錘形骨針構成支持構造，多數長約0.2～0.4 mm，少數可達0.6 mm，表面多突起，少數有分叉；觸手骨針為小板形，長約 0.08～0.10 mm，表面有突起；共肉組織含十字形和多刺紡錘形骨針，多數表面有不規則突起，且多有分叉，長約0.15～0.60 mm；骨針皆無顏色。生活群體常有鮮艷顏色，常見為黃綠色，中軸骨為暗褐色，珊瑚蟲為淡黃色。

相似種：史氏刺柳珊瑚（見第346頁），但本種珊瑚體呈扇形，珊瑚蟲及骨針形態亦有差異。

地理分布：馬爾地夫群島、南海。台灣南部及離島淺海。

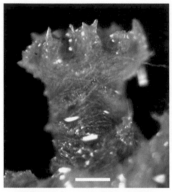
珊瑚蟲骨針架 (比例尺=0.2 mm)

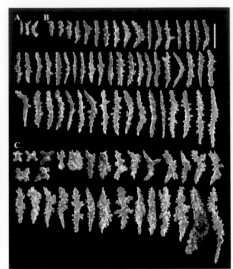
*Acanthogorgia flabellum*的骨針。A：觸手；B：萼部；C：共肉。(比例尺：A, B, C= 0.2 mm)

珊瑚體扇形 (綠島, -25 m)

珊瑚體的分枝直徑相似 (東沙, -28 m)

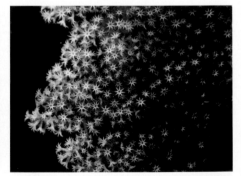
珊瑚蟲近照

珊瑚體由網狀分枝組成 (東沙, -18 m)

珊瑚體顏色鮮艷 (東沙, -18 m)

深度 10～30 m　　　　　　棲所：珊瑚礁斜坡中、下段

Acanthogorgia inermis Hedlund, 1890

延展刺柳珊瑚

　　珊瑚體扇形，由密集分枝構成，分枝細小，常相連呈網狀。共肉組織薄，珊瑚蟲呈管狀，大多與分枝垂直，高約1.5～2.0 mm，寬約1.0 mm，頂端較大，基部較小，密集分布於分枝和主幹表面。觸手的骨針為小柱形或紡錘形，表面有突起，長約 0.06～0.16 mm；萼部由直立或彎曲的紡錘形骨針構成，多數長約0.2～0.4 mm，表面突起不規則分布或有分叉，少數可達0.6 mm；共肉組織含四輻或十字形骨針，表面多突起，且有分叉，長約0.08～0.16 mm；另有多刺紡錘形和扁柱形骨針，長約0.16～0.30 mm。所有骨針皆無色。生活群體常呈鮮艷紫或黃色，中軸骨為深褐色或黑色。

相似種：柏氏花柳珊瑚（見第347頁），但本種分枝較細，珊瑚蟲和骨針形態皆不同。

地理分布：馬爾地夫、日本、香港。台灣南部及綠島、蘭嶼海域。

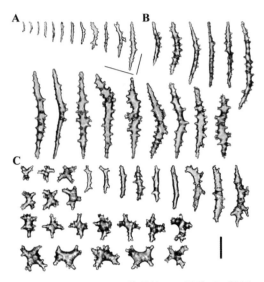

*Acanthogorgia inermis*的骨針。A：觸手；B：萼部；C：共肉。(比例尺：A, B, C=0.1 mm)

珊瑚蟲伸展的分枝

珊瑚體扇形 (白砂, -15 m)

珊瑚體分枝相連呈網狀 (蘭嶼, -18 m)

珊瑚蟲收縮的分枝

珊瑚蟲收縮近照

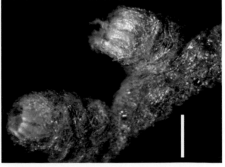

珊瑚孔萼部 (比例尺=0.5 mm)

深度 15～35 m　　　　棲所：珊瑚礁斜坡下段或礁壁

Acanthogorgia studeri Nutting, 1911

史氏刺柳珊瑚

　　珊瑚體分枝形，分枝互相層疊，形成叢狀群體或在同一平面。珊瑚蟲密集分布在分枝周圍表面，與主幹或分枝成直角，珊瑚蟲細管狀，高約2 mm，寬約1 mm，頂端和基部稍寬。珊瑚蟲含細長紡錘形骨針，通常少彎曲，不呈弓形，兩端相似；萼部主要含較粗的紡錘形骨針，表面突起大而密集，交叉排列呈山形；共肉皮層骨針形態變異大，包括多突起的三輻、十字形及不規則片形骨針，長約0.1～0.3 mm，突起大多集中於尖端。生活群體的珊瑚蟲通常為白色或淡黃色，骨骼為暗褐色。

相似種：錫蘭刺柳珊瑚（見第343頁），但本種分枝較粗，珊瑚蟲較大，骨針較小。

地理分布：新幾內亞、印尼。東沙、台灣南部及離島淺海。

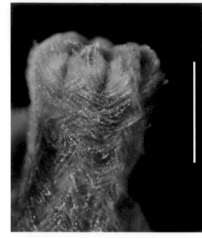

珊瑚蟲骨針架 (比例尺=0.5 mm)

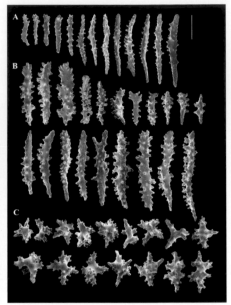

*Acanthogorgia studeri*的骨針。A：珊瑚蟲；B：萼部；C：共肉皮層。(比例尺：A, B, C=0.1 mm)。

珊瑚體分枝在一平面 (南灣, -20 m)

珊瑚蟲半收縮的分枝

珊瑚蟲伸展的分枝

珊瑚體分枝叢形 (東沙, -25 m)

珊瑚體分枝互相層疊 (東沙, -25 m)

深度 20～35 m　　　　　　棲所：珊瑚礁斜坡邊緣或礁壁

Anthogorgia bocki Aurivillius, 1931

柏氏花柳珊瑚

　　珊瑚體由密集分枝構成，分枝平面延展呈網狀扇形。共肉組織薄，中軸骨深褐或黑色。珊瑚蟲低伏管形或圓頂形，分布於主幹和分枝表面，於前者較疏，後者較密；延展的珊瑚蟲高約1～2 mm，收縮時高度小於1 mm。觸手含扁平，稍彎曲的紡錘形骨針，長約0.08～0.15 mm；珊瑚蟲及共肉則含直或彎曲的紡錘形骨針，長約0.15～0.70 mm，其表面有許多不規則突起；共肉皮層的紡錘形骨針長可達1～2 mm，表面突起複雜，並可能有分叉。生活群體呈粉紫或粉紅色，珊瑚蟲呈紫紅色。

相似種：網狀花柳珊瑚（見第348頁），但本種珊瑚體為紫或紫紅色，骨針無色。

地理分布：日本、香港。台灣南、東、北部及離島淺海。

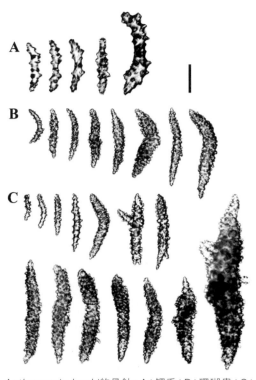

大型珊瑚體 (八斗子, -15 m)

Anthogorgia bocki 的骨針。A：觸手；B：珊瑚蟲；C：共肉組織 (比例尺：A=0.05 mm；B, C=0.2 mm)

珊瑚體網狀扇形 (南灣, -30 m)

珊瑚體分枝密集相連 (澳底, -15 m)

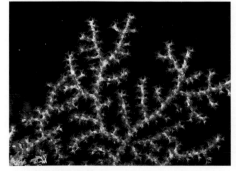

珊瑚蟲伸展的分枝

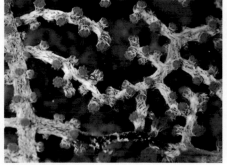

珊瑚蟲收縮的分枝

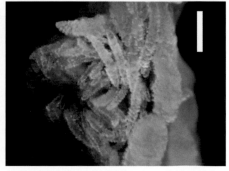

珊瑚孔萼部 (比例尺=0.25 mm)

深度 10～35 m　　　　　棲所：珊瑚礁或岩礁斜坡前緣或礁塊邊緣

Anthogorgia racemosa Thomson & Simpson, 1909

網狀花柳珊瑚

　　珊瑚體通常呈扇形，主幹分出一系列的分枝，分枝伸展方向不一致，可能相連呈網狀扇形。珊瑚蟲圓管形，高約3〜4 mm，直徑約1.5 mm，頂端稍大，分布在分枝表面，但於側邊略多；珊瑚蟲不完全收縮，萼部有紡錘形骨針組成支持構造。觸手含扁柱形和紡錘形骨針，直立或彎曲，長約0.08〜0.18 mm，表面有錐狀或小疣突；萼部由紡錘形骨針組成，長約0.17〜0.45 mm，表面有顆粒狀疣突；共肉含棒形和一端鈍的紡錘形骨針，長約0.15〜0.45 mm，表面疣突顆粒狀。觸手骨針無色，珊瑚蟲及共肉皮層骨針為黃褐或淡黃色。生活群體常見為深紅色。

相似種：柏氏花柳珊瑚（見第347頁），但本種珊瑚體為深紅色，骨針黃褐色。
地理分布：安達曼海、南海。台灣南部及離島淺海。

珊瑚蟲收縮的珊瑚體 (合界, -20 m)

*Anthogorgia racemosa*的骨針。A：觸手；B：萼部；C：共肉。(比例尺：A, B, C=0.2 mm)

珊瑚蟲伸展的分枝近照

珊瑚蟲半收縮的分枝近照

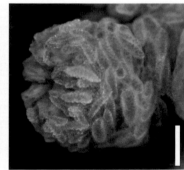

珊瑚孔萼部 (比例尺=0.5 mm)

扇形大珊瑚體 (東沙, -25 m)

珊瑚蟲伸展的珊瑚體 (東沙, -25 m)

深度 15 〜 35 m	棲所：珊瑚礁斜坡下段或礁壁

Muricella complanata Wright & Studer, 1889

直針尖柳珊瑚

　　珊瑚體分枝形，由主分枝及次生分枝組成，分枝形態不規則，可能呈叢形或扇形。珊瑚蟲白色，分布在分枝表面，在小分枝末端較密集，主分枝較疏，珊瑚蟲萼部由垂直排列的紡錘形骨針組成，下方基冠骨針則水平排列。珊瑚蟲可完全收縮，萼部呈錐形突起。觸手含棒形或桿形骨針，長約0.08～0.16 mm，表面有錐形突起；尖點及共肉皮層皆含紡錘形骨針，多數兩端尖細，前者長約0.1～0.5 mm，後者長約0.3～1.0 mm；萼部由兩端鈍的紡錘形骨針及多突起片形骨針組成，長約0.2～0.3 mm。觸手及尖點骨針為無色或淡黃色，萼部及共肉皮層骨針為紅色或紅褐色。生活群體的珊瑚蟲為白色或淡黃色，主幹及分枝骨骼為紅紫色。

相似種：網狀花柳珊瑚（見左頁），但本種珊瑚蟲和骨針形態皆有明顯差異。

地理分布：婆羅洲、馬來半島、菲律賓、日本南部、南海。台灣南部及離島淺海。

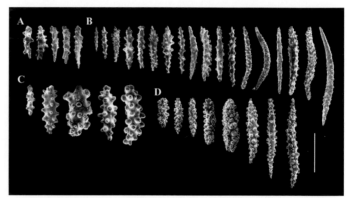

*Muricella complanata*的骨針。A：觸手；B：尖點；C：萼部；D：共肉皮層。(比例尺：A=0.1 mm；B, C=0.2 mm；D=0.4 mm)

珊瑚體分枝形 (東沙, -25 m)

珊瑚體分枝及珊瑚蟲 (東沙, -25 m)

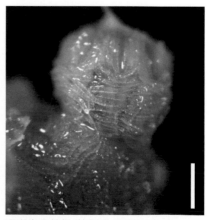

珊瑚蟲收縮的分枝

珊瑚蟲萼部呈錐形突起

珊瑚蟲骨針架 (比例尺=0.5 mm)

深度 15～35 m ｜ 棲所：珊瑚礁斜坡下段

柳珊瑚科
Gorgoniidae Lamouroux, 1812

　　本科珊瑚體呈樹叢形或扇形，分枝具有黑色或褐色的中軸骨，但是中空的核心部分很小，周圍的皮層緻密，通常無空腔。骨針較小（<0.3 mm），珊瑚蟲通常無骨針，其他部位的骨針主要為紡錘形。台灣海域目前已知有4屬5種。其中3屬含共生藻（希氏柳珊瑚屬、羽柳珊瑚屬、叢柳珊瑚屬）。

希氏柳珊瑚屬 (*Hicksonella*)

羽柳珊瑚屬 (*Pinnigorgia*)

似翼柳珊瑚屬 (*Pseudopterogorgia*)

叢柳珊瑚屬 (*Rumphella*)

Hicksonella princeps Nutting, 1910

厚希氏柳珊瑚

　　珊瑚體由成叢的分枝構成，主幹圓柱形，表面平滑，幾乎無珊瑚蟲；分枝橫截面側扁或呈方形，表面有密集而突出的珊瑚孔，側面有凹溝；共肉厚，呈灰白色，中軸骨為暗褐或黑色。珊瑚蟲單型，密集而均勻分布於分枝表面，沿分枝側面大致排成列狀；珊瑚蟲可完全收縮，珊瑚孔突出呈圓形或橢圓形。珊瑚蟲含紡錘形骨針，長約0.05～0.18 mm，表面有錐形突起；共肉表層含棒形骨針，長約0.10～0.22 mm，棒頭膨大多突起，棒柄突起呈2～3環排列，另有少數紡錘形骨針，長度相近；共肉內層含紡錘形骨針，長約0.20～0.35 mm，表面多複式大疣突，另有延長棒形骨針，長約0.4～1.0 mm，一端多小突起，另端則幾乎平滑。骨針皆無色。生活群體呈褐或灰褐色，主要係因珊瑚蟲含共生藻所致。

相似種：抗菌叢柳珊瑚（見第355頁），但本種分枝表面多突起，珊瑚蟲大而突出。
地理分布：廣泛分布於西太平洋珊瑚礁區。台灣南部及綠島、蘭嶼淺海。

珊瑚體分枝形 (南灣, -20 m)

小型珊瑚體 (佳樂水, -15 m)

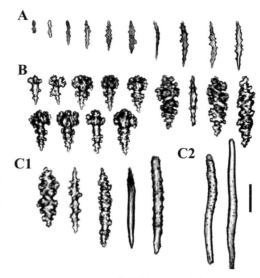

*Hicksonella princeps*的骨針。A：珊瑚蟲；B：共肉內層；C：共肉表層。(比例尺：A, B, C1=0.1 mm；C2=0.2 mm)

珊瑚蟲大而突出

珊瑚蟲近照

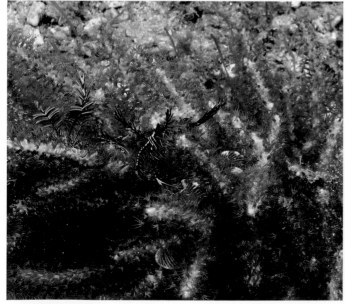

珊瑚蟲伸展的分枝

分枝表面的珊瑚孔突出

棲所：珊瑚礁斜坡中、下段及鄰近沙底處

Pinnigorgia flava (Nutting, 1910)

金髮羽柳珊瑚

　　珊瑚體分枝叢形，由主幹衍生側分枝及許多小分枝，小分枝細而柔軟，分布於分枝兩側，呈不規則羽狀，珊瑚蟲單型，大致均勻分布於分枝表面，收縮時萼部低伏，分枝表面相當平滑。珊瑚蟲及觸手含小桿形骨針，長約0.08～0.12 mm；主幹及分枝表層含由棒形和紡錘形骨針衍生而來的多樣形態骨針，長可達0.25 mm，骨針可能稍彎曲，兩側有複雜大疣突，通常呈2環排列，疣突末端尖銳或呈齒狀，部分骨針的疣突集中於一端而呈棒形。骨針皆無色。

相似種：波氏羽柳珊瑚（見右頁），但本種分枝較大，珊瑚蟲收縮時分枝平滑，表層骨針較大。

地理分布：廣泛分布於印度洋及西太平洋珊瑚礁區。台灣僅在綠島、蘭嶼、太平島可見。

珊瑚蟲伸展的分枝

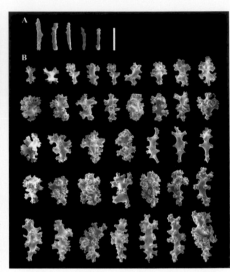

*Pinnigorgia flava*的骨針。A：珊瑚蟲及觸手；B：主幹及分枝表層。(比例尺：A, B=0.1 mm)

珊瑚體收縮態 (綠島, -15 m)

分枝細長柔軟 (綠島, -18 m)

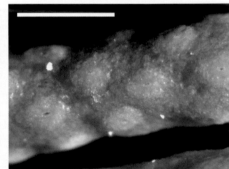

珊瑚蟲萼部 (比例尺=2 mm)

珊瑚體分枝叢形 (綠島, -15 m)

分枝兩側呈不規則羽狀 (綠島, -18 m)

深度 5 ～ 25 m　　　　棲所：開放型珊瑚礁平台或斜坡中段

Pinnigorgia perroteti (Stiasny, 1940)

波氏羽柳珊瑚

　　珊瑚體分枝多而密集，由主幹衍生側分枝及許多小分枝，小分枝細而柔軟，不規則分布於主分枝兩側或呈羽狀，珊瑚蟲單型，間隔分布於分枝表面，不完全收縮，收縮時萼部突出，分枝表面外觀粗糙。珊瑚蟲及觸手含小桿形骨針，長約 0.10～0.12 mm；主幹及分枝表層含由棒形和紡錘形骨針衍生而來的多樣形態骨針，長可達0.15 mm，骨針兩側有大而長的突起，可能呈環狀排列，疣突末端呈截斷形或齒形，部分骨針的疣突集中於一端而呈棒形。骨針皆無色。

相似種：金髮羽柳珊瑚（見第左頁），但本種分枝較細，珊瑚蟲收縮時分枝表面粗糙，表層骨針較小。

地理分布：菲律賓、南海。台灣海域僅在綠島、蘭嶼、太平島可見。

珊瑚體收縮態 (綠島, -15 m)

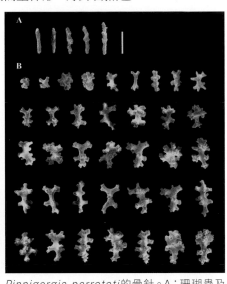

*Pinnigorgia perroteti*的骨針。A：珊瑚蟲及觸手；B：主幹及分枝表層。(比例尺：A, B=0.1 mm)

珊瑚體分枝叢形 (太平島, -20 m)

珊瑚體分枝多而密集 (太平島, -20 m)

珊瑚體伸展態 (太平島, -20 m)

分枝細而柔軟

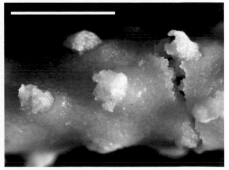

珊瑚蟲萼部 (比例尺=2 mm)

深度 5 ～ 25 m　　　　棲所：開放型珊瑚礁平台或斜坡中段

Pseudopterogorgia sp.

似翼柳珊瑚

　　珊瑚體為分枝形，由主軸及兩側衍生分枝構成，並以扁平基部附著於礁石表面；主軸稍側扁，兩側表面有細長縱溝，側生分枝較細，不規則分布，但大致在同一平面；珊瑚蟲小，可完全收縮，開口裂縫形，稍突出表面。珊瑚蟲及觸手含細小扁柱形骨針，長約 0.04～0.08 mm，兩側有錐形突起；共肉表面含紡錘形骨針，長約0.08～0.15 mm，直或稍彎曲，表面有大疣突，通常呈二環排列。

相似種：無，本種可能為一新種，尚待更多研究確認。
地理分布：台灣西北部桃園觀塘至新北三芝海岸。

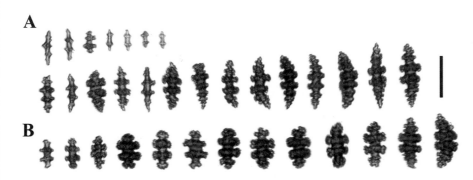
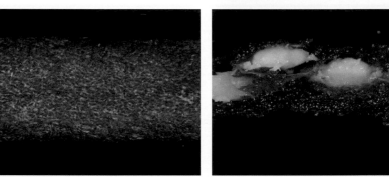

似翼柳珊瑚的骨針。A：珊瑚蟲及觸手；B：共肉 (比例尺：A, B=0.1 mm)　　　　珊瑚體標本

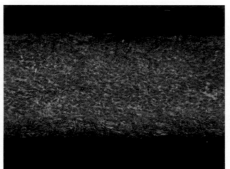

珊瑚體顏色變異 (林口, -10 m)　　　主軸的細長縱溝 (比例尺=1 mm)　　　珊瑚蟲(白色)收縮在皮層內 (比例尺=1 mm)

珊瑚體為扁平扇形 (大潭, -10 m)　　　　　　　珊瑚蟲伸展態 (大潭, -10 m)

Rumphella antipathes (Linnaeus, 1758)

抗菌叢柳珊瑚

　　珊瑚體叢狀分枝形，由細長鞭狀分枝構成，分枝表面平滑，末端圓鈍；大型群體高度可達1 m以上，分枝密集，呈灌木叢狀；小型群體則分枝疏鬆。珊瑚體基部扁平鈣化，緊附礁石表面。珊瑚蟲單型，細小，密集而均勻分布於分枝表面，可完全收縮，珊瑚孔不突出；主幹基部無珊瑚蟲。珊瑚蟲含紡錘形骨針，長約0.08～0.12 mm，表面突起呈環狀分布；共肉表層含棒形骨針，長約0.09～0.20 mm，棒頭膨大多突起，棒柄突起呈2～3環排列；共肉內層含紡錘形或絞盤形骨針，長約0.10～0.15 mm，表面突起大且呈環狀排列。骨針皆無色。生活群體呈黃褐或灰褐色，具共生藻。

相似種：厚希氏柳珊瑚（見第350頁），但本種分枝表面平滑，珊瑚蟲細小。
地理分布：廣泛分布於西太平洋珊瑚礁。台灣南部及綠島、蘭嶼淺海。

珊瑚體分枝表面平滑 (眺石, -12 m)

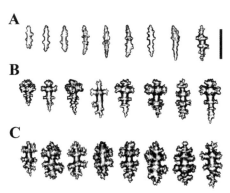

*Rumphella antipathes*的骨針。A：珊瑚蟲；B：共肉內層；C：共肉表層。(比例尺：A, B, C=0.1 mm)

珊瑚體分枝叢形 (太平島, -20 m)

珊瑚體分枝細長鞭狀 (萬里桐, -15 m)

珊瑚蟲伸展的分枝

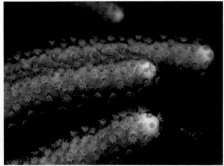

珊瑚蟲近照

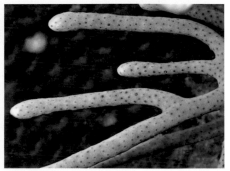

珊瑚蟲收縮的分枝表面平滑

深度 10 ～ 30 m　　　　　棲所：珊瑚礁斜坡或鄰近沙地處

竹珊瑚科
Isididae Lamouroux, 1812

本科珊瑚體的骨骼由節與節間交替相連而構成；節由柳珊瑚素組成，強韌而有彈性；節間則由堅硬的鈣化骨骼構成；形似竹子的分節，故被稱為竹珊瑚（bamboo corals）。本科大多數物種分布在深海，淺海物種在台灣海域僅有1種，但有相當大的形態變異，可能是一種群。

竹節珊瑚屬 (Isis)

Isis hippuris Linnaeus 1758

粗枝竹節珊瑚 / 粗枝竹節柳珊瑚

珊瑚體分枝形，分枝可能短或細長、密集或疏鬆，通常側向延展而呈不規則扇形，其骨骼由鈣化的節間和柳珊瑚素構成的節交替而組成，節通常較小，節間鈣質骨骼表面有縱溝，間隔約1 mm。珊瑚蟲單型，小而可完全收縮，收縮時分枝表面平滑。共肉表層含棒型骨針，長約0.05～0.10 mm，一端膨大多疣突，另一端也有大疣突呈環狀排列，而似絞盤形；共肉內層含絞盤型和少數紡錘形骨針，長約0.10～0.15 mm，表面有複式疣突。生活群體通常呈黃綠色，含共生藻，節間骨骼白色，節為暗褐色。

相似種：抗菌叢柳珊瑚（見第355頁）、金髮羽柳珊瑚（見第352頁），但本種骨骼有竹節狀構造。
地理分布：廣泛分布於印度洋及西太平洋珊瑚礁區。台灣海域僅在綠島、蘭嶼和太平島淺海發現。

分枝形大珊瑚體 (綠島, -10 m)

珊瑚體分枝呈不規則扇形(綠島, -12 m)

深度 5～20 m

珊瑚蟲伸展的分枝

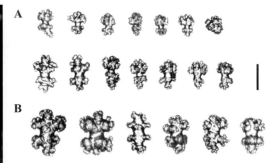

*Isis hippuris*的骨針。A：共肉表層；B：共肉內層。(比例尺=0.1 mm)

部分白化的珊瑚體 (綠島, -15 m)

珊瑚蟲伸展的珊瑚體 (綠島, -10 m)

珊瑚體骨骼顯示節(黑色)與節間(白色)構造

棲所：開放型淺海礁台或礁岩頂部

網柳珊瑚科
Plexauridae Gray, 1859

　　本科珊瑚體通常呈扇形或叢形，具有黑或深褐色的角質中軸骨，中央為軟而中空的核心，周圍並有空腔。珊瑚蟲可收縮入共肉組織中，其基部有由大骨針構成的鞘；共肉組織的骨針具有多樣形態，為分屬的主要依據。本科包括約38屬365種，物種非常龐雜，基本上也是多系群，因此各屬及種的親緣關係和分類界限，都需要進一步研究以釐清。本科在台灣海域已知有10屬18種。

蔓柳珊瑚屬 (*Bebryce*)

棘柳珊瑚屬 (*Echinogorgia*)

星柳珊瑚屬 (*Astrogorgia*)

尖柳珊瑚屬 (*Echinomuricea*)

真網柳珊瑚屬 (*Eupleaxaura*)

小月柳珊瑚屬 (*Menella*)

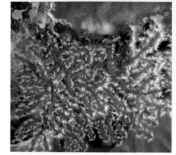
并柳珊瑚屬 (*Paracis*)

似網柳珊瑚屬 (*Paraplexaura*)

扁柳珊瑚屬 (*Placogorgia*)

絨柳珊瑚屬 (*Villogorgia*)

Astrogorgia sinensis (Verrill, 1865)

中華星柳珊瑚

　　珊瑚體呈平面扇形，分枝不規則，通常不互相連結。主幹及主分枝稍側扁，直徑約3～4 mm。珊瑚蟲單型，分布於分枝周圍，但有集中於兩側的趨勢，珊瑚蟲收縮時在表面形成錐形突起，間隔約2～3 mm。珊瑚蟲觸手含扁平紡錘形或小板形骨針，長約0.04～0.15 mm，表面有稀疏的錐形突起；珊瑚蟲骨針為棒形和紡錘形，多數長約0.1～0.3 mm，表面有錐形或細柱形突起；共肉皮層骨針為粗大紡錘形，長約0.4～1.6 mm，表面有結節形或顆粒形突起，不規則排列。生活群體為深紅或紅色，珊瑚蟲呈橘色或白色。

相似種： 錫蘭刺柳珊瑚（見第343頁），但本種分枝較大，珊瑚蟲和骨針形態皆不同。

地理分布： 廣東、香港。東沙、台灣南部及離島淺海。

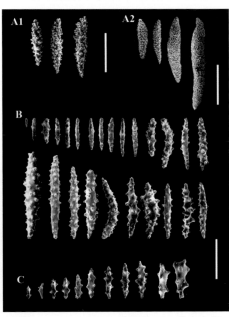

Astrogorgia sinensis 的骨針。A：共肉皮層；B：珊瑚蟲；C：觸手。(比例尺：A1=0.4 mm；A2=0.8 mm；B, C=0.2 mm)

珊瑚蟲伸展的珊瑚體 (南灣, -20 m)

珊瑚體分枝呈扇形 (東沙, -15 m)

珊瑚體分枝不規則 (東沙, -20 m)

部分珊瑚蟲收縮的分枝

珊瑚蟲伸展的分枝

珊瑚蟲骨針架 (比例尺= 0.2 mm)

深度 15～35 m　　　　棲所：珊瑚礁斜坡中、下段或礁塊邊緣

Bebryce indica Thomson, 1905

印度蔓柳珊瑚

　　珊瑚體分枝扇形，分枝不規則，但大致在一平面；主幹與分枝直徑有明顯差異，共肉組織薄。珊瑚蟲分布在分枝及主幹表面，但有集中於兩側的趨勢，珊瑚蟲為突出小錐形，高和寬約1.5 mm，間隔約1.5～2.0 mm，開口周圍有骨針構成的尖點。珊瑚蟲骨針大多為紡錘形或棒形，長約0.2～0.5 mm，表面有突起不規則分布；尖點和萼部骨針為直或彎曲紡錘形，長約0.4～0.6 mm；共肉皮層含蓮座形骨針（rosettes），高和寬各約0.1 mm；另有三～六輻（大多數為四輻）的板形骨針，長約0.3 mm。骨針皆無色。生活群體呈鮮紅或橙紅色。

相似種：湯氏蔓柳珊瑚（見右頁），但本種主幹較分枝大，且共肉較薄，骨針也有差異。

地理分布：印度、印尼、南海。台灣南部及離島淺海。

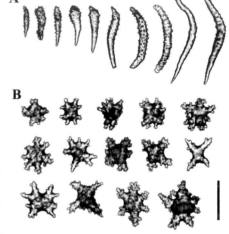

*Bebryce indica*的骨針。A：珊瑚蟲；B：共肉。
（比例尺：A, B=0.2 mm）

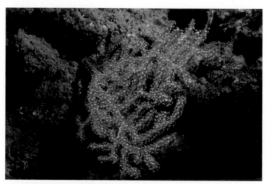

小型珊瑚體 (萬里桐, -20 m)

大型珊瑚體 (南灣, -20 m)

珊瑚蟲伸展的分枝

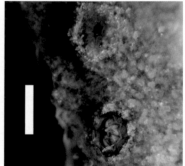

珊瑚孔萼部 (比例尺=1.0 mm)

珊瑚體分枝扇形 (貓鼻頭, -20 m)

珊瑚蟲密布主幹與分枝表面 (合界, -25 m)

深度 20 ～ 35 m　　　　棲所：珊瑚礁斜坡下段或礁塊側面

Bebryce thomsoni Nutting, 1910

湯氏蔓柳珊瑚

　　珊瑚體小型，由密集分枝構成，高度甚少超過10 cm，主幹自基部高約1 cm起即衍生分枝，並有次生分枝。主幹與分枝大小相近，皆為圓柱形。珊瑚蟲分布於主幹和分枝表面，間隔不規則，可完全收縮入稍隆起的萼部之中，萼部由盤形骨針層疊構成，形成鱗狀外觀。珊瑚蟲含細長紡錘形骨針，長度約0.23～0.46 mm，多數彎曲，少數有分叉；共肉皮層的蓮座形骨針寬約0.16 mm，高約0.10～0.12 mm，另有一些不對稱蓮座形骨針，長約0.2 mm：其他多數為厚而多突起的盤形或球形骨針，長徑約0.2 mm。生活珊瑚體為橙色，常與海綿共生。

相似種：印度蔓柳珊瑚（見左頁），但本種珊瑚體較小，主幹與分枝相近，珊瑚蟲及骨針形態皆有差異。
地理分布：印尼。台灣南部及離島淺海。

珊瑚體群集 (南灣, -25 m)

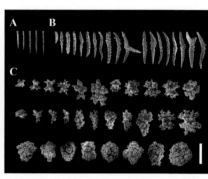

*Bebryce thomsoni*的骨針。A：觸手；B：珊瑚蟲；C：共肉。(比例尺：A=0.1 mm；B, C=0.2 mm)

珊瑚體分枝形 (香蕉灣, -18 m)

大珊瑚體呈扇形 (南灣, -20 m)

珊瑚蟲收縮的分枝

珊瑚蟲伸展的分枝

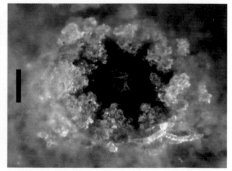

珊瑚孔及萼部 (比例尺= 0.2 mm)

深度 15～35 m　　　棲所：珊瑚礁斜坡下段或礁塊邊緣

Echinogorgia pseudosassapo Kölliker, 1865

枝網棘柳珊瑚

　　珊瑚體分枝形，主分枝以輻射狀衍生小分枝，分枝向上延展於一平面，相互連結呈扇形，小分枝直徑約3 mm，末端稍微膨大。珊瑚蟲單型，均勻分布於群體表面，珊瑚蟲完全收縮，萼部突起於分枝表面，直徑約1.2 mm，高約0.5 mm。骨針形態多樣，且大多呈猩紅色。珊瑚蟲含棒狀或紡錘形骨針，萼部骨針為多刺葉片形或盤形，其柄部有小顆粒狀突起；共肉表層骨針形態和大小皆有甚大變異，包括紡錘形、棒形、葉片形和不規則形等，表面皆有大小不一的突起。生活體群體多為紅色、黃色或咖啡色。

相似種： 史氏刺柳珊瑚（見第346頁），但本種珊瑚體分枝及珊瑚蟲形態皆有差異。

地理分布： 印尼、印度、香港、南海。東沙、台灣南部。

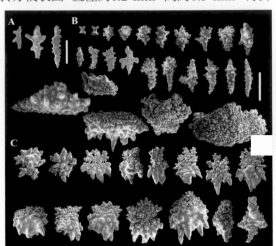

*Echinogorgia pseudosassapo*的骨針。A：珊瑚蟲；B：共肉表層；C：萼部。(比例尺：A=0.1 mm；B, C=0.2 mm)。

珊瑚孔萼部突起 (比例尺=0.2 mm)

珊瑚蟲伸展的分枝

珊瑚體分枝形 (東沙, -25 m)

珊瑚體分枝連結呈扇形 (東沙, -20 m)

小型珊瑚體 (南灣, -30 m)

深度 15～35 m　　　　棲所：珊瑚礁斜坡下段

Echinogorgia ridley Nutting, 1910

利氏棘柳珊瑚

　　珊瑚體分枝形，分枝大致在一平面而呈扇形；主分枝側面有許多短小分枝，部分分枝癒合呈網狀，分枝直徑相近，末端稍膨大。珊瑚蟲白色，延展時高約 2～3 mm，均勻分布在分枝表面，觸手半透明，可完全收縮，珊瑚孔呈小疣狀，由紡錘形骨針形成的口蓋包覆。珊瑚孔含紡錘形骨針，長約0.13～0.26 mm，表面有刺形或小柱形突起；珊瑚孔萼部及共肉表層含多刺片形骨針，多數外觀呈三角形，長約0.22～0.42 mm，表面有大小不等的突起；共肉內層含相似的多刺片形骨針，但較小型，長約0.14～0.35 mm，另有絞盤形骨針，長度在0.1 mm以內。骨針為淡褐或褐紅色。生活群體呈鮮紅或橙紅色。

相似種：鋸齒絨柳珊瑚（見第376頁），但本種主分枝側面有許多短小分枝，珊瑚蟲和骨針形態皆不同。

地理分布：新幾內亞。台灣南、東、北部及離島淺海。

珊瑚體分枝癒合呈網狀 (石城, -18 m)

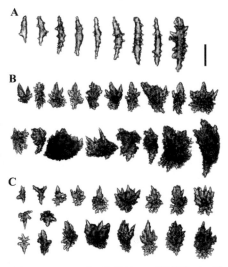

*Echinogorgia ridley*的骨針。A：珊瑚蟲；B：萼部及共肉表層；C：共肉內層。(比例尺：A=0.1 mm；B, C=0.2 mm)

珊瑚體分枝扇形 (萬里桐, -18 m)

珊瑚體分枝相連呈扇形 (合界, -20 m)

分枝直徑相近 (南灣, -22 m)

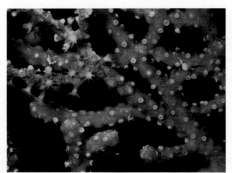

珊瑚蟲收縮的分枝

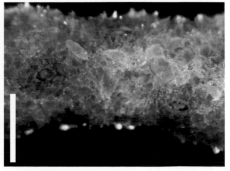

珊瑚孔萼部 (比例尺=1 mm)

Echinomuricea pulchra Nutting, 1910

分叉尖柳珊瑚

　　珊瑚體由少數細長鞭狀分枝組成，分枝大致在一平面上，基部短，附著於礁岩，主幹不明顯，以兩叉分生方式衍生分枝；珊瑚蟲單型，可完全收縮，珊瑚孔有口蓋，萼部低伏，由突出的刺狀骨針疊覆構成，密集分布於分枝表面。珊瑚蟲含有紡錘形和柱形骨針，長約0.13～0.23 mm；萼部含多刺片形骨針，由片形基部分出一至數支尖刺形分枝，總長約0.25～0.50 mm，基部表面有細突起不規則分布；共肉表層含粗大的多刺骨針，長約0.36～0.60 mm，形態不規則；共肉內層含較小，形態不規則骨針，長約0.08～0.17 mm，骨針皆為紅色。珊瑚體共肉厚，呈暗紅或赤紅色，表面粗糙，中軸骨骼深褐色。

相似種：印度蔓柳珊瑚（見第360頁），但本種珊瑚體表面粗糙，且骨針形態不同。

地理分布：印尼、新幾內亞、新加坡。台灣南、東及北部淺海。

珊瑚體收縮態 (佳樂水, -15 m)

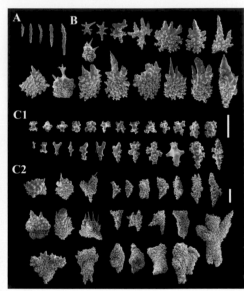

*Echinomuricea pulchra*的骨針。A：珊瑚蟲；B：萼部；C1：共肉內層；C2：共肉表層。（比例尺：A, B, C=0.2 mm）

珊瑚蟲伸展的分枝

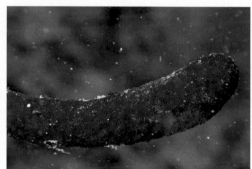

珊瑚蟲收縮的分枝表面粗糙

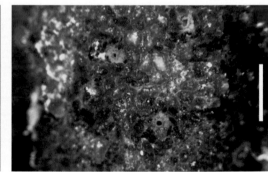

珊瑚孔及萼部 (比例尺=1.0 mm)

珊瑚體由少數鞭狀分枝組成 (南方澳, -10 m)

珊瑚蟲顏色變異 (南灣, -35 m)

深度 10～35 m　　　　棲所：混濁度較高的珊瑚礁或岩礁

Eupleaxaura anastomosans Brundin, 1896

聯真網柳珊瑚

　　珊瑚體由密集分枝構成，分枝癒合且大致分布在一平面上，形成厚而密的扇形，分枝沿扇面方向稍側扁，直徑約5～7 mm，相當一致，末端分枝稍細。珊瑚蟲均勻分布在分枝表面，間隔約1.5～2.0 mm，珊瑚蟲可完全收縮，珊瑚孔清晰，萼部略突出。珊瑚蟲含細長而扁的紡錘形骨針，長約0.09～0.30 mm，主要分布於觸手末端；共肉表層含球形或橢圓形骨針，長約0.2～0.3 mm，表面有密集疣突；共肉內層含小柱形或紡錘形骨針，長約0.12～0.24 mm，表面疣突通常呈環狀；所有骨針皆無色。

相似種：直立真網柳珊瑚（見第368頁），但本種分枝較大，共肉骨針較大。
地理分布：日本、韓國濟州島。台灣南、東、北部及離島淺海。

珊瑚蟲伸展的珊瑚體 (南灣, -20 m)

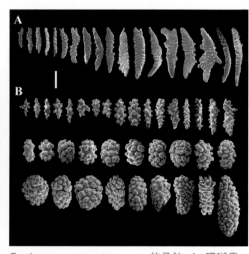

*Eupleaxaura anastomosans*的骨針。A：珊瑚蟲；B：萼部及共肉。(比例尺：A, B=0.1 mm)

大型網狀珊瑚體 (萬里桐, -15 m)

珊瑚體分枝密集 (南灣, -20 m)

小型珊瑚體 (南灣, -25 m)

珊瑚蟲伸展的分枝

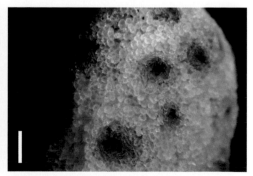

珊瑚孔萼部 (比例尺=0.5 mm)

深度 15 ～ 35 m　　　　棲所：珊瑚礁斜坡中、下段

Euplexaura crassa Kükenthal, 1908

厚真網柳珊瑚

　　珊瑚體分枝延展在一平面，呈扇形；主幹較粗，直徑可達8 mm，其他分枝直徑依序漸小，末端小分枝通常短小，且頂端不膨大；分枝皆略呈側扁。珊瑚蟲大致均勻分布在主幹和分枝表面，間隔約2 mm，可完全收縮入共肉中，珊瑚孔萼部不明顯。珊瑚蟲含扁的紡錘形或棒形骨針，長約0.10～0.19 mm，聚集分布於觸手基部；共肉表層含球形、橢圓或圓柱形骨針，表面多疣狀突起，長約0.11～0.16 mm，共肉內層含相似球形、橢圓或圓柱形骨針，但較小。所有骨針皆無顏色。

相似種：直立真網柳珊瑚（見第368頁），但本種珊瑚蟲不明顯，且骨針長度皆在0.2 mm以內。
地理分布：日本、韓國。台灣南、東、北部及離島淺海。

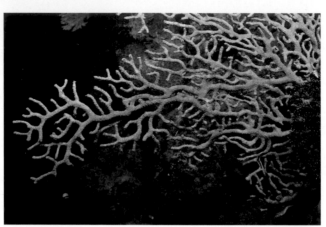

分枝直徑依序漸小

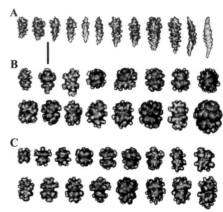

*Euplexaura crassa*的骨針。A：珊瑚蟲；B：共肉表層；C：共肉內層（比例尺：A, B, C=0.1 mm）

大型珊瑚體 (石牛, - 18 m)

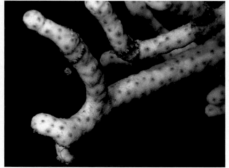

珊瑚蟲收縮的分枝

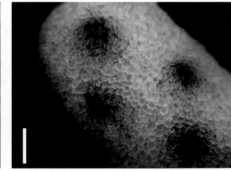

珊瑚孔及萼部 (比例尺=0.5 mm)

分枝形小珊瑚體 (萬里桐, - 20 m)

珊瑚體分枝在一平面上 (南灣, -25 m)

深度 15～35 m　　　　　棲所：珊瑚礁斜坡下段或礁塊邊緣

Euplexaura curvata Kükenthal, 1908

曲真網柳珊瑚

　　珊瑚體大致呈扇形，分枝依序由主幹分出，夾角約50～60度，末端略膨大或圓鈍，分枝略側扁，可能互相重疊，但不相連成網狀。珊瑚蟲分布在主幹及分枝表面，間隔約2～3 mm，可完全收縮，珊瑚孔呈圓或橢圓形，萼部明顯凸出。珊瑚蟲含扁的紡錘形骨針，表面多突起，多數略彎曲，長約0.14～0.30 mm，偶有長達0.4 mm者；萼部及共肉表層含啞鈴形、柱形或球形骨針，長約0.2 mm，表面有大疣突，多數集中在兩端而呈環狀，中央腰帶較細；共肉內層骨針大多為粗短柱形、球形或橢圓形，長約0.15～0.22 mm，表面多突起。骨針皆無色。生活群體常呈紅褐或黃褐色，珊瑚蟲顏色較深，中軸骨暗褐色。

相似種：直立真網柳珊瑚（見第368頁），但本種小分枝較短，骨針較小。

地理分布：日本、廣東、香港、南海。台灣南部及離島淺海。

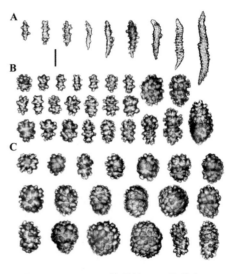

小型珊瑚體 (南灣, -25 m)

*Euplexaura curvata*的骨針。A：珊瑚蟲；B：萼部及共肉表層；C：共肉內層。(比例尺：A, B, C=0.1 mm)

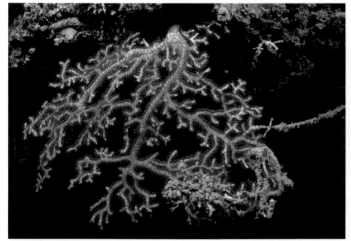

扇形珊瑚體 (石牛, -15 m)

珊瑚體分枝不相連 (南灣, -20 m)

珊瑚體末端略膨大

珊瑚蟲伸展的分枝

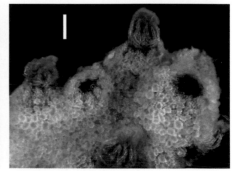

珊瑚孔及萼部 (比例尺= 0.5 mm)

深度 15 ～ 35 m　　　　　棲所：珊瑚礁斜坡或礁塊側面

Euplexaura erecta Kükenthal, 1908

直立真網柳珊瑚

　　珊瑚體呈扇形或樹叢形，分枝依序由主幹分出，交點近直角，但隨即彎曲，與主幹呈平行向上延伸，分枝近圓形，直徑約3～4 mm，近末端稍膨大。珊瑚蟲均勻分布在群體表面，間隔約2～3 mm，可完全收縮，萼部稍突出，並有紡錘形骨針構成的口蓋。珊瑚蟲含扁的紡錘形骨針，長約0.09～0.38 mm，表面多突起，在觸手外圍排列呈環狀；萼部及共肉表層含球形、橢圓形及紡錘形骨針，長約0.1～0.2 mm，表面疣突密集；共肉內層含粗短柱形骨針，表面多突起，長約0.11～0.14 mm。骨針皆無色。生活群體通常呈鮮紅或紫色。

相似種：聯真網柳珊瑚（見第365頁），但本種分枝較細，珊瑚蟲分布較疏，骨針形態亦不同。

地理分布：日本、廣東、香港、南海。台灣南、東、北部、東沙及離島淺海。

珊瑚體收縮態 (合界, -15 m)

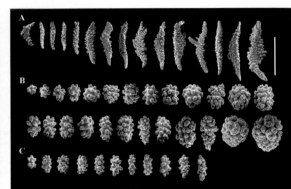

*Euplexaura erecta*的骨針。A：珊瑚蟲；B：萼部及共肉表層；C：共肉內層。(比例尺：A, B, C=0.2 mm)

珊瑚體分枝不相連 (深澳, -18 m)

珊瑚蟲伸展的分枝

珊瑚孔及萼部 (比例尺=1.0 mm)

珊瑚體伸展態 (澳底, -15 m)

扇形珊瑚體 (八斗子, -15 m)

深度 15 ～ 35 m　　　　　棲所：珊瑚礁或岩礁斜坡

Euplexaura parciclados Wright & Studer, 1889

疏真網柳珊瑚

　　珊瑚體由稀疏的分枝構成，分枝末端延長，而且大致在一平面，主幹明顯較大，基底延展附著於礁石上，分枝略呈側扁，共肉表面顆粒狀，中軸骨呈深褐色。珊瑚蟲單型，不均勻分布在分枝表面，間隔約1～4 mm，可完全收縮，萼部大多呈疣突狀，少數不明顯。珊瑚蟲及觸手含紡錘形骨針，長約0.14～0.26 mm，一端較鈍或稍微彎曲，表面多細小錐形突起；共肉骨針大多為厚實的橢圓形或圓柱形，長約0.13～0.22 mm，表面疣突密集，大致呈2～4環；另有少數紡錘形骨針，長約0.20～0.25 mm。骨針皆無色。生活群體常見為紫紅、紅褐或淡褐色。

相似種：直立真網柳珊瑚（見左頁），但本種分枝較疏，珊瑚蟲不規則分布。
地理分布：馬來半島、日本、澳洲西北部、香港、南海。台灣南部及離島淺海。

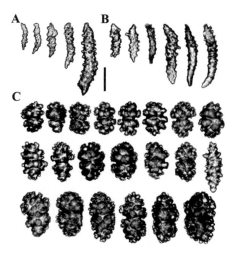

*Euplexaura parciclados*的骨針。A：珊瑚蟲；B：觸手；C：共肉皮層。(比例尺：A, B, C=0.1 mm)

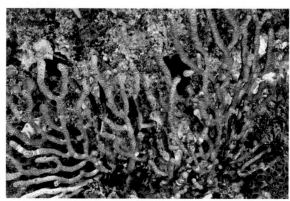

珊瑚體分枝末端延長

珊瑚體表面有海百合 (南灣, -20 m)

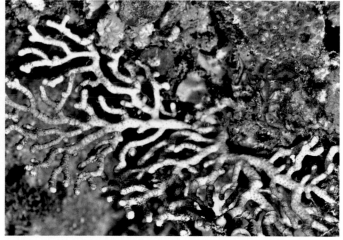

珊瑚體分枝在一平面 (南灣, -20 m)

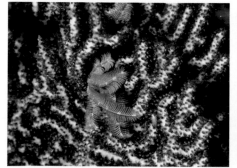

珊瑚蟲伸展的分枝

珊瑚蟲收縮的分枝

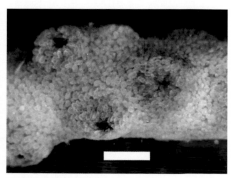

珊瑚孔及萼部 (比例尺=1.0 mm)

深度 15～35 m　　　　　棲所：珊瑚礁斜坡下段

Euplexaura robusta Kükenthal, 1908

強韌真網柳珊瑚

　　珊瑚體呈扇形或叢形，主幹及分枝相當一致，直徑約3 mm；分枝疏而短，稍側扁，常與主幹呈直角，並向上延展，分枝末端膨大。珊瑚蟲單型，均勻分布在群體表面，間隔約1.5～2.0 mm，可完全收縮，萼部稍微突起或不明顯。珊瑚蟲含細長紡錘形骨針，多數稍微彎曲，表面多細小或錐形突起。共肉皮層骨針大多為厚實橢圓形或圓柱形，表面覆蓋密集疣突；另有較小的棒形骨針，長約0.05～0.15 mm，以及紡錘形骨針，長約0.2～0.3 mm。骨針皆無顏色。生活群體常見為紫紅、紫或紅褐色。

相似種：直立真網柳珊瑚（見第368頁），但本種分枝較細，珊瑚蟲較密集，骨針形態亦不同。
地理分布：馬來半島、日本、澳洲、香港、南海。台灣南部及離島淺海。

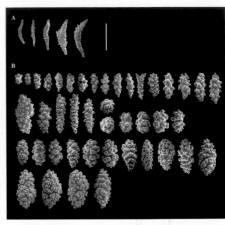

珊瑚蟲收縮的群體 (東沙, -22 m)

*Euplexaura robusta*的骨針。A：珊瑚蟲；B：共肉皮層。(比例尺：A, B=0.2 mm)

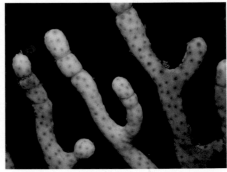

珊瑚蟲伸展的分枝　　　　　珊瑚蟲半收縮的分枝　　　　　珊瑚蟲收縮的分枝

珊瑚體扇形 (東沙, -25 m)　　　　　　　　　小型珊瑚體 (東沙, -15 m)

深度 10～25 m　　　　　｜　　　棲所：外環礁的珊瑚礁區，可能生長在軟珊瑚叢的間隙。

Menella indica Gray, 1870

印度小月柳珊瑚

　　珊瑚體分枝形，由細長分枝構成，分枝自主幹垂直向上延展，大致分布在一平面上，主幹和分枝細而柔軟，末端圓鈍。珊瑚蟲單型，不規則分布於分枝表面，可完全收縮，萼部疣狀，口蓋由8尖點和2～3排細骨針聚合而成。珊瑚蟲及觸手含棒形骨針，長約0.08～0.35 mm，一端圓鈍或分叉，另一端漸尖；萼部含多刺紡錘形或棒形骨針，長約0.15～0.26 mm，表面有不規則突起或分枝；共肉表層主要含多刺片狀骨針，長約0.2～0.4 mm，頂端片形，短而平滑，另一端多突起或分叉，另有少數紡錘形骨針；共肉內層含形態相似，較小的骨針，長約0.10～0.30 mm。活珊瑚體共肉呈赤紅或褐紅色，中軸骨骼細，呈暗褐色。

相似種：分叉尖柳珊瑚（見第364頁），但本種分枝方式和骨針形態皆不同。

地理分布：印度、日本、香港。台灣南部及離島淺海。

分枝垂直向上延展 (貓鼻頭, -20 m)

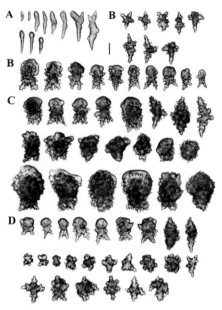

*Menella indica*的骨針。A：珊瑚蟲；B：萼部；C：共肉表層；D：共肉內層。(比例尺：A, B. C, D=0.1 mm)

珊瑚體由細長分枝構成 (南灣, -22 m)

珊瑚蟲伸展的群體 (南灣, -20 m)

珊瑚蟲收縮的群體 (白砂, -12 m)

珊瑚蟲伸展的分枝

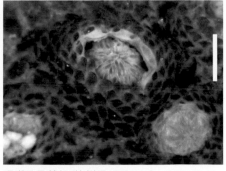

珊瑚孔及萼部 (比例尺=0.5 mm)

深度 12～35 m　　　　　棲所：珊瑚礁斜坡中、下段

Menella rubescens Nutting, 1910

紅小月柳珊瑚

　　珊瑚體稀疏分枝形，分枝細長圓柱形，通常向上延展，分枝表面共肉厚。珊瑚蟲單型，密集分布在主幹和分枝表面，不完全收縮，萼部略突起，壁薄，開口近圓形，直徑約1.5～2.0 mm。觸手含棒形或紡錘形骨針，長約0.12～0.24 mm；萼部含不規則星形或十字形骨針，長約0.12～0.22 mm；共肉表層含不規則形骨針，內層含不規則形或片形骨針，長約0.2～0.4 mm。珊瑚蟲骨針無色，共肉骨針紅褐色。生活群體呈紅或紫紅色，伸展的珊瑚蟲為紫紅或淡紅色。

相似種：印度小月柳珊瑚（見第371頁），但本種珊瑚蟲及骨針形態皆不同。

地理分布：馬來半島、香港、南海。台灣南、東、北部及離島淺海。

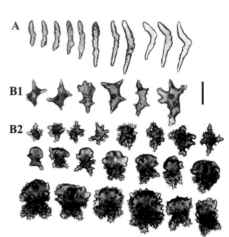

*Menella rubescens*的骨針。A：觸手；B1：萼部；B2：共肉。(比例尺：A, B1=0.1 mm；B2=0.2 mm)

珊瑚蟲密布分枝表面 (深澳, -15 m)

珊瑚蟲伸展的分枝

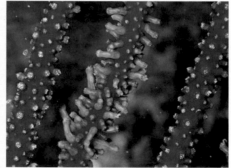

珊瑚蟲半收縮的分枝

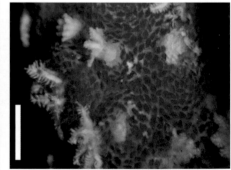

珊瑚蟲萼部 (比例尺=1 mm)

珊瑚體分枝形 (南灣, -25 m)

珊瑚體分枝稀疏 (野柳, -20 m)

深度 10～35 m　　棲所：珊瑚礁或岩礁斜坡中、下段

Paracis pustulata (Wright & Studer, 1889)

疣突并柳珊瑚

　　珊瑚體小分枝形,高度甚少超過20 cm,基部扁平附著於礁石,主幹自基部起即依序衍生出主分枝及次分枝,分枝密集分布於一平面而呈扇形,主幹共肉組織薄,表面有不規則突起。珊瑚蟲單型,柱狀,不規則分布在分枝向流面及側面,背流面幾乎無珊瑚蟲;觸手白色,珊瑚蟲可完全收縮,表面有紡錘形骨針構成的口蓋,珊瑚孔萼部稍隆起。珊瑚蟲含小紡錘形骨針,長約0.08～0.20 mm,以及長而扁,表面粗糙的紡錘形骨針,長約0.28～0.35 mm;萼部及共肉表層含厚而粗糙的紡錘形及不規則形骨針,長約0.45～1.50 mm;共肉內層則含相似,較小的骨針,長約0.25～0.55 mm。骨針皆為暗紅色。生活群體呈鮮紅或赤紅色。

相似種:鋸齒絨柳珊瑚(見第376頁),但本種分枝較粗,珊瑚蟲及骨針形態皆有差異。

地理分布:安達曼海、日本、台灣。台灣南部及離島淺海。

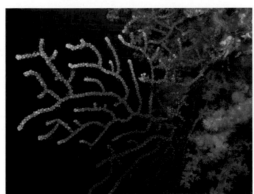

珊瑚蟲收縮的群體 (南灣, -22 m)

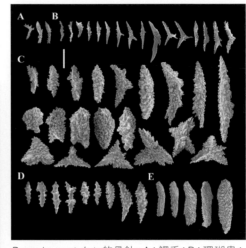

*Paracis pustulata*的骨針。A:觸手;B:珊瑚蟲;C:萼部;D:共肉內層;E:共肉表層。(比例尺:A, B, C, D=0.2 mm;E=0.5 mm)

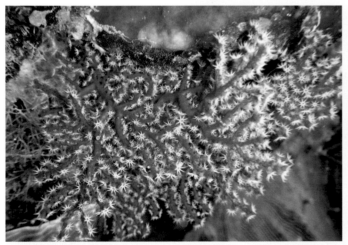

珊瑚體小分枝形 (合界, -20 m)

珊瑚體表面有不規則突起(南灣, -22 m)

珊瑚蟲伸展的分枝 (南灣, -22 m)

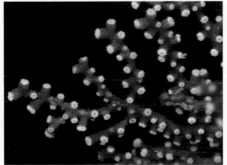

珊瑚蟲收縮的分枝

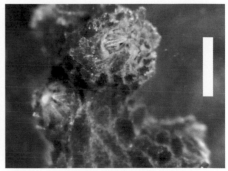

珊瑚孔萼部 (比例尺=0.25 mm)

深度 15～35 m　　　　　棲所:珊瑚礁斜坡下段

Paraplexaura cryptotheca (Nutting, 1910)

隱莢似網柳珊瑚

珊瑚體通常呈扇形，主幹寬約5 mm，分枝寬約2.5 mm，分枝不規則，大致分布於一平面，但不呈網狀；分枝皆呈圓柱形，末端稍膨大。珊瑚蟲紫紅色，密集分布於分枝表面，可完全收縮，萼部疣狀，略突起，珊瑚孔無口蓋。珊瑚蟲含紡錘形骨針，長約0.08～0.15 mm，略彎曲；萼部含多刺片形骨針，長約0.12～0.20 mm，表面有複式疣突；共肉表層含不規則形骨針，長約0.16～0.40 mm，外表面有突起，內表面則有複式疣突；共肉內層含紡錘形骨針，長可達0.20 mm，表面有複式或簡單疣突，另有許多絞盤形骨針長約0.10 mm；骨針皆淡黃色。珊瑚蟲伸展的珊瑚體呈紫紅或暗紅色，收縮時則呈褐或淡褐色。

相似種：無

地理分布：新幾內亞、印尼蘇拉威西。台灣南、東、北部淺海，較高緯度常見。

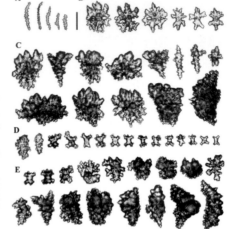

*Paraplexaura cryptotheca*的骨針。A：珊瑚蟲；B：萼部；C：共肉表層；D：共肉內層；E：柱部共肉。(比例尺：A, B, C, D, E=0.1 mm)

珊瑚蟲部分伸展的群體 (野柳, -12 m)

珊瑚蟲收縮的群體 (八斗子, -15 m)

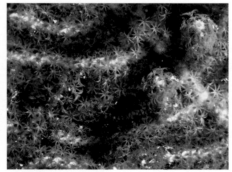

珊瑚蟲密布分枝表面

珊瑚孔及萼部 (比例尺=1 mm)

珊瑚體扇形 (八斗子, -10 m)

珊瑚體群集 (野柳, -12 m)

深度 10～35 m | 棲所：岩礁或珊瑚礁斜坡中、下段

Placogorgia squamata Nutting, 1910

鱗扁柳珊瑚

　　珊瑚體由疏鬆分枝構成，大致分布在一平面而呈扇形，主分枝僅有少數小分枝，分枝末端稍膨大，並有珊瑚蟲分布。珊瑚蟲單型，密集而均勻分布在分枝表面，可完全收縮，並有細小紡錘形骨針構成的銳角形口蓋，珊瑚孔呈圓柱形，高約1.5 mm，中央凹入，其壁由多刺鱗片形骨針構成鋸齒狀突起。珊瑚蟲含扁平柱形或紡錘形骨針，長約0.12～0.26 mm，多數表面有突起；萼部及共肉表層含不規則的多刺鱗片形骨針，表面通常有鋸齒狀突起或分枝，長約0.22～0.34 mm，另有一些較小的多輻骨針；共肉內層則含較小的鱗片形、盤形或多刺棒形骨針，長約0.14～0.28 mm。骨針皆無色。生活群體呈紫紅色。

相似種：印度小月柳珊瑚（見第371頁），但本種珊瑚孔呈圓柱形，萼部有鋸齒狀突起。

地理分布：印尼、馬來半島、日本。台灣南、東、北部及離島淺海。

珊瑚蟲收縮的珊瑚體 (合界, -23 m)

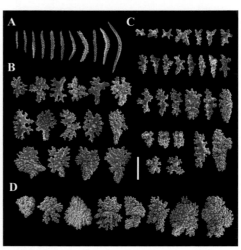

*Placogorgia squamata*的骨針。A：珊瑚蟲；B：萼部；C：共肉內層；D：共肉表層。(比例尺：A=0.1 mm；B, C, D=0.2 mm)

珊瑚體分枝形 (野柳, -15 m)

珊瑚體由疏鬆分枝構成 (南灣, -20 m)

珊瑚蟲伸展的分枝

珊瑚蟲收縮的分枝

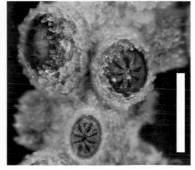

珊瑚孔萼部 (比例尺=1 mm)

深度 12～35 m　｜　棲所：珊瑚礁斜坡中、下段

Villogorgia serrata Nutting, 1910

鋸齒絨柳珊瑚

　　珊瑚體分枝呈扇形分布，且相連呈網狀，高約10～20 cm，甚少形成大群體。主幹與分枝直徑相似，約1.5～2.0 mm。珊瑚蟲呈白色，密集而均勻分布於分枝表面，可完全收縮，口蓋由紡錘形骨針構成，萼部稍突起呈疣狀，其邊緣為骨針尖端排列的鋸齒形構造，其壁則為骨針基部互相層疊的粗糙表面。口蓋由細長彎曲的紡錘形骨針及少數三叉形骨針構成，長約0.10～0.37 mm；萼部含多分叉骨針，包括三叉形、多叉形、星形、蝴蝶形，長約0.16～0.55 mm，通常有一大而長的分叉及數個短小的分叉，另有少數紡錘形骨針長約0.6 mm；共肉表層含相似形態骨針，但較粗短，分叉較少，另有少數紡錘形骨針；共肉內層含較粗大，黃色的紡錘形骨針，長約0.4～1.4 mm。生活群體為粉紅或呈紅色。

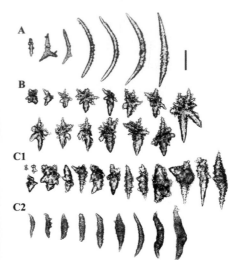

相似種：利氏棘柳珊瑚（見第363頁），但本種的分枝較疏，珊瑚蟲及骨針亦有差異。

地理分布：印尼。台灣南部及綠島、蘭嶼淺海。

珊瑚體扇形 (南灣, -25 m)

*Villogorgia serrata*的骨針。A：珊瑚蟲；B：萼部；C1：共肉表層；C2：共肉內層。(比例尺：A=0.1 mm；B, C1=0.2 mm；C2=0.5 mm)

珊瑚蟲收縮的珊瑚體 (南灣, -22 m)

珊瑚蟲伸展的分枝

珊瑚孔萼部 (比例尺=0.25 mm)

珊瑚體群集 (蘭嶼, -20 m)

珊瑚蟲伸展的珊瑚體 (南灣, -20 m)

深度 20 ～ 40 m　　　　棲所：珊瑚礁斜坡下段或礁塊側面

鈣軸亞目
Calcaxonia Grasshoff, 1999

本亞目珊瑚體具有鈣化的實心中軸骨，由柳珊瑚素結合碳酸鈣而形成；碳酸鈣可能分散於柳珊瑚素中或聚集於節間，珊瑚體的中軸骨無中空或腔室構造。

鞭珊瑚科
Ellisellidae Gray, 1859

本科珊瑚的主要特徵為具有雙頭或啞鈴形骨針。珊瑚體的中軸骨不分節，高度鈣化，堅硬而強韌，群體形態包括不具分枝的鞭形、具少分枝的叢形或分枝稀疏的扇形。珊瑚蟲密佈組織表面，可收縮，但不會完全收縮入共肉組織中，而在表面形成突出的萼狀構造。台灣海域目前已知有4屬6種。

蘆葦珊瑚屬 (*Junceella*)

雙叉珊瑚屬 (*Dichotella*)

鞭珊瑚屬 (*Ellisella*)

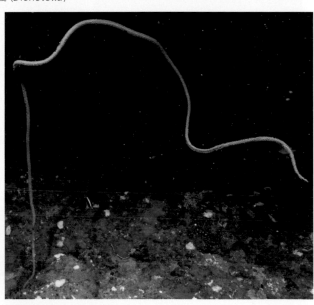

柔鞭珊瑚屬 (*Viminella*)

Dichotella gemmacea (Milne Edwards & Haime, 1857)

芽雙叉珊瑚

　　珊瑚體叢形，由成叢的細鞭形分枝構成，高度可達1 m以上；分枝大多為二叉分生，小圓柱形，皮層共肉組織厚，中軸骨較小。珊瑚蟲單型，呈數列縱帶分布在分枝周圍，珊瑚蟲呈黃色或橙色，可完全收縮，萼部呈小突起狀。萼部及共肉表層含不對稱的柱形或棒形骨針，長約0.03～0.08 mm，突起集中於膨大的兩端；共肉內層含對稱啞鈴形或絞盤形骨針，長約0.04～0.10 mm，突起大致呈環狀排列，骨針為橙黃或橙紅色。珊瑚體通常呈紅色、橙色或粉紅色。

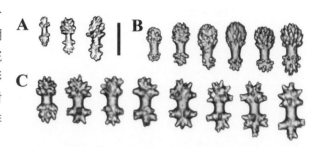

*Dichotella gemmacea*的骨針。A：珊瑚蟲；B：萼部及共肉表層；C：共肉內層。(比例尺：A, B, C=0.05 mm)

相似種：斑鞭珊瑚（見右頁），但本種的分枝較密集，且表層骨針為不對稱形。

地理分布：廣泛分布於印度洋及西太平洋珊瑚礁區。台灣南、東、北部及離島海域。

珊瑚蟲收縮的群體 (八斗子, -15 m)

珊瑚體分枝為二叉分生 (下水崛, -15 m)

珊瑚蟲伸展的分枝

珊瑚蟲收縮的分枝

珊瑚體群集 (東沙, -22 m)

珊瑚體顏色變異 (野柳, -18 m)

| 深度 15～35 m | 棲所：珊瑚礁斜坡下段 |

Ellisella maculata Studer, 1878

斑鞭珊瑚

　　珊瑚體形態多變異，可能為不分枝的鞭形或由少數分枝構成似扇形，甚至叢形。分枝細長，直徑約3～4 mm，大多為二叉分生，主幹基部皮層薄，中軸骨堅硬，分枝末端皮層較厚而質軟。珊瑚蟲可收縮，萼部明顯突出，呈拱形或錐形，分布於分枝表面或排成列狀。珊瑚蟲及萼部含紡錘形骨針，表面多突起，長約0.02～0.07 mm；共肉皮層含雙頭啞鈴形骨針，長約0.05～0.07 mm，以及多突起的紡錘形骨針，長約0.06～0.08 mm，骨針大多呈黃色或灰色。生活珊瑚體呈磚紅或橙紅色。

相似種：芽雙叉珊瑚（見左頁），但本種的分枝稀疏，且表層骨針為對稱形。
地理分布：印尼、菲律賓。台灣南部及綠島、蘭嶼海域。

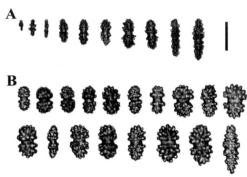

*Ellisella maculata*的骨針。A：珊瑚蟲及萼部；B：共肉皮層。(比例尺：A, B=0.05 mm)

珊瑚體分枝為二叉分生(南灣, -20 m)

珊瑚體小分枝形 (合界, -20 m)

珊瑚體由少數分枝構成 (萬里桐, -20 m)

珊瑚體分枝細長 (南灣, -25 m)

珊瑚蟲伸展的分枝

珊瑚蟲收縮的分枝

深度 15 ～ 35 m　　　　棲所：珊瑚礁斜坡下段或礁塊邊緣

Ellisella rubra (Wright & Studer, 1889)

紅鞭珊瑚

珊瑚體叢形，由鞭形分枝構成，分枝大多源自接近基部處，通常二叉分生。主分枝與次分枝的直徑相似，皮層共肉厚，內有管道系統。珊瑚蟲突出，密集而均勻分布在分枝表面，珊瑚蟲可收縮，萼部為錐形或圓頂形，開口向分枝末端傾斜。珊瑚蟲含柱形或雙頭形骨針，長約0.03～0.06 mm，表面多疣突，大致呈環狀排列；萼部及共肉表層含紡錘形及雙頭形骨針，長約0.05～0.09 mm，疣突集中在兩端或呈環狀；共肉內層及中軸鞘含絞盤形骨針，長約0.05～0.09 mm，疣突集中於兩端，中央腰部明顯較窄。共肉表層骨針為紅褐色，內層骨針為淡黃色。生活群體赤紅色，中軸骨褐色。

相似種：斑鞭珊瑚（見第379頁），但本種分枝較粗，珊瑚孔萼部突出，開口傾斜，骨針較大。

地理分布：印尼、菲律賓。台灣南、東、北部及離島淺海。

珊瑚體分枝鞭形 (南灣, -30 m)

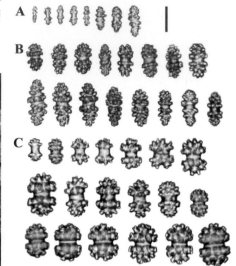

*Ellisella rubra*的骨針。A：珊瑚蟲；B：萼部及共肉表層；C：共肉內層。(比例尺：A，B，C=0.05 mm)

分枝源自接近基部處 (澳底, -20 m)

珊瑚蟲伸展的分枝

珊瑚蟲收縮，萼部開口向分枝末端傾斜。

大型珊瑚體 (貓鼻頭, -20 m)

珊瑚體通常二叉分生 (南灣, -30 m)

深度 15 ～ 55 m ｜ 棲所：珊瑚礁斜坡下段或礁塊前緣

Junceella fragilis Ridley, 1884

白蘆葦珊瑚／脆燈蕊柳珊瑚

　　珊瑚體鞭形，分枝通常獨立，橫截面大致呈圓形，皮層共肉厚，中軸骨呈現不同程度之鈣化，基部骨針密集，高度鈣化，顯得強韌而堅硬，末端則骨針較少，質地柔軟。珊瑚蟲突出而明顯，密集而均勻分布在分枝表面，珊瑚蟲可收縮，珊瑚孔為鼻形或圓柱形，開口向末端傾斜。觸手含小棒形骨針，長約0.04 mm，有不規則疣突；共肉表層含棒形骨針，長約0.04～0.09 mm，一端較大，疣突較多，另一端疣突較少；共肉內層含啞鈴形骨針，長約0.06～0.09 mm，表面疣突大多為尖刺形或錐形。骨針皆無色。生活群體呈灰白色，珊瑚蟲褐色，具共生藻。

相似種：無。本種之形態特殊，易辨認。
地理分布：廣泛分布於西太平洋珊瑚礁區。台灣南、東部至宜蘭豆腐岬，綠島、蘭嶼海域。

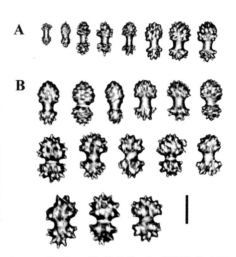

Junceella fragilis 的骨針。A：觸手及共肉表層；B：共肉內層。(比例尺：A, B=0.05 mm)

珊瑚體末端柔軟 (南灣, -10 m)

珊瑚體群集 (下水崛, -8 m)

珊瑚體鞭形 (南灣, -20 m)

珊瑚體聚集分布 (山海, -8 m)

珊瑚孔鼻形，開口向末端傾斜。

行斷裂生殖的珊瑚體

深度 5～25 m　　　　棲所：開放型珊瑚礁斜坡中、下段

Junceella juncea (Pallas, 1766)

紅蘆葦珊瑚 / 燈蕊柳珊瑚

　　珊瑚體直立鞭形或長條形，分枝通常獨立，橫截面呈圓形，皮層共肉厚，中軸骨明顯鈣化，基部堅硬，末端則相對較柔軟。珊瑚蟲突出而明顯，開口朝向末端，均勻分布於分枝表面或集中於兩側，基部通常無珊瑚蟲。珊瑚蟲可收縮，萼部呈鼻形緊貼分枝表面。共肉表層含短棒形骨針，長約0.07～0.09 mm，一端較大，疣突較多，另一端較小，疣突較少；共肉內層含啞鈴形、雙頭形或雙星形骨針，長約0.06～0.07 mm，突起多呈尖刺狀。骨針大多為淡黃色。生活群體呈紅或紅褐色，不具共生藻。

相似種：長柔鞭珊瑚（見右頁），但本種分枝較短，且珊瑚蟲和骨針形態不同。
地理分布：廣泛分布於西太平洋珊瑚礁區。台灣南、東、北部及離島海域。

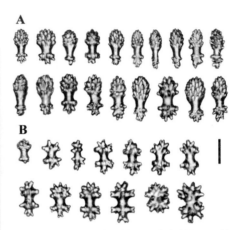

珊瑚體末端柔軟 (南灣, -30 m)

*Junceella juncea*的骨針。A：共肉表層；B：共肉內層。(比例尺：A, B=0.05 mm)

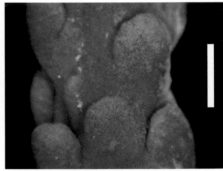

珊瑚體顏色變異 (澳底, -20 m)　　　珊瑚體行斷裂生殖　　　萼部開口朝向末端 (比例尺= 1.0 mm)

珊瑚體群集 (下水崛, -16 m)　　　　　　　　珊瑚體直立鞭形 (下水崛, -15 m)

深度 10 ～ 40 m　　　　　　　棲所：珊瑚礁或岩礁斜坡下段

Viminella junceelloides (Stiasny, 1938)

長柔鞭珊瑚

　　珊瑚體為延長鞭形，長可達2 m，直立或彎曲，通常無分枝，基部堅硬，末端柔軟而有彈性。珊瑚蟲單型，均勻或呈縱列分布在鞭形群體的共肉組織表層，珊瑚蟲白色或半透明，可完全收縮，萼部含紡錘形和梭形骨針，長約0.03～0.08 mm；共肉含雙頭形和絞盤形骨針，長約0.03～0.08 mm，寬約0.02～0.06 mm，中央凹入呈腰帶狀。骨針通常為黃或橙色。生活群體呈橙紅色。

相似種：紅蘆葦珊瑚（見左頁），但本種分枝較長，且珊瑚蟲和骨針形態不同。

地理分布：廣泛分布於印度洋及太平洋珊瑚礁及岩礁區。東沙、台灣南至北部海域及離島海域。

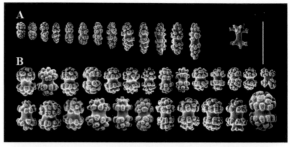

*Viminella junceelloides*的骨針。A：萼部；B：共肉 (比例尺：A, B=0.1 mm)

珊瑚體基部堅硬 (東沙, -30 m)

珊瑚體長鞭形 (石牛, -20 m)

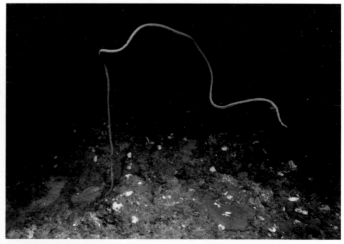

珊瑚體末端柔軟 (澳底, -25 m)

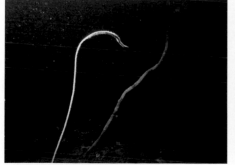

珊瑚蟲伸展的群體 (澳底, -25 m)

珊瑚體群集 (南灣, -35 m)

珊瑚蟲伸展與收縮之分枝

深度 20 ～ 50 m　　　棲所：珊瑚礁或岩礁斜坡下段或礁塊側面

海鰓目
Pennatulacea Verrill, 1865

　　海鰓目俗稱海筆，牠們是刺胞動物八放珊瑚蟲綱裡獨立特化的一群，通常棲息在海底的軟泥、泥或沙底質。分布遍及各大洋，從熱帶至極地海域都可以發現；分布深度從潮間帶（如澎湖岐頭灣）到超過6,100公尺的深海，都有海鰓的蹤跡。海鰓都是群體型動物，群體的中心有一中軸（axis），外層則為珊瑚蟲和共肉所組成的肉質部分；群體可分成足柄（peduncle）及羽軸（rachis），足柄為肉質構造，可挖掘及鑽入軟底質，以固定身體；羽軸則由珊瑚蟲組成，珊瑚蟲分化為獨立個蟲和管狀個蟲，前者功能以濾食為主，後者則以輸送物質為主。有些屬海鰓的珊瑚蟲聚集特化成羽片（leaves）構造，以對稱方式分布於羽軸兩側，成為兩側對稱的群體型動物。

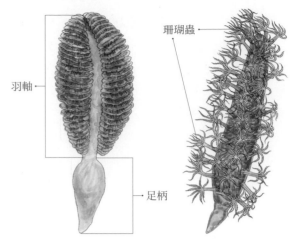

海鰓的基本體制構造 (仿自Williams, 2011)

棍海鰓科
Kophobelemnidae Gray, 1860

　　本科群體呈棍棒形或圓柱形，有中軸柱，珊瑚蟲通常隨機排列或在羽軸的縱帶上，不具有羽片構造，且珊瑚蟲無杯狀的萼。本科目前僅記錄硬槍海鰓屬（*Sclerobelemnon*）1種。

硬槍海鰓屬 (*Sclerobelemnon*)

Sclerobelemnon burgeri (Herklots, 1858)

伯氏硬槍海鰓

　　珊瑚體為棍棒形，具中軸，全長約12 cm，羽軸、足柄各佔約1/2，不具羽片。珊瑚蟲在羽軸上成斜向縱列分布，通常不規則。中軸長度與珊瑚體一致。獨立個蟲的大小不一，直徑約2.5 mm，可完全收縮，收縮後的珊瑚體表面呈疣狀突起。管狀個蟲呈縱列排列，不規則分布在羽軸上。珊瑚體羽軸及足柄皆含扁平的盤形骨針，長約0.02～0.06 mm，多數形狀不規則。

獨立個體與管狀個體 (比例尺=1.0 mm)

相似種：無。台灣海域原紀錄種*S. schemeltzii*可能為本種之異名。
地理分布：廣泛分布於西太平洋，包括日本、菲律賓、印尼及台灣南部海域。

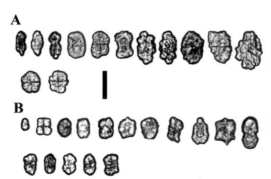

*Sclerobelemnon burgeri*的骨針。A：羽軸；B：足柄。(比例尺=0.05 mm)

珊瑚體標本照 (比例尺=1 cm)

| 深度 30～100 m | 棲所：珊瑚礁前緣沙地 |

海鰓科
Pennatulidae Ehrenberg, 1834

本科體型較為粗大，具中軸，羽片發達，對稱的分布於羽軸兩側，外型似羽毛狀。管狀個蟲通常分布在獨立個蟲聚集羽片的背面。羽軸的骨針多呈長棍棒形或針形；足柄骨針相對較小，大多為桿形或橢圓形。本科目前發現翼海鰓（*Pteroeides*）1屬2種。

翼海鰓屬 (*Pteroeides*)

Pteroeides caledonicum Kölliker, 1872

克里多翼海鰓

珊瑚體為棍棒形，具中軸，收縮時全長約5.5 cm，羽軸約占2/3，羽片對稱分布於羽軸兩側。羽片由數根長針形的支持輻束構成，珊瑚蟲分布其上。中軸長度與珊瑚體一致。獨立個蟲直徑約0.2 mm，可完全收縮。管狀個蟲更小，密集分布於羽片及羽軸的交接處。羽軸的骨針呈細長針狀，長約0.09～0.56 mm；足柄的骨針則為長橢圓形，長約0.03～0.06 mm。

相似種：無，本種之主要鑑別特徵為足柄的橢圓形骨針及羽片形態。
地理分布：廣泛分布於東大西洋、地中海及印度洋、太平洋等海域。台灣南部。

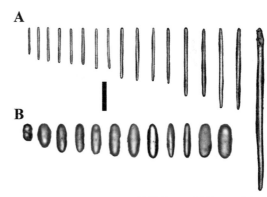

*Pteroeides caledonicum*的骨針。A：羽軸；B：足柄。
(比例尺：A=0.1 mm；B=0.05 mm)

珊瑚體標本照 (比例尺=2.0 cm)

管狀個蟲

管狀個蟲分布於羽片及羽軸交接處 (比例尺=1.0 mm)

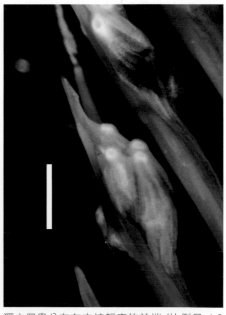

獨立個蟲分布在支持輻束的前端 (比例尺=1.0 mm)

深度 9 ～ 320 m ｜ 棲所：沙、泥底質或珊瑚礁斜坡上

Pteroeides malayense Hickson, 1916

馬來亞翼海鰓

　　珊瑚體羽軸呈橢圓形，伸展時全長約20 cm，羽軸約占2/3，中軸寬大，羽片大，扇形，對稱分布於羽軸兩側。羽片由數根長針形的支持輻束構成。足柄肉質，上端膨大，下段圓柱形。珊瑚體顏色多變異，伸展與收縮狀態亦可能有甚大差異。獨立個蟲小，呈帶狀分布於羽片上緣（寬約6 mm），可完全收縮。管狀個蟲更小，依稀可辨認，密集分布於羽片基部。羽軸的骨針呈細長針形，足柄的骨針則為桿形或針形。

相似種：無
地理分布：馬來半島、南海及西太平洋。台灣南部海域。

背面觀

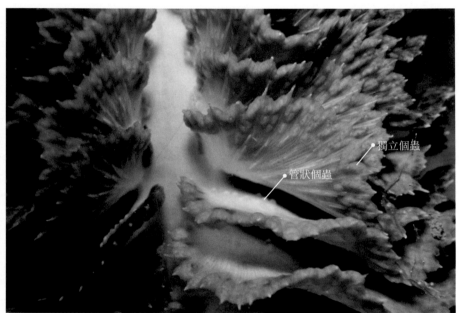

獨立個蟲
管狀個蟲

羽片近照顯示珊瑚蟲及骨針輻束

腹面觀

珊瑚體收縮態

| 深度 10 ～ 40 m | 棲所：珊瑚礁或岩礁斜坡下段 |

箸海鰓科
Virgulariidae Verrill, 1868

本科群體細長，具有中軸柱，羽片呈透明或半透明，在羽軸兩側呈橫向或斜向對稱分布，珊瑚蟲成簇排列在羽片上，管狀個蟲通常分布在羽軸上。本科物種的分布水深很廣，從潮間帶到1,200公尺深海皆可發現。本科台灣目前已知有2屬3種。

燈心箸海鰓

竿海鰓屬 (*Scytalium*)

箸海鰓屬 (*Virgularia*)

Scytalium martensii Kölliker, 1880

馬氏竿海鰓

珊瑚體纖細，具有中軸，全長約10 cm，足柄短；羽片薄、發育不全，對稱分布於中軸兩側。中軸長度與珊瑚體一致。體色透明。珊瑚蟲雙型，獨立個蟲細管形，長約0.3 mm，可完全收縮入膨大的管形萼部之中，萼部呈紅色，係因骨針顏色所致；管狀個蟲很小，分布在羽片之間。珊瑚體羽軸和足柄皆含紅色橢圓形骨針，長約0.02～0.04 mm，並具有腰溝，主要分布在獨立個蟲下方萼部，足柄骨針則分散在表面。

相似種：無
地理分布：斯里蘭卡、馬來半島、菲律賓、南海。台灣南部淺海。

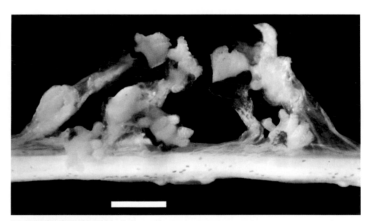

獨立個蟲近照 (比例尺=0.5 mm)

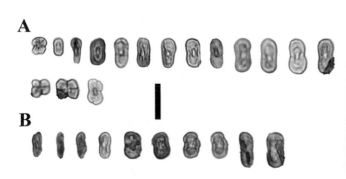

*Scytalium martensii*的骨針。A：羽軸；B：足柄。(比例尺=0.04 mm)

珊瑚體纖細透明

深度 9～320 m　　　棲所：沙、泥底質或珊瑚礁斜坡上

Virgularia juncea (Pallas, 1766)

燈芯箸海鰓

　　珊瑚體細長，具有中軸，全長約55 cm，足柄約占2/3，深埋在沙地中；羽片對稱分布於羽軸兩側。中軸長度與珊瑚體一致，偶而可觀察到中軸突出羽軸的現象。獨立個蟲長約1.0 mm，成簇分布於羽片上，一羽片大約有35隻獨立個蟲。在其下方有管狀個蟲，數量較少。足柄上可發現少量微小骨針，呈橢圓形，長約0.01 mm，羽軸則無骨針。生活群體呈褐及淡黃色夾雜。本種為雌雄異體，排放型，在澎湖岐頭灣的生殖季節為夏季，羽軸上段含共生藻。

獨立個蟲伸展

相似種：無

地理分布：廣泛分布於西太平洋，南起新喀里多尼亞、北至韓國濟州島。澎湖及台灣南部海域。

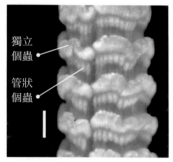

獨立個蟲與管狀個蟲 (比例尺=0.1 mm)

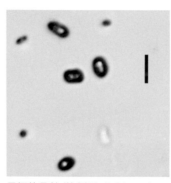

足柄的骨針 (比例尺：0.01 mm)

背面觀

腹面觀

深度 0 ～ 1200 m	棲所：珊瑚礁間的細沙、泥或軟泥底質

Virgularia rumphii Kölliker, 1872

倫比箸海鰓

　　珊瑚體細長，具有中軸，全長約6.5 cm，足柄約占1/2；羽片數眾多，前端羽片呈S形，下端未成熟羽片呈直線形，分布於羽軸兩側。中軸長度與珊瑚體一致，體色呈米白色。獨立個蟲長約0.5 mm，呈穗狀分布於羽片上，成熟羽片約有70隻獨立個蟲，未成熟羽片的獨立個蟲數遞減。羽片下方有管狀個蟲，呈數行排列。珊瑚體的骨針呈橢圓形，長約0.01～0.02 mm，羽軸的骨針稀少，足柄的骨針較密集。

獨立個蟲及管狀個蟲 (比例尺=0.1 mm)

相似種：*Virgularia roulei*，但本種每一羽片的獨立個蟲數明顯較多。

地理分布：廣泛分布於印度洋及西太平洋。台灣南部淺海。

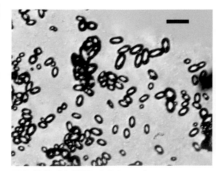

足柄骨針 (比例尺：0.04 mm)

珊瑚體標本照 (比例尺=1 cm)

深度 25 ～ 60 m	棲所：珊瑚礁前緣細沙底質

中名索引

學名索引

參考資料

Alderslade P (1983) *Dampia pocilloporaeformis*, a new genus and a new species of Octocorallia (coelenterata) from Australia. Beagle 1(4): 33~40.

Alderslade P (2000) Four new genera of soft corals (Coelenterata: Octocorallia), with notes on the classification of some established taxa. Zool Mededel Leiden 74(16): 237~249.

Alderslade P (2003) A new genus and species of soft coral (Octocorallia: Alcyonacea: Alcyoniidae) from Lord Howe Island, Australia. Zool Verhandel Leiden 345: 19~29.

Aratake S et al. (2012) Soft coral *Sarcophyton* (Cnidaria: Anthozoa: Octocorallia) Species Diversity and Chemotypes. Plos One 7(1): AR e30410.

Bayer FM (1955) Contributions to the nomenclature, systematics, and morphology of the Octocorallia. Proc US Nat' l Mus 105, 207~220, plates 1~8.

Bayer FM (1956) Octocorallia. In: Moore, R.C. (Ed), Treatise on Invertebrate Paleontology. Part F. Coelenterata. University of Kansas Press, Lawrence, pp. 166–231.

Bayer FM (1981) Key to the genera of Octocorallia exclusive of Pennatulacea (Coelenterata: Anthozoa), with diagnoses of new taxa. Proc Biol Soc Washington 94: 902~947.

Bayer FM, Grasshoff M, Verseveldt J (1983) Illustrated trilingual glossary of morphological and anatomical terms applied to Octocorallia: 1~75, 218 figs. E. J. Brill / Dr. W. Backhuys, Leiden.

Bayer FM, van Ofwegen LP (2016) The type specimens of *Bebryce* (Cnidaria, Octocorallia, Plexauridae) re-examined, with emphasis on the sclerites. Zootaxa 4083(3): 301~358.

Benayahu Y (1993) Corals of the South-west Indian Ocean I. Alcyonacea from Sodwana Bay, South Africa. Investigation Reports of the Oceanographic Research Institute, South Africa 67: 1~16.

Benayahu Y (1995) Species composition of soft corals (Octocorallia, Alcyonacea) on the coral reefs of Sesoko Island, Ryukyu Archipelago, Japan. Galaxea 12: 103~124.

Benayahu Y (1997) A review of three alcyonacean families (Octocorallia) from Guam. Micronesica 30: 207~244.

Benayahu Y (2002) Soft corals (Octocorallia: Alcyonacea) of the southern Ryukyu Archipelago: The families Tubiporidae, Alcyoniidae and Briareidae. Galaxea 4: 11~32.

Benayahu Y, Chou LM (2010) On some Octocorallia (Cnidaria: Anthozoa: Alcyonacea) from Singapore, with a description of a *Cladiella* species. Raffles Bull Zool 58: 1~13.

Benayahu Y, Jeng MS, Perkol-Finkel S, Dai CF (2004) Soft corals (Octocorallia: Alcyonacea) from southern Taiwan. II. Species diversity and distributional patterns. Zool Stud 43: 548~560.

Benayahu Y, Perkol-Finkel S (2004) Soft corals (Octocorallia: Alcyonacea) from southern Taiwan. I. *Sarcophyton nanwanensi*s sp. nov. (Octocorallia: Alcyonacea). Zool Stud 43: 537~547.

Benayahu Y, McFadden CS (2011) A new genus of soft coral of the family Alcyoniidae (Cnidaria, Octocorallia) with re-description of a new combination and description of a new species. Zookeys 84: 1~11.

Benayahu Y, Schleyer MH (1996) Corals of the south-west Indian Ocean 3. Alcyonacea (Octocorallia) of Bazaruto Island, Mozambique, with a redescription of *Cladiella australis* (Macfadyen, 1936) and a description of *Cladiella kashmani* spec. nov. Oceanographic Research Institute Investigational Reports 69: 1~22.

Benayahu Y, van Ofwegen LP (2011) New species of octocorals (Coelenterata: Anthozoa) from Penghu Archipelago, Taiwan. Zool Stud 50: 350~362.

Benayahu Y, van Ofwegen LP, Dai CF, Jeng MS, Soong K, Shlagman A, Hsieh HJ, McFadden CS (2012) Diversity, distribution, and molecular systematics of octocorals (Coelenterata: Anthozoa) of the Penghu Archipelago, Taiwan. Zool Stud 51: 1529~1548.

Benayahu Y, van Ofwegen LP, Dai CF, Jeng MS, Soong K, Shlagman A, Du SW, Hong P, Imam NH, Chung A, Wu T, McFadden CS (2018) The octocorals of Dongsha Atoll (South China Sea): an iterative approach to species identification using classical taxonomy and molecular barcodes. Zool Stud 57: 50. doi:10.6620/ZS.2018.57~50.

Benayahu Y, van Ofwegen LP, McFadden CS (2018) Evaluating the genus *Cespitularia* Milne Edwards & Haime, 1850 with descriptions of new genera of the family Xeniidae (Octocorallia, Alcyonacea). ZooKeys 754: 63–101.

Benayahu Y, Van Ofwegen LP, Ruiz Allais JP, McFadden CS (2021) Revisiting the type of *Cespitularia stolonifera* Gohar, 1938 leads to the description of a new genus and a species of the family Xeniidae (Octocorallia, Alcyonacea). Zootaxa 4964 (2): 330~344.

Berntson EA, Bayer FM, McArthur AG, France SC (2001) Phylogenetic relationships within the Octocorallia (Cnidaria: Anthozoa) based on nuclear 18S rRNA sequences. Mar Biol 138:235~46.

Chang WL, Chi KJ, Fan TY, Dai CF (2007) Skeletal modification in response to flow during growth in colonies of the sea whip, *Junceella fragilis*. J Exp Mar Biol Ecol 347: 97~108.

Chao CH, Wu CY, Huang CY, Wang HC, Dai CF, Wu YC, Sheu JH (2016) Cubitanoids and Cembranoids from the Soft Coral *Sinularia nanolobata*. Marine Drugs, 14(8):150.

Chen CA, Odorico DM, ten Lohuis M, Veron JEN, Miller DJ (1995) Systematic relationships within the Anthozoa (Cnidaria: Anthozoa) using the 5'-end of the 28S rDNA. Mol Phylogenet Evol 4:175~83.

Chen CC, Chang KH (1991) Gorgonacea (Coelenterata: Anthozoa: Octocorallia) of southern Taiwan. Bull Inst Zool Acad Sinica 30: 149~182.

Chen SP, Sung PJ, Duh CY, Dai CF, Sheu JH (2001) Junceol A, a new sesquiterpenoid from the sea pen *Virgularia juncea*. J Nat Prod 64: 1241~1242.

Concepcion GT, Kahng SE, Crepeau MW, Franklin EC, Coles SL, Toonen RJ (2010) Resolving natural ranges and marine invasions in a globally distributed octocoral (genus Carijoa). Mar Ecol Prog Ser 401: 113~127.

Dai CF (1988) Coral communities on the fringing reefs of southern Taiwan. Proc 6th Int Coral Reef Symp, Australia 2: 647~652.

Dai CF (1990) Interspecific competitions in Taiwanese corals with special reference to interactions between alcyonacean and scleractinian corals. Mar Ecol Prog Ser 60: 291~297.

Dai CF (1991a) Reef environment and coral fauna of southern Taiwan. Atoll Res Bull 354: 1~28.

Dai CF (1991b) Distribution and adaptive strategies of alcyonacean corals in Nanwan Bay, Taiwan. Hydrobiologia 216: 241~246.

Dai CF (1993) Patterns of coral distribution and benthic space partitioning on the fringing reefs of southern Taiwan. Mar Ecol 14(3): 185~204.

Dai CF (2021) Octocorallia Fauna of Taiwan. Ocean Center, National Taiwan University, Taipei, 672 p.

Dai CF, Lin MC (1993) The effects of flow on feeding of three gorgonian corals from southern Taiwan. J Exp Mar Biol Ecol 173:57~69.

Daly M, Brugler MR, Cartwright P, et al. (2007) The phylum Cnidaria: A review of phylogenetic patterns and diversity 300 years after Linnaeus. In: Zhang ZQ & Shear WA (Eds) Linnaeus Tercentenary: Progress in Invertebrate Taxonomy. Zootaxa 1668: 127–182.

Duh CY, Wang SK, Chu MJ, Dai CF, Sheu JH (1997) Bioactive sterols from the Formosan soft coral *Nephthea erecta*. J Fisher Soc Taiwan 24(2): 127~135.

Duh CY, Wang SK, Weng YL, Chiang MY, Dai CF (1999) Cytotoxic terpenoids from the Formosan soft coral *Nephthea brassica*. J Nat Prod 62: 1518~1521.

Duh CY, El-Gamal AAH, Chu CJ, Wang SK, Dai CF (2002) New cytotoxic constituents from the Formosan soft corals *Clavularia viridis* and *Clavularia violacea*. J Nat Prod 65: 1535–1539.

Fabricius KE (1995) Slow population turnover in the soft coral genera *Sinularia* and *Sarcophyton* on mid- and outer-shelf reefs of the Great Barrier Reef. Mar Ecol Prog Ser 126: 145~152

Fabricius KE, Alderslade P (2001) Soft corals and sea fans: a comprehensive guide to the tropical shallow water genera of the central-west Pacific, the Indian Ocean and the Red Sea. Australian Institute of Marine Science, Townsville. 264 pp.

Fabricius KE, De'ath G (2008) Photosynthetic symbionts and energy supply determine octocoral biodiversity in coral reefs. Ecology 89: 3163~3173.

Fabricius KE, Klumpp DW (1995) Widespread mixotrophy in reef-inhabiting soft corals: the influence of depth, and colony expansion and contraction on photosynthesis. Mar Ecol Prog Ser 125:195–204

Fabricius, KE, McCorry D (2006) Changes in octocoral communities and benthic cover along a water quality gradient in the reefs of Hong Kong. Mar Pollut Bull 52: 22~33.

Fan TY, Chou YH, Dai CF (2005) Sexual reproduction of the alcyonacean coral *Lobophytum pauciflorum* in southern Taiwan. Bull Mar Sci 76: 143~154.

Fujiwara S, Shibuno T, Mito K, Nakai T, Sasaki Y, Dai CF, Gang C (2000) Status of coral reefs of East and North Asia: China, Japan and Taiwan. In Wilkinson C (ed) Status of coral reefs of the world: 2000. Australian Institute of Marine Science, pp. 131~140.

Gabay Y, Fine M, Barkay Z, Benayahu Y (2014) Octocoral tissue provides protection from declining oceanic pH. PLoS ONE 9(4): e91553. https://doi.org/10.1371/journal.pone.0091553

Galván-Villa CM, Ríos-Jara E (2018) First detection of the alien snowflake coral *Carijoa riisei* (Duchassaing and Michelotti, 1860) (Cnidaria: Alcyonacea) in the port of Manzanillo in the Mexican Pacific. BioInv Rec 7:1~6.

Halászi A, McFadden CS, Toonen R, Benayahu Y (2019) Re-description of type material of *Xenia* Lamarck, 1816 (Octocorallia: Xeniidae). Zootaxa 4652 (2): 201–239.

Hickson SJ (1916) The Pennatulacea of the Siboga Expedition, with a general survey of the order. Siboga Expeditie Monogr 14: 1~265.

Hickson SJ (1930) On the classification of the Alcyonaria. Proc Zool Soc London, 1930, 229~252

Hoeksema BW (2007) Delineation of the Indo-Malayan center of maximum marine biodiversity: the Coral Triangle. In: Renema W (ed) Biogeography, time, and place: distributions, barriers, and islands. Springer, Netherlands, p. 117~178.

Imahara Y, Iwase F, Namikawa H (2014) The octocorals of Sagami Bay. 399 pp. Tokai University Press, Hatano, Japan.

Imahara Y, Namikawa H (2018) Preliminary report on the octocorals (Cnidaria: Anthozoa: Octocorallia) from the Ogasawara Islands. Mem Natl Mus Nat Sci Tokyo 52: 65~94.

Imahara Y, Yamamato H, Takaoka H, Nonaka M (2017) First records of four soft coral species from Japan, with a list of soft corals previously found from the shallow waters of the Ryukyu Archipelago, Japan, and an overview on the systematics of the genera *Siphonogorgia* and *Chironephthya*. Fauna Ryukyuana 38: 1~30.

Jeng MS, Huang HD, Dai CF, Hsiao YC, Benayahu Y (2011) Sclerite calcification and reef-building in the fleshy octocoral genus *Sinularia* (Octocorallia: Alcyonacea). Coral Reefs 30: 925~933.

Jeng WL, Dai CF, Fan KL (1999) Taiwan Strait. In: Seas at the Millenium: an Environmental Evaluation (ed. C. R. C. Sheppard), Vol. II, p. 499~512, Elsevier, Amsterdam.

Jones O, Randall R, Cheng Y, Kami H, Mak SM (1972) A marine biological survey of southern Taiwan with emphasis on corals and fishes. Inst Oceanogr Natl Taiwan Univ Spec Publ 1:1–93

Kahng S, Benayahu Y, Lasker HR (2011) Sexual reproduction in octocorals. Mar Ecol Prog Ser 443:265~283.

Kayal E, Roure B, Philippe H et al. (2013) Cnidarian phylogenetic relationships as revealed by mitogenomics. BMC Evol Biol 13:5,

Klunzinger CB. 1877. Die Korallthiere des rothen Meeres. Erster Theil: Die Alcyonarien und Malacodermen. pp. i~vii + 1~98, pls. 1~8. Berlin: Verlag der Gutmann'schen Buchhandlung (Otto Enslin).

Koido T, Imahara Y, Fukami H (2019) High species diversity of the soft coral family Xeniidae (Octocorallia, Alcyonacea) in the temperate region of Japan revealed by morphological and molecular analyses. ZooKeys 862: 1~22.

Kolonko K (1926) Beitrage zu einer Revision der Alcyonarien. Die Gattung Sinularia. Mitteilungen aus dem Zoologischen Museum in Berlin, 12 (2): 291~334, pls. 1~4.

Kükenthal W (1903) Versuch einer Revision der Alcyonarien. 2. Die Familie der Nephthyiden. 1. Theil. Zoologische Jahrbücher (Systematik), 19(1): 99~172, pls. 7~9.

Kükenthal W (1905) Versuch einer Revision der Alcyonaceen. 2. Die Familie der Nephthyiden. 2. Teil. Die Gattungen *Dendronephthya* n. gen. und *Stereonephthya* n. gen. Zoologische Jahrbücher (Systematik), 21(5/6): 503~726, pls. 26~32.

Kushida Y, Reimer JD (2019) Molecular phylogeny and diversity of sea pens (Cnidaria: Octocorallia: Pennatulacea) with a focus on shallow water species of the northwestern Pacific Ocean. Mol Phylogen Evol 131: 233~244.

Lin MC, Dai CF (1996) Colony morphology and drags of three octocorals. J Exp Mar Biol Ecol 201: 13~22.

Lin MC, Dai CF (1997) Morphological and mechanical properties of two alcyonacean corals, *Sinularia flexibilis* and *S. capillosa*. Zool Stud 36: 58~63.

Lin YC, Abd El-Razek MH, Hwang TL, Chiang MY, Kuo YH, Dai CF, Shen YC (2009) Asterolaurins A-F, Xenicane diterpenoids from the Taiwanese soft coral *Asterospicularia laurae*. J Nat Prod 72 (11): 1911~1916.

Liu SV, Yu HT, Fan TY, Dai CF (2005) Genotyping the clonal structure of a gorgonian coral, *Junceella juncea* (Anthozoa: Octocorallia), using microsatellite loci. Coral Reefs 24: 352~358.

Liu PJ, Fan TY, Dai CF (2005) Timing of larval release by the blue coral, *Heliopora coerulea*, in southern Taiwan. Coral Reefs 24: 30.

Macfadyen LMI (1936) Alcyonaria (Stolonifera, Alcyonacea, Telestacea and Gorgonacea). Great Barrier Reef Expedition 1928~29, Scientific Report, 5(2): 19~71, figs. 1~11, pls. 1~5.

McFadden CS, Alderslade P, van Ofwegen LP, Johnsen H, Rusmevichientong A (2006) Phylogenetic relationships within the tropical soft coral genera *Sarcophyton* and *Lobophytum* (Anthozoa, Octocorallia). Invert Biol 125: 288~305.

McFadden CS, Benayahu Y, Pante E, Thoma JN, Nevarez PA, France SC (2011) Limitations of mitochondrial gene barcoding in Octocorallia. Mol Ecol Resour 11:19~31.

McFadden CS, Brown AS, Brayton C, Hunt CB, van Ofwegen LP (2014) Application of DNA barcoding to biodiversity studies of shallow-water octocorals: molecular proxies agree with morphological estimates of species richness in Palau. Coral Reefs 33:275~286.

McFadden CS, France SC, Sánchez JA, Alderslade P (2006) A molecular phylogenetic analysis of the Octocorallia (Cnidaria: Anthozoa) based on mitochondrial protein-coding sequences. Mol Phylogenet Evol 41: 513~527.

McFadden CS, Sánchez JA, France SC (2010) Molecular phylogenetic insights into the evolution of Octocorallia: a review. Integr Comp Biol 50: 389–410.

McFadden CS, van Ofwegen LP, Beckman EJ, Benayahu Y, Alderslade P (2009) Molecular systematics of the speciose Indo-Pacific soft coral genus *Sinularia* (Anthozoa: Octocorallia). Invert Biol 128: 302~303.

McFadden CS, van Ofwegen LP (2013) Molecular phylogenetic evidence supports a new family of octocorals and a new genus of Alcyoniidae (Octocorallia, Alcyonacea). Zookeys 346: 59~83.

Manuputty AEW, Ofwegen LP van (2007) The genus *Sinularia* (Octocorallia: Alcyonacea) from Ambon and Seram (Moluccas, Indonesia). Zool Mededel Leiden 81(11): 187~216.

Matsumoto AK, van Ofwegen LP (2015) Melithaeidae of Japan (Octocorallia, Alcyonacea) re-examined with descriptions of eleven new species. ZooKeys 522: 1~127. doi: 10.3897/zookeys.522.10294

Miller AW, Richardson LL (2014) Emerging coral diseases: a temperature-driven process? Mar Ecol 2014: 1-14, doi: 10.1111/maec.12142

Nutting CC (1910) The gorgonacea of the Siboga Expedition. III. The Muriceidae. Siboga Exped Monogr 13b, p. 1~108, pls. 1~22.

Nutting CC (1911) The Gorgonacea of the Siboga Expedition VIII. The Scleraxonia. Siboga Exped Monogr 13(5): 1~62.

Parrin AP, Goulet TL, Yaeger MA et al. (2016) Symbiodinium migration mitigate bleaching in three octocoral species. J Exp Mar Biol Ecol 474: 73~80.

Perez CD, de Moura Neves B, Cordeiro RT, Williams GC, Cairns SD (2016) Diversity and distribution of Octocorallia. In: Dubinsky (ed) The Cnidaria, Past, Present, and Future, p. 109~123, Springer International Publishing.

Quattrini AM, Wu T, Soong K, Jeng MS, Benayahu Y, McFadden CS (2019) A next generation approach to species delimitation reveals the role of hybridization in a cryptic species complex of corals. BMC Evol Biol 19: 116.

Reijnen BT, McFadden CS, Hermanlimianto YT, van Ofwegen LY (2014) A molecular and morphological exploration of the generic boundaries in the family Melithaeidae (Coelenterata: Octocorallia) and its taxonomic consequences. Mol Phylogenet Evol 70: 383~401.

Riegl B, Branch GM (1995) Effects of sediment on the energy budgets of four scleractinian (Bourne 1900) and five alcyonacean (Lamouroux 1816) corals. J Exp Mar Biol Ecol 186: 259~275.

Roberts CM, McClean CJ, Veron JEN et al (2002) Marine biodiversity hotspots and conservation priorities for tropical reefs. Science 295:1280–1284.

Rocha J, Peixe L, Gomes NCM, Calado R (2013) Cnidarians as a source of new marine bioactive compounds— an overview of the last decade and future steps for bioprospecting. Mar Drugs 9: 1860~1886.

Roxas HA (1933a) Philippine Alcyonaria, I. The families Cornulariidae and Xeniidae. Philippine J Sci 50: 49~110, pls. 1~4.

Roxas HA (1933b) Philippine Alcyonaria, II. The families Alcyoniidae and Nephthyidae. Philippine J Sci 50: 345~470, pls. 1~5.

Samini-Namin K, van Ofwegen LP (2016) Overview of the genus *Briareum* (Cnidaria, Octocorallia, Briareidae) in the Indo-Pacific, with the description of a new species. Zookeys 557: 1~44.

Sherriffs WR (1922) Evolution within the Genus *Dendronephthya* (Spongodes) (Alcyonaria), with descriptions of a number of species. Proc Zool Soc London 1922(3): 33~77.

Sheu J-H, Chen S-P, Sung P-J, Chiang M-Y, Dai CF (2000) Hippuristerone A, a novel polyoxygenated steroid from the gorgonian *Isis hippuris*. Tetrahedron Let 41: 7885~7888.

Sheu JH, Lin KH, Tseng YJ, Chen BW, Hwang TL, Chen HY, Dai CF (2014) Tortuosenes A and B, new diterpenoid metabolites from the Formosan soft coral *Sarcophyton tortuosum*. Org Let 16:1314~1317

Soong K (2005) Reproduction and colony integration of the sea pen *Virgularia juncea*. Mar Biol 146: 1103~1109.

Su CC, Wong BS, Chin C, Wu YJ, Su JH (2013) Oxygenated cembranoids from the soft coral *Sinularia flexibilis*. Int J Mol Sci 14(2): 4317.

Sung PJ, Su JH, Duh CY, Chiang MY, Sheu JH (2001) Briaexcavatolides K–N, new briarane diterpenes from the Gorgonian *Briareum excavatum*. J Nat Prod 64: 318~323.

Sung PJ, Chen YP, Hwang TL, Hu WP, Fang LS, Wu YC, Li JJ, Sheu JH (2006) Briaexcavatins C–F, four new briarane-related diterpenoids from the Formosan octocoral *Briareum excavatum* (Briareidae). Tetrahedron 64(24): 5686~5691.

Taninaka H, Maggioni D, Seveso D, Huang D, Townsend A, Richards ZT, Tang S-L, Wada N, Kikuchi T, Yuasa H, Kanai M, De Palmas S, Phongsuwan N and Yasuda N (2021) Phylogeography of Blue Corals (Genus Heliopora) Across the Indo-West Pacific. Front. Mar. Sci. 8:714662.

Thomson JA, Dean LMI (1931) The Alcyonacea of the Siboga Expedition with an addendum to the Gorgonacea. Siboga-Expeditie Monogrphie, 13d: 1~227, pls. 1~28.

Thomson JA, Henderson WD (1905) Report on the Alcyonaria collected by Professor Herdman, at Ceylon, in 1902. In: Report to the Government of Ceylon on the Pearl Oyster Fisheries of the Gulf of Manaar. Part 3, supplementary report, 20: 269~328.

Thomson JA, Simpson JJ, Henderson WD (1909) An account of the Alcyonarians collected by the Royal Indian marine survey ship Investigator in the Indian Ocean. II. The Alcyonarians of the littoral area. The Indian Museum, Calcutta. p. 1~319.

Tixier-Durivault A (1945) Les alcyonaires du Museum. I Famille des Alcyoniidae. 2. Genre *Sinularia*. Bulletin du Muséum national d'Histoire naturelle Paris, (2)17(1): 55~63., (2): 145~152; (3): 243~250, (4): 321~325 (fin).

Tixier-Durivault A (1948) Révision de la Famille des Alcyoniidae. 1. Le genre *Lobularia* Ehrbg. (nec. Lamarck). Mémoires du Muséum national d'Histoire naturelle Paris (n. sér.) (A) (Zool.), 23(1): 1~256.

Tixier-Durivault A (1970) Les Octocoralliaires de Nha-Trang (Viet-Nam). Cah Pacif 14: 115~236.

Tu TH, Dai CF, Jeng MS (2015) Phylogeny and systematics of deep-sea precious corals (Anthozoa: Octocorallia: Coralliidae). Mol Phylogenet Evol 84:173~84.

Tu TH, Dai CF, Jeng MS (2015) Taxonomic revision of Coralliidae with descriptions of new species from New Caledonia and Hawaii Archipelago. Mar Biol Res 12: 1003~1038 .

Utinomi H (1950a) *Clavularia racemosa*, a new primitive alcyonarian found in Japan and Formosa. Annot Zool Japan 24: 38~44.

Utinomi H (1950b) Some xeniid alcyonaceans from Japan and adjacent localities. Publ Seto Mar Biol Lab 1: 81~91.

Utinomi H (1951) *Asterospicularia laurae*, n. gen. et n. sp., the type of a new family of alcyonaceans with stellate spicules. Pacif Sci 5: 190~196.

Utinomi H (1952) *Dendronephthya* of Japan. I. *Dendronephthya* collected chiefly along the coast of Kii Peninsula. Publ Seto Mar Biol Lab 2: 161~212.

Utinomi H (1954) *Dendronephthya* of Japan. II. New species and new records of *Dendronephthya* and the allied *Stereonephthya* from Kii region. Publ Seto Mar Biol Lab 3: 319~338.

Utinomi H (1956) On some alcyonarians from the west Pacific islands (Palau, Ponape and Bonins). Publ Seto Mar Biol Lab 5(2): 221~242.

Utinomi H (1958) On some octocorals from deep waters of Prov. Tosa, Sikoku. Publ Seto Mar Biol Lab 7(1): 89-110

Utinomi H (1959) Fleshy alcyonaceans from southern Formosa. Publ Seto Mar Biol Lab 7: 303~312.

Utinomi H (1960) Noteworthy octocorals collected off the southwest coast of Kii Peninsula, Middle Japan. Part 1, Stolonifera and Alcyonacea. Publ Seto Mar Bio Lab 8(1): 1~26.

Utinomi, H (1975). Octocorallia collected by trawling in the Western Australia. Publ Seto Mar Bio Lab 22: 237-266.

Utinomi H (1976) Shallow-water octocorals of the Ryukyu Archipelago (Part I). Sesoko Marine Science Laboratory Technical Report 4: 1~5.

Van Ofwegen LP (1987) Melithaedae (Coelenterata: Anthozoa) from the Indian Ocean and the Malay Archipelago. Zool Verh Leiden 239: 1~57.

Van Ofwegen LP (2005) A new genus of nephtheid soft corals (Octocorallia: Alcyonacea: Nephtheidae) from the Indo-Pacific. Zool Mededel Leiden 79(4): 1~236.

Van Ofwegen LP (2008) The genus *Sinularia* (Octocorallia: Alcyonacea) at Palau, Micronesia. Zool Mededel Leiden 82(51): 631~735.

Van Ofwegen LP (2016) The genus *Litophyton* Forskål, 1715 (Octocorallia, Alcyonacea, Nephtheidae) in the Red Sea and the western Indian Ocean. ZooKeys 567: 1~128.

Van Ofwegen LP, Benayahu Y (2012) Two new species and a new record of the Genus *Sinularia* (Octocorallia: Alcyonacea) from the Penghu Archipelago, Taiwan. Zool Stud 51: 383~398.

Van Ofwegen LP, Groenenberg DSJ (2007) A century old problem in nephtheid taxonomy approaches using DNA data (Coelenterata: Alcyonacea). Contributions to Zoology 76(3): 153~178.

Van Ofwegen LP, Benayahu Y, McFadden CS (2013) *Sinularia leptoclados* (Ehrenberg, 1834) (Cnidaria, Octocorallia) re-examined. Zookeys 272: 29~59.

Van Ofwegen LP, Vennam J (1994). Results of the Rumphius Biohistorical Expedition to Ambon (1990). Part 3. The Alcyoniidae (Octocorallia: Alcyonacea). Zool Mededel Leiden 68(14): 135~158.

Vermeire MJ (1994) Reproduction and growth of a gorgonian sea whip, *Junceella fragilis*, in southern Taiwan. MSc thesis, Institute of Oceanography, National Taiwan University, Taipei.

Veron JEN, Devantier LM, Turak E, Green AL, Kininmonth S, Stafford-Smith M, Peterson N (2009) Delineating the Coral Triangle. Galaxea JCRS 11: 91~100.

Verseveldt J (1970) A new species of *Sinularia* (Octocorallia: Alcyonacea) from Madagascar. Isreal J Zool 19: 165~168.

Verseveldt J (1971) Octocorallia from north-western Madagascar (Part 2). Zool Verhandel Leiden 117: 1~73.

Verseveldt J (1972) Report on a few octocorals from Eniwetok atoll, Marshall Islands. Zool Meded Leiden 47: 457~464.

Verseveldt J (1974) Octocorallia from New Caledonia. Zool Mededel Leiden 48: 95~122.

Verseveldt J (1977) Octocorallia from various localities in the Pacific Ocean. Zool Verhandel Leiden 150: 1~42

Verseveldt J (1978) Alcyonaceans (Coelenterata: Octocorallia) from some Micronesian Islands. Zool Mededel Leiden 53: 49~55.

Verseveldt J (1980) A revision of the genus *Sinularia* May (Octocorallia, Alcyonacea). Zool Verhand 179: 1~128

Verseveldt J (1982) A revision of the genus *Sarcophyton* Lesson (Octocorallia, Alcyonacea). Zool Verhand 192: 1~91.

Verseveldt J (1983) A revision of the genus *Lobophytum* Von Marenzeller (Octocorallia, Alcyonacea). Zool Verhand 200: 1~103.

Verseveldt J, Alderslade P (1982) Descriptions of types and other alcyonacean material (Coelenterata: Octocorallia) in the Australian Museum, Sydney. Rec Australian Mus 34(15): 619~647.

Villanueva RD (2016) Cryptic speciation in the stony octocoral *Heliopora coerulea*: temporal reproductive isolation between two growth forms. Mar Biodiv 46: 503~507.

Wang YH (2016) Phytoplankton transport to coral reefs by internal solitons in the northern South China Sea. Coral Reefs 35: 1061~1068.

Wang Y, Dai CF, Chen YY (2007) Physical and ecological processes of internal waves on an isolated reef ecosystem in the South China Sea. Geophys Res Lett 34, L18609, doi:10.1029/2007GL030658.

Williams GC (1986) Morphology, systematics, and variability of the southern African soft coral *Alcyonium variabile* (J. Stuart Thomson, 1921) (Octocorallia, Alcyoniidae). Ann S Afr Mus 96(6): 241~270.

Williams GC (1995) Living genera of sea pens (Coelenterata: Octocorallia: Pennatulacea): illustrated key and synopses. Zool J Linn

Soc 113: 93~140.

Williams GC (2001) First record of a bioluminescent soft coral: description of a disjunct population of *Eleutherobia grayi* (Thomson and Dean, 1921) from the Solomon Islands. With a review of bioluminescence in the Octocorallia. Proc Calif Acad Sci 52(17): 209~225.

Williams GC (2011) The global diversity of sea pens (Cnidaria: Octocorallia: Pennatulacea). PLoS ONE 6(7): e22747.

Williams GC, Alderslade P (1999) Revisionary systematics of the western Pacific soft coral genus *Minabea* (Octocorallia: Alcyoniidae), with descriptions of a related new genus and species from the Indo-Pacific. Proc Calif Acad Sci 51(7): 337~364.

WoRMS (2021). Octocorallia. Accessed at: http://www.marinespecies.org/aphia.php?p=taxdetails&id=1341 on 2021-06-17

Yasuda N, Taquet C, Nagai S, Fortes M, Fan TY, Phongsuwan N, Nadaoka K (2014) Genetic structure and cryptic speciation in the threatened reef-building coral *Heliopora coerulea* along Kuroshio Current. Bull Mar Sci 90: 233~255.

Zapata F, Goetz FE, Smith SA, et al. (2015) Phylogenomic analyses support traditional relationships within Cnidaria. PLoS ONE 10(10): e0139068. doi:10.1371/ journal.pone.0139068

Zou RL, Scott PJB (1980) The gorgonacea of Hong Kong. Proc 1st Int Mar Biol Workshop: The marine flora and fauna of Hong Kong and southern China (eds. Morton B, Tseng CK), p. 135~159. Hong Kong University Press.

吳誠十 (1994) 南灣海域三種指形軟珊瑚的有性生殖及族群結構。國立台灣大學海洋研究所碩士論文。

林明焇 (1996) 軟珊瑚的生物力學研究: 群體形態、機械特性和水流的關係。國立台灣大學海洋研究所博士論文。

林育朱 (2009) 台灣南部海域星狀軟珊瑚之有性生殖及族群動態研究。國立台灣大學海洋研究所碩士論文。

周郁翔 (2002) 台灣南部海域三種軟珊瑚的有性生殖。國立台灣大學海洋研究所碩士論文。

張崑雄、戴昌鳳、鄭明修 (1988) 墾丁國家公園海域軟珊瑚類的研究。保育研究報告第53號，內政部營建署墾丁國家公園管理處。

鄭名君 (2006) 肉質軟珊瑚屬與葉形軟珊瑚屬之分子親緣關係研究。國立台灣大學海洋研究所碩士論文。

楊青納 (2012) 台灣與東沙環礁淺海的八放珊瑚群聚。國立台灣大學海洋研究所碩士論文。

戴昌鳳 (2011) 台灣珊瑚礁地圖：本島篇，天下文化出版公司，台北市。

戴昌鳳 (2011) 台灣珊瑚礁地圖：離島篇，天下文化出版公司，台北市。

戴昌鳳主編 (2014) 台灣區域海洋學。臺大出版中心，台北市。456頁。

戴昌鳳、秦啟翔 (2017) 東沙八放珊瑚生態圖鑑。海洋國家公園管理處，高雄市。293頁。

戴昌鳳、秦啟翔 (2019) 墾丁國家公園八放珊瑚生態圖鑑。墾丁國家公園管理處，屏東縣恆春鎮。523頁。